工业和信息化普通高等教育"十三五"规划教材

21世纪高等学校计算机规划教材

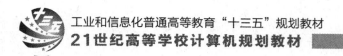

Office 高级应用教程

Office Advanced Application Tutorial

■ 李静毅 王宁 吴雨芯 主编

人民邮电出版社

北　京

图书在版编目（CIP）数据

Office高级应用教程 / 李静毅，王宁，吴雨芯主编
. -- 北京：人民邮电出版社，2018.2（2021.7重印）
21世纪高等学校计算机规划教材
ISBN 978-7-115-47476-6

Ⅰ. ①O… Ⅱ. ①李… ②王… ③吴… Ⅲ. ①办公自
动化－应用软件－高等学校－教材 Ⅳ. ①TP317.1

中国版本图书馆CIP数据核字(2018)第016528号

内 容 提 要

本书作为全国计算机二级考试 MS Office 高级应用的指导和提升教材，主要介绍了计算机基础知识、全国计算机二级考试公共基础知识、办公自动化软件 Microsoft Office 2010 的使用等内容。本书主要分为 4 个模块：基础知识模块、Microsoft Word 2010 模块、Microsoft Excel 2010 模块和 Microsoft PowerPoint 2010 模块。

本书基本涵盖了全国计算机二级考试公共基础知识和 MS Office 高级应用考纲的知识点。对于全国计算机二级 MS Office 高级应用考纲要求的实际操作部分，本书大都结合具体的实例进行讲解，课后习题及操作题大多选自历年二级考试真题，对于读者日常的学习和备考很有帮助。

本书可以作为各类院校及培训机构 Office 高级应用课程的教学用书，也可以作为需要通过全国计算机二级 MS Office 高级应用的人员的考试辅导用书。

◆ 主　　编　李静毅　王　宁　吴雨芯
　　责任编辑　张　斌
　　责任印制　沈　蓉　彭志环
◆ 人民邮电出版社出版发行　　北京市丰台区成寿寺路 11 号
　　邮编　100164　电子邮件　315@ptpress.com.cn
　　网址　http://www.ptpress.com.cn
　　北京市艺辉印刷有限公司印刷
◆ 开本：787×1092　1/16
　　印张：15.5　　　　　　2018 年 2 月第 1 版
　　字数：394 千字　　　　2021 年 7 月北京第 4 次印刷

定价：49.80 元

读者服务热线：(010)81055256　印装质量热线：(010)81055316
反盗版热线：(010)81055315

前 言 PREFACE

随着计算机技术的飞速发展和信息技术在社会各领域的普及，掌握 Office 软件的使用已经成为适应当今社会要求的最基本条件之一。为了培养学生的计算机综合应用能力，提高工作效率，我们根据学生的实际情况，结合《全国计算机等级考试二级 MS Office 高级应用考试大纲》和《全国计算机等级考试二级公共基础知识考试大纲》的要求，编写了本书。

本书从教学、全国计算机二级考试的要求和办公行政工作的实际需要出发，结合 Microsoft Office 2010，对 Office 相关的文档编辑、表格数据处理、报表与文稿设计等技术进行讲解。由于办公自动化技术操作性强，概念较多，软件界面比较灵活，所以必须通过大量的练习才能全面掌握 Office 应用。

本书共 7 章，主要内容为：第 1 章介绍计算机基础知识及全国计算机等级考试二级公共基础知识的要点；第 2~3 章介绍利用 Word 2010 编辑文档、美化文档以及修订与共享文档；第 4~5 章介绍 Excel 2010 的操作，包括工作簿与工作表的操作、公式与函数的使用、在 Excel 中创建图表、数据分析与处理、超级表格和表格的协同与共享；第 6~7 章介绍 PowerPoint 2010 的基础知识，包括演示文稿的基本操作、幻灯片的视图模式、演示文稿的外观设计、幻灯片中的对象编辑、幻灯片交互效果设置、放映与输出等知识。

编者都是多年从事一线教学的教师，具有较为丰富的教学经验，在编写时注重原理与实践紧密结合，重点强调实用性和可操作性。参与本书编写的作者有李静毅、吴雨芯、王宁，其中第 1 章、第 4 章和第 5 章由李静毅负责编写，第 2 章、第 3 章由吴雨芯负责编写，第 6 章、第 7 章由王宁负责编写，全书由李静毅负责统稿和校稿。

本书在编写过程中，得到了重庆邮电大学移通学院计算机科学系郑先锋副教授的大力支持和帮助，他对本书的编写提出了很多宝贵的意见和建议，在此表示衷心的感谢。

感谢重庆邮电大学移通学院其他从事计算机基础教学工作的老师对本书做出的贡献。本书在编写过程中，参考借鉴了大量的与办公自动化软件、计算机基础相关的图书、报刊和网络资料，在此也向相关文献作者表示感谢！

本书相关素材可登录人邮教育社区（WWW.ryjiaoyu.com）下载。

由于作者水平有限，加之时间仓促，不足之处在所难免。为便于今后本书的修订，恳请各位读者批评指正，多提宝贵意见，如有意见或建议，可发邮件至 lijingyi1988@163.com 联系作者。

编　者
2017 年 11 月

目 录 CONTENTS

01 第1章 计算机基础及公共基础知识

本章主要介绍了计算机的概述、信息的表示与存储、计算机硬件系统组成、计算机软件系统组成、多媒体技术简介、计算机病毒及其防治、Internet（因特网）基础及应用、全国计算机二级公共基础知识等内容，具体包括：

- 计算机的发展，计算机的特点，用途和分类，未来计算机的发展趋势，信息技术；
- 数据与信息，计算机中的数据，计算机中数据的单位；
- 计算机硬件系统组成：运算器、控制器、存储器和输入/输出设备；
- 软件的概念，软件系统及其组成；
- 多媒体的特征、数字化和数据压缩；
- 计算机病毒的特点及预防；
- 计算机网络的基本概念，Internet 基础及 Internet 应用；
- 数据结构与算法，程序设计基础，软件工程基础和数据库设计基础。

1.1 计算机概述

计算机（Computer）俗称电脑，是一种用于高速计算的电子计算机器，既可以进行数值计算，又可以进行逻辑计算，还具有存储记忆功能，是一种能够按照程序运行，自动、高速处理海量数据的现代化智能电子设备。

计算机是 20 世纪最先进的科学技术发明之一，对人类的生产活动和社会活动产生了极其重要的影响，并以强大的生命力飞速发展。它的应用领域从最初的军事科研应用扩展到社会的各个领域，已形成了规模巨大的计算机产业，带动了全球范围的技术进步，由此引发了深刻的社会变革。目前，计算机遍及学校、企事业单位，进入千家万户，成为信息社会中必不可少的工具。

1.1.1 计算机的发展

17 世纪法国科学家布莱斯·帕斯卡发明了基于齿轮转动技术的机械式计算机。机械式计算机的特点是利用人工手动作为计算机动力，再利用齿轮、杠杆等机械装置来自动传送十进制数进行计算。随后的机电式计算机就是将机械式计算机的人工手动动力改为电力动力，但计算原理仍然是机械式的。

1946 年，由美国宾夕法尼亚大学研制的 ENIAC（Electronic Numerical Integrator And Calculator，电子数字积分计算机）正式交付使用，这从真正意义上标志着电子计算机时代的到来。ENIAC 计算机采用电子管作为基本元件，由 18000 多只电子管、

1500 多只继电器、10000 多只电容器和 7000 多只电阻构成,耗电量 150 千瓦、占地 170 平方米、重 30 吨,它的存储容量很小,计算机要运行的程序是外加式的,因此,这种计算机还不完全具备现代电子计算机的主要特征。

继第一台计算机 ENIAC 之后,美籍匈牙利数学家冯·诺依曼和他的同事研制了人类历史上的第二台电子计算机 EDVAC(Electronic Discrete Variable Automatic Compnter,离散变量自动电子计算机),EDVAC 为现代电子计算机的体系结构和工作原理奠定了非常重要的基础。

EDVAC 计算机首次采用了二进制思想和存储程序控制原理进行工作,这是现代电子计算机最显著的特征和工作原理,也称为冯·诺依曼原理,其中包含三个重要的思想:

① 计算机至少由运算器、控制器、存储器、输入设备、输出设备 5 个基本功能部分组成;

② 采用二进制数形式表示计算机的指令和数据;

③ 将程序和数据放在存储器中,由程序控制计算机自动执行,即"存储程序控制"。

在现代电子计算机的发展历程中,无论计算机系统的性能指标、运算速度、应用领域等方面如何发展,其基本结构和工作原理都是基于冯·诺依曼思想的。

现代电子计算机产生后,根据计算机中所采用的电子元件不同,一般将电子计算机的发展划分成 4 个时代,如表 1.1 所示。

表 1.1　计算机发展时代划分表

时　　代	电子元器件	主存储器	辅助存储器	系统软件	应用领域
第一代 (1946—1958 年)	电子管	阴极射线管、汞延迟线	纸带、卡片	没有系统软件,使用机器语言和汇编语言	科学计算
第二代 (1959—1964 年)	晶体管	磁芯、磁鼓	磁带、磁鼓	出现了监控管理程序,使用高级语言	科学计算、数据处理、自动控制
第三代 (1965—1970 年)	中、小规模集成电路	磁芯、磁鼓、半导体存储器	磁带、磁鼓、磁盘	出现了操作系统、编译系统,使用更多高级语言	进一步扩展到文字处理、信息管理等
第四代 (1971 年至今)	大规模和超大规模集成电路	半导体存储器	磁带、磁盘、光盘	操作系统不断完善出现网络操作系统、分时操作系统等	应用领域延伸到社会生活的各个方面及各行各业

1.1.2　计算机的特点、用途和分类

1. 计算机的特点

计算机主要具有以下几个特点:处理速度快、运算精度高,存储能力强,准确的逻辑判断能力、高度自动化,网络与通信功能。

(1)处理速度快,运算精度高

处理速度是计算机的一个重要性能指标,通常用每秒钟执行定点加法的次数或平均每秒钟执行指令的条数来衡量。计算机由电子元件构成,具有很高的处理速度,这是计算机最突出的特点。目前,计算机的处理速度已由早期的每秒几千次发展到现在的每秒几千万次以上,巨型计算机的速度可达每秒亿亿次以上。计算机如此高的处理速度是其他任何计算工具都无法比拟的,这极大地提高了人们的工作效率,把人们从繁重的脑力劳动中解放出来,使许多复杂的工程计算能在很短的时间内完成。

大型、巨型计算机已经由 20 世纪 50 年代初的每秒几万次的处理速度发展到 1976 年每秒 1 亿次

及 1985 年前后的每秒 100 亿次；90 年代初达到了每秒 1 万亿次；1996 年美国推出了 2.4 万亿次/秒的巨型计算机；2010 年，我国研发的"星云"巨型机的速度已超每秒千万亿次；2013 年，我国研发的"天河二号"超级计算机以 3.39 亿亿次/秒的速度，成为全球最快超级计算机；2016 年 6 月，我国研发的"神威·太湖之光"超级计算机系统以峰值性能 12.5 亿亿次/秒、持续性能 9.3 亿亿次/秒的成绩登顶榜首，不仅速度比第二名"天河二号"快出近两倍，效率也提高 3 倍。2017 年 11 月，全球超级计算机 500 强榜单公布，"神威·太湖之光"第四次夺冠。

在计算机内部，数据是采用二进制表示的，二进制位数越多，表示的数的精度就越高。目前计算机的计算精度已达几十位，甚至百位有效数字。从理论上说，随着计算机技术的不断发展，计算精度可以提高到任意精度。

（2）存储能力强

计算机的记忆功能是由计算机的存储器实现的。存储器能够将输入的原始数据、计算的中间结果及程序保存起来，提供给计算机系统在需要的时候反复使用。记忆功能是计算机区别于传统计算工具的最重要的特征。计算机所能存储的信息也由早期的文字、数据、程序发展到如今的图形、图像、声音、影像、动画、视频等海量数据。

（3）准确的逻辑判断功能

计算机不仅能进行计算，还具有逻辑判断能力实现推理和证明，并能根据判断的结果自动决定以后执行的命令，因而能解决各种各样的问题。这种逻辑判断能力是计算机处理逻辑推理问题的前提，也是计算机实现信息处理高度智能化的重要因素。例如，百年数学难题"四色猜想"（任意复杂的地图，使相邻区域的颜色不同，最多只用四种颜色即能完成），1976 年美国两位科学家用 IBM-370 计算机进行了上百亿次的判断、连续运算 1200 小时证明了此难题，当时震惊整个数学界。

（4）高度自动化

计算机的工作原理是存储程序控制，即将程序和数据通过输入设备输入并保存在内存储器中，计算机执行程序时按照程序中指令的逻辑顺序自动地、连续地把指令从内存储器中依次读出来并执行，这样执行程序的过程无须人工干预，完全由计算机自动控制执行。

（5）网络与通信功能

时至今日，计算机技术不仅能够单机完成一些工作，更为重要的是，借助于计算机网络可以把世界上不同位置的计算机都连起来，相互进行通信。

2. 计算机的应用

计算机已成为人类现代生活不可分割的一部分，从太空探索到计算机辅助制造，从影视制作到家庭娱乐，计算机的身影无处不在。计算机的主要应用领域可归纳为以下 9 个方面。

（1）科学计算

科学计算是指科学研究和工程技术中的数学计算机问题，这是计算机应用最早、最基础的领域，也称数值计算。随着科学技术的高速发展，各领域中计算的类型日趋复杂，计算速度和精度的要求也越来越高，人工计算无法满足要求。例如，在天文学、空气动力学、航空航天等领域中，都需要利用计算机进行复杂、精度高、速度快的计算。

（2）信息处理

信息处理是指对大量的数据进行加工处理的过程，包括数据的收集、转换、分类、合并、存储、统计、查询、传输、输出等操作。信息处理目前是计算机应用最为广泛的领域。最常用的办公自动化（Office Automatic，OA）就属于信息处理的范畴。

（3）过程控制

过程控制又称实时控制或自动控制，它利用传感器在现场对被控对象的数据进行实时采集，与其设定值进行比较后求出偏差，由计算机按一定的控制算法进行计算得出相应的控制调节量，并以最快的速度发出控制信号对被控对象的状态进行自动控制或调整，从而保证被控对象随时处于最佳的受控状态。

采用过程控制能通过实时、连续的监控使受控对象的状态在设定值的范围内保持平衡，从而确保控制的准确性和及时性。过程控制广泛应用于冶金、制造、石油、化工、纺织、电力等领域。过程控制对提高生产效率、保证生产安全、改善生产条件、提高产品质量、降低成本、节约能源起到了极其重要的作用。在日常生产中，也用计算机来代替人工完成那些繁重或危险的工作，如对核反应堆的控制等。

（4）人工智能

人工智能也称机器智能，它是计算机科学、控制论、信息论、神经生理学、心理学、语言学等多种学科互相渗透而发展起来的一门综合性学科。人工智能是用计算机模拟人类的智能活动，如模拟人脑学习、推理、判断、理解和问题求解等过程，辅助人类进行决策。人工智能是计算机科学研究领域最前沿的学科，近几年来已具体应用于机器人、语音识别、图像识别、自然语言处理和专家系统等。

（5）计算机辅助

计算机辅助技术是将计算机作为工具，应用于产品的设计、制造和测试等过程的技术。它包括计算机辅助设计（CAD）、计算机辅助制造（CAM）、计算机辅助工程（CAE）和计算机辅助教育（CBE）等领域。

计算机辅助设计（Computer Aided Design，CAD）技术：综合地利用计算机的工程计算、逻辑判断、数据处理功能，与人的经验和判断能力相结合，形成一个专门系统，用来进行各种图形设计与绘制，对所设计的部件、构件或系统进行综合分析与模拟仿真实验，广泛应用于产品设计、机械设计、建筑设计、服装设计和集成电路设计等。

计算机辅助制造（Computer Aided Manufacturing，CAM）技术：应用于产品制造过程中，利用计算机控制生产过程设备、处理生产过程中的数据，控制和处理物资的流动及检测和控制产品质量，实现无图纸加工。具体还包括计算机辅助工艺规划、计算机辅助测试、计算机辅助质量控制以及应用计算机对制造型企业中的生产和经营活动的全过程进行总体优化组合的计算机集成制造系统。

计算机辅助教育（Computer Based Education，CBE）：包含计算机辅助教学（CAI）、计算机辅助测试（CAT）和计算机管理教学（CMI）。近年来，网络技术、多媒体技术的发展，大大推动了CBE的发展。除用计算机对整个教学系统以至学校全面的工作进行管理外，还可将计算机作为一种教学工具，把教学内容编辑成教学软件（常被称为课件）。学习者可以根据自己的需要与爱好选择不同的内容在计算机的帮助下开展学习。在网络支持下开展远程网上教育对于普及文化知识、推动社会进步极为有利。

（6）多媒体应用

随着电子技术特别是通信和计算机技术的发展，人们已经有能力把文本、音频、视频、动画、图形和图像等各种媒体综合起来，形成一种全新的概念——"多媒体"（Multimedia）。在医疗、教育、商业、银行、保险、行政管理、军事、工业、广播、交流和出版等领域中，多媒体的应用发展很快。

（7）网络通信

计算机技术与现代通信技术的结合构成了计算机网络。计算机网络的建立，解决了一个单位、一个地区、一个国家中计算机与计算机之间的通信问题，各种软、硬件资源的共享，给我们的工作带来极大的便捷，如在全国范围内的银行信用卡的使用，火车和飞机票系统的使用等，还可以在全球最大的互联网络——Internet 上进行浏览、检索信息、收发电子邮件、阅读书报、玩网络游戏、选购商品、参与众多问题的讨论、实现远程医疗服务等。

（8）嵌入式系统

不是所有的计算机都是通用的，嵌入式系统（Embedded System）是一种完全嵌入受控器件内部，为特定应用而设计的专用计算机系统。所有带有数字接口的设备，如手表、微波炉、录像机、汽车等，都使用嵌入式系统。

（9）电子商务

电子商务通常是指在不同地域进行的商业贸易活动中，在 Internet 开放的网络环境下，基于浏览器/服务器应用方式，买卖双方无须面对面地进行各种商贸活动，而是实现消费者的网上购物、商户之间的网上交易和在线电子支付以及各种商务活动、交易活动、金融活动和相关的综合服务活动的一种新型的商业运营模式。也可以理解为就是通过电子手段进行的商业事务活动。

电子商务具有如下基本特征。

① 普遍性：电子商务作为一种新型的交易方式，将生产企业、流通企业以及消费者和政府带入了一个网络经济、数字化生存的新天地。

② 方便性：在电子商务环境中，人们不再受地域的限制，客户能以非常简捷的方式完成过去较为繁杂的商业活动。如通过网络银行能够全天候地存取账户资金、查询信息等。

③ 整体性：电子商务能够规范事务处理的工作流程，将人工操作和电子信息处理集成为一个不可分割的整体，这样不仅能提高人力和物力的利用率，也可以提高系统运行的严密性。

④ 安全性：在电子商务中，安全性是一个至关重要的问题，它要求网络能提供一种端到端的安全解决方案，如加密机制、签名机制、安全管理、存取控制、防火墙、防病毒保护等，这与传统的商务活动有着很大的不同。

⑤ 协调性：商业活动本身是一种协调过程，它需要客户与公司内部、生产商、批发商、零售商间进行协调。在电子商务环境中，它更要求银行、配送中心、通信部门、技术服务等多个部门通力协作，电子商务的全过程往往是一气呵成的。

⑥ 集成性：电子商务以计算机网络为主线，对商务活动的各种功能进行了高度的集成，同时也对参加商务活动的商务主体各方进行了高度的集成，高度的集成性使电子商务进一步提高了效率。

3. 计算机的分类

计算机及相关技术的迅速发展带动计算机类型也不断进行着分化，形成了各种不同种类的计算机，大部分人日常接触到的计算机叫微型计算机。依照不同的标准，计算机有多种分类方法，常见的分类有以下几种。

（1）按信息的形式和处理方式划分

① 数字计算机

数字计算机处理的是离散的数据，输入是数字量，输出也是数字量，其基本运算部件是数字逻辑电路，因此具有运算精度高、通用性强的特点。我们现在所使用的一般都是数字计算机。

② 模拟计算机

模拟计算机处理和显示的是连续的物理量，其基本运算部件是由运算放大器构成的各类运算电路。一般说来，模拟计算机不如数字计算机精确、通用性不强，但解题速度快，主要用于过程控制和模拟仿真。

③ 数模混合计算机

数模混合计算机兼有数字和模拟两种计算机的优点，既能接收、输出和处理模拟量，又能接收、输出和处理数字量。

（2）按使用范围划分

① 通用计算机

通用计算机指适用于各种应用场合，功能齐全、通用性好的计算机。

② 专用计算机

专用计算机指为解决某种特定问题而专门设计的计算机，一般用在过程控制中，如智能仪表、飞机的自动控制、导弹的导航系统等。

（3）按计算机规模和处理功能划分

① 巨型机

巨型机通常是指由成百上千甚至更多的处理器（机）组成的、能完成普通计算机和服务器不能解决的大型复杂课题的计算机。

巨型机是计算机中功能最强、运算速度最快、存储容量最大的一类计算机，是国家科技发展水平和综合国力的重要标志。超级计算机拥有最强的并行计算能力，主要用于科学计算，在气象、军事、能源、航天、探矿等领域承担大规模、高速度的计算任务。

② 大型通用机

大型通用机作为大型商业服务器，在今天仍具有很大活力。它们一般用于大型事务处理系统，特别是用在过去完成的且不值得重新编写的数据库应用系统方面，其应用软件通常是硬件本身成本的好几倍。

③ 微型计算机

微型计算机简称"微型机"或"微机"，由于其具备人脑的某些功能，所以也称其为"微电脑"。微型计算机是由大规模集成电路组成的、体积较小的电子计算机。它是以微处理器为基础，配以内存储器及输入/输出（I/O）接口电路和相应的辅助电路而构成的裸机。

桌面计算机、游戏机、笔记本电脑、平板电脑、掌上电脑以及种类众多的手持设备都属于微型计算机。

④ 服务器

服务器专指某些高性能计算机，能通过网络，对外提供服务。相对于普通计算机来说，服务器在稳定性、安全性、性能等方面都要求更高，因此在 CPU、芯片组、内存、磁盘系统、网络等硬件上和普通计算机有所不同。服务器是网络的节点，存储、处理网络上 80%的数据、信息，在网络中起到举足轻重的作用。

服务器主要有网络服务器（DNS、DHCP）、打印服务器、终端服务器、磁盘服务器、邮件服务器、文件服务器等。

⑤ 工作站

工作站是一种高端的通用微型计算机。它满足单用户使用并提供比个人计算机更强大的性能，尤其是在图形处理、任务并行方面。工作站通常配有高分辨率的大屏、多屏显示器及容量很大的内存储器和外部存储器，并且具有极强的信息处理能力和高性能的图形、图像处理功能。

工作站最突出的特点是具有很强的图形交换能力，因此在图形图像领域，特别是在计算机辅助设计领域得到了迅速推广。典型产品有美国 Sun 公司的 Sun 系列工作站。

1.1.3 未来计算机的发展趋势

1. 电子计算机的发展方向

计算机从出现至今，由原来的仅供军事科研使用发展到人人拥有，其强大的应用功能，催生了巨大的市场需求，未来计算机性能应向着多样化的方向发展。

计算机的发展趋势主要有如下几个方面。

（1）巨型化

巨型化是指为了适应尖端科学技术的需要，发展高速度、大存储容量和功能强大的超级计算机。随着人们对计算机的依赖性越来越强，未来对计算机的存储空间和运行速度等要求会越来越高，特别是在军事和科研教育方面。

（2）微型化

随着微型处理器（CPU）和大规模集成电路的出现，计算机的体积缩小了，成本降低了。另一方面，软件行业的飞速发展提高了计算机内部操作系统的便捷度，计算机外部设备也趋于完善。计算机的微型化能更好地促进计算机的广泛应用，因此，发展体积小、功能强、价格低、可靠性高、适用范围广的微型计算机是计算机发展的一项重要内容。随着超大规模集成电路的进一步发展，个人计算机更加微型化。膝上型、书本型、笔记本型和掌上型等微型化计算机不断涌现，受到越来越多的用户的喜爱。

（3）网络化

互联网将世界各地的计算机连接在一起，从此进入了互联网时代。计算机网络化彻底改变了人类世界，人们通过互联网进行沟通交流（QQ、微信、微博等）、教育资源共享（文献查阅、远程教育等）、信息查阅共享（百度、谷歌）等，特别是无线网络的出现，更是极大地提高了人们使用网络的便捷性。未来计算机将会进一步向网络化方面发展。

（4）智能化

计算机智能化是未来发展的必然趋势。现代计算机虽然具有强大的功能，但与人脑相比，其智能化和逻辑能力仍有待提高。人类正在不断探索如何让计算机具有人类的逻辑思维判断能力，使其通过思考与人类沟通交流，抛弃以往的依靠程序来运行计算机的方法，而是直接对计算机发出指令。

（5）多媒体化

传统的计算机处理的信息主要是字符和数字。事实上，人们更习惯图片、文字、声音、视频等多种形式的多媒体信息。多媒体技术可以集图形、图像、音频、视频、文字于一体，使信息处理的对象和内容更加接近真实世界。

2. 新型计算机

计算机微型处理器以晶体管为基本元件，随着处理器的不断完善以及更新换代，计算机的结构和组成元件也会发生很大的变化。光电技术、量子技术和生物技术的发展，对新型计算机的发展具有极大的推动作用。

（1）分子计算机

分子计算机体积小、耗电少、运算快、存储量大。分子计算机的运行是吸收分子晶体上以电荷形式存在的信息，并以更有效的方式进行组织排列。分子计算机的运算过程就是蛋白质分子与周围物理化学介质的相互作用过程。转换开关为酶，而程序则在酶合成系统本身和蛋白质的结构中极其明显地表示出来。生物分子组成的计算机能在生化环境下，甚至在生物有机体中运行，并能以其他分子形式与外部环境进行交换，因此它将在医疗诊治、遗传追踪和仿生工程中发挥无法替代的作用。

（2）量子计算机

量子计算机是利用原子所具有的量子特性进行信息处理的一种全新概念的计算机。量子理论认为，非相互作用下，原子在任一时刻都处于两种状态，称为量子超态。原子会旋转，即同时沿上、下两个方向自旋，这正好与电子计算机的 0 和 1 完全吻合。

（3）光子计算机

光子计算机是一种由光信号进行数字运算、逻辑操作、信息存储和处理的新型计算机。光子计算机的基本组成部件是集成光路，包括激光器、透镜和核镜。由于光子比电子速度快，因此光子计算机的运行速度可高达一万亿次/秒，此外它的存储量是现代计算机的几万倍，还可以对语言、图形和手势进行识别与合成。

（4）纳米计算机

纳米计算机是用纳米技术研发的新型高性能计算机。纳米管元件尺寸在几到几十纳米范围，质地坚固，有着极强的导电性，能代替硅芯片制造计算机。"纳米"是一个计量单位，1 纳米等于 10^{-9} 米，大约是氢原子直径的 10 倍。纳米技术是从 20 世纪 80 年代初迅速发展起来的新的前沿科研领域，最终目标是人类按照自己的意志直接操纵单个原子，制造出具有特定功能的产品。

（5）生物计算机

20 世纪 80 年代以来，生物工程学家对人脑、神经元和感受器的研究倾注了很大精力，以期研制出可以模拟人脑思维、低耗、高效的第六代计算机——生物计算机。用蛋白质制造的计算机芯片，存储量可以达到普通计算机的 10 亿倍。生物计算机元件的密度比大脑神经元的密度高 100 万倍，传递信息的速度也比人脑思维的速度快 100 万倍，其特点是可以实现分布式联想记忆，并能在一定程度上模拟人和动物的学习功能。生物计算机是一种有知识、会学习、能推理的计算机，具有能理解自然语言、声音、文字和图像的能力，并且具有说话的能力，使人机能够用自然语言直接对话，它可以利用已有的和不断学习到的知识，进行思维、联想、推理，并得出结论，能解决复杂问题，具有汇集、记忆、检索有关知识的能力。

1.1.4　信息技术

一般来说，信息技术包括了信息基础技术、信息系统技术和信息应用技术。

（1）信息基础技术：信息基础技术是信息技术的基础，包括新材料、新能源、新器件的开发和制造技术。

（2）信息系统技术：信息系统技术是指有关信息的获取、传输、处理、控制的设备和系统的技术，感测技术、通信技术、计算机与智能技术和控制技术是它的核心和支撑技术。

（3）信息应用技术：信息应用技术是针对种种实用目的的技术，如信息管理、信息控制、信息决策等技术门类。信息技术在社会各个领域得到了广泛的应用，显示出了强大的生命力。

展望未来，现代信息技术将面向数字化、多媒体化、高速度、网络化、宽频带、智能化等方面发展。

1.2　信息的表示与存储

1.2.1　数据与信息

信息是针对某一特定目的的事实或事物，它是现实世界在人脑中的反映，是现实世界事物存在方式或运动状态的反映。数据是由人工或自动化手段加以处理的事实、场景、概念和指示的符号表示。字符、声音、表格、符号和图像等都是不同形式的数据。

例如，数据 2、4、6、8、10、12 是一组数据，其本身是没有意义的，但对它进行分析后，就可得到一组等差数列，从而很清晰地得到后面的数字。这便对这组数据赋予了意义，称为信息，是有用的数据。

1.2.2　计算机中的数据

数据和信息在计算机内部采用二进制来保存。无论是指令还是数据，若想存入计算机中，都必须采用二进制数编码形式，即使是图形、图像、声音等信息，也必须转换成二进制，才能存入计算机中。

1.2.3　计算机中数据的单位

计算机内所有的信息均以二进制的形式表示，数据的最小单位是位，存储容量的基本单位是字节。

1. 计算机中数据的常用单位

位是度量数据的最小单位，代码只有 0 和 1，采用多个数码（0 和 1 的组合）表示一个数，其中每一个数码称为 1 位（bit）。

字节是信息组织和存储的基本单位，一个字节由 8 位二进制数字组成。

字节也是计算机体系结构的基本单位。

为了便于存储器，计算机中的数据统一以字节（Byte，B）为单位。

常见的存储单位如表 1.2 所示。

表 1.2　常见的存储单位

单　　位	名　　称	含　　义	说　　明
KB	千字节	$1KB=1024B=2^{10}B$	适用于文件计量
MB	兆字节	$1MB=1024KB=2^{20}B$	适用于内存、软盘、光盘计量
GB	吉字节	$1GB=1024MB=2^{30}B$	适用于硬盘计量
TB	太字节	$1TB=1024GB=2^{40}B$	适用于硬盘计量

2. 字长

字长是指 CPU 能够同时处理的二进制位数目，它直接关系到计算机的计算精度、功能和速度。字长越长，计算机的精度越高，处理能力越强。目前，微型计算机字长主要是 32 位和 64 位。

1.2.4　字符的编码

计算机中的字符包括西文字符（字母、数字、各种符号）和中文字符，即所有不可做算术运算的数据。

计算机以二进制数的形式存储和处理数据，因此，字符必须按特定的规则进行二进制编码才可进入计算机。

1. 西文字符的编码

ASCII 是美国信息交换标准代码（American Standard Code for Information Interchange）的缩写，被国际标准化组织指定为国际标准，它有 7 位码和 8 位码两种版本。国际通用的是 7 位 ASCII 码，即用 7 位二进制数来表示一个字符的编码，共有 $2^7=128$ 个不同的编码值，相应可以表示 128 个不同字符（见表 1.3）。

表 1.3　美国信息交换标准代码（ASCII）

ASCII 值	控制字符	ASCII 值	控制字符	ASCII 值	控制字符	ASCII 值	控制字符
0	NUT	19	DC3	38	&	57	9
1	SOH	20	DC4	39	'	58	:
2	STX	21	NAK	40	(	59	;
3	ETX	22	SYN	41	)	60	<
4	EOT	23	TB	42	*	61	=
5	ENQ	24	CAN	43	+	62	>
6	ACK	25	EM	44	,	63	?
7	BEL	26	SUB	45	-	64	@
8	BS	27	ESC	46	.	65	A
9	HT	28	FS	47	/	66	B
10	LF	29	GS	48	0	67	C
11	VT	30	RS	49	1	68	D
12	FF	31	US	50	2	69	E
13	CR	32	(space)	51	3	70	F
14	SO	33	!	52	4	71	G
15	SI	34	"	53	5	72	H
16	DLE	35	#	54	6	73	I
17	DC1	36	$	55	7	74	J
18	DC2	37	%	56	8	75	K

ASCII 值	控制字符	ASCII 值	控制字符	ASCII 值	控制字符	ASCII 值	控制字符
76	L	89	Y	102	f	115	s
77	M	90	Z	103	g	116	t
78	N	91	[	104	h	117	u
79	O	92	\	105	i	118	v
80	P	93	]	106	j	119	w
81	Q	94	^	107	k	120	x
82	R	95	_	108	l	121	y
83	X	96	`	109	m	122	z
84	T	97	a	110	n	123	{
85	U	98	b	111	o	124	|
86	V	99	c	112	p	125	}
87	W	100	d	113	q	126	~
88	X	101	e	114	r	127	DEL

2. 汉字的编码

我国于 1980 年发布了国家汉字编码标准 GB2312-1980，全称是《信息交换用汉字编码字符集——基本集》，简称 GB 码或国标码。国标码的字符集共收录了 7445 个图形符号和两级常用汉字。

区位码：也称为国际区位码，是国标码的一种变形，是由区号（行号）和位号（列号）构成，区位码由 4 位十进制数字组成，前 2 位为区号，后 2 位为位号。

- 区：阵中的每一行，用区号表示，区号范围是 1～94。
- 位：阵中的每一列，用位号表示，位号范围也是 1～94。
- 区位码：汉字的区号与位号的组合（高两位是区号，低两位是位号）。

实际上，区位码也是一种汉字输入码，其最大优点是一字一码，即无重码，最大缺点是难以记忆。

3. 汉字的处理过程

从汉字编码的角度看，计算机对汉字信息的处理过程实际上是各种汉字编码间的转换过程，这些编码主要包括：汉字输入码、汉字内码、汉字地址码、汉字字形码等。

（1）汉字输入码

汉字输入码是为使用户能够使用西文键盘输入汉字而编制的编码，也叫外码。好的输入编码应该编码短，可以减少击键的次数；重码少，可以实现盲打，便于学习和掌握，但目前还没有一种符合上述全部要求的汉字输入编码方法。

汉字输入码有许多种不同的编码方案，大致分为 4 类：音码、音形码、形码、数字码。

（2）汉字内码

汉字内码是为在计算机内部对汉字进行处理、存储和传输而编制的汉字编码。它应能满足存储、处理和传输的要求，不论用何种输入码，输入的汉字在机器内部都要转换成统一的汉字机内码，然后才能在机器内传输、处理。

在计算机内部为了能够区分是汉字还是 ASCII 码，将国标码每个字节的最高位由 0 变为 1（即汉字内码的每个字节都大于 128）。汉字的国标码与其内码存在下列关系：内码=汉字的国标码+8080H。

（3）汉字字形码

汉字字形码是存放汉字字形信息的编码，它与汉字内码一一对应。每个汉字的字形码是预先存放在计算机内的，常称为汉字库。

描述汉字字形的方法主要有点阵字形和矢量表示方式。点阵字形法：用一个排列成方阵的点的黑白来描述汉字。矢量表示方式：描述汉字字形的轮廓特征，采用数学方法描述汉字的轮廓曲线。

（4）汉字地址码

汉字地址码是指汉字库（这里主要指汉字字形的点阵式字模库）中存储汉字字形信息的逻辑地址码。

在汉字库中，字形信息都是按一定顺序（大多数按照标准汉字国标码中汉字的排列顺序）连续存放在存储介质中的，所以汉字地址码也大多是连续有序的，而且与汉字机内码间有着简单的对应关系，从而简化了汉字内码到汉字地址码的转换。

汉字通过汉字输入码转换为国标码，然后转换为内码，以内码的形式进行存储和处理。在汉字通信过程中。处理机将汉字内码转换为适合于通信用的交换码，以实现通信处理。

1.3 计算机硬件系统

自从第一台电子计算机诞生以来，经过半个多世纪发展，计算机的系统结构已经发生了很大变化，但就其结构原理来说，占主流地位的仍然是冯·诺依曼型计算机。

按照冯·诺依曼对计算机体系结构的划分，计算机硬件系统由运算器、控制器、存储器、输入设备和输出设备5大部件组成，其基本组成如图 1.1 所示。

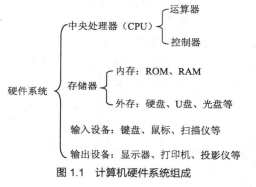

图 1.1　计算机硬件系统组成

1.3.1 运算器

运算器又称算术逻辑单元（Arithmetic Logic Unit，ALU），是对数据进行加工、运算的部件，它接受控制器的控制，按照算术运算规则进行加、减、乘、除等算术运算，还可以进行与、或、非等逻辑运算。运算器由算术逻辑部件、数据寄存器、累加器等部分组成。

运算器的性能是衡量整个计算机性能的重要因素之一，与运算器的性能相关的指标包括以下两个。

（1）字长：CPU 能够同时处理的二进制位数目。它直接关系到计算机的计算精度、功能和速度。字长越长，计算机精度越高，处理能力越强。目前，微型计算机字长主要是 32 位和 64 位。

（2）运算速度：运算速度一般用每秒所能执行的指令条数来表示，其单位是百万条指令每秒（MIPS），目前微型计算机的运算速度一般在 200~300MIPS 以上。

1.3.2 控制器

控制器是计算机的控制指挥中心，它协调和指挥整个计算机系统的操作。它的主要功能是识别和翻译指令代码，安排操作的先后顺序，产生相应的操作控制信号，控制数据的流动方向，保证计算机各部件有条不紊的协调工作。控制器由指令计数器、指令寄存器、指令译码器、操作控制器等部分组成。

通常将运算器和控制器集成在一块芯片上，称为中央处理器（Central Processing Unit，CPU），它是计算机系统的核心设备。

主频：CPU 的标准工作频率，即 CPU 的时钟频率，CPU 在一秒钟内能够完成的工作周期数。这是计算机一个很重要的性能指标，CPU 主频以 MHz（兆赫）为单位计算，1MHz 指每秒一百万次（脉冲）。主频越高，单位时间内完成的指令数也越多。目前，主流的微型计算机的 CPU 主频有 2.8GHz、3.0GHz 和 3.2GHz 等。

1.3.3 存储器

存储器是具有记忆功能的部件，用于存放程序和数据。通常存储器可分为内存储器（也称主存储器）和外存储器（也称辅助存储器）。

1. 内存

内存用于存放计算机当前正待运行的程序和数据，由半导体存储器构成。它的工作速度快，但容量较小，价格较高。它可与 CPU 直接交换数据和指令。

内存按照工作方式的不同，可分为只读存储器（Read Only Memory，ROM）和随机存储器（Random Access Memory，RAM）。

（1）RAM

RAM 中的数据既可以读出，也可以改写。它是计算机工作的主要存储区，一切需要执行的程序和数据都要预先装入该存储器中才能工作。

RAM 又可分为 SRAM（Static RAM，静态随机存储器）和 DRAM（Dynamic Random-Access Memory，动态随机存储器）。SRAM 的存取速度比 DRAM 快，但集成度低，功耗大，价格贵。计算机内存条采用的是 DRAM，集成度高，功耗低，价格便宜。RAM 对计算机硬件系统的性能影响仅次于 CPU，所以对其工作速度和存储容量要求较高。

（2）ROM

ROM 中的数据只能够读出，不能改写，计算机断电后存储器中的数据仍然存在。它一般用于存放各种固化的系统软件，如 ROM BIOS、监控程序等。

（3）高速缓存

高速缓存（Cache）是现代计算机结构中的一个重要部件，是为了解决 CPU 和主存储器速度不匹配而设计的，一般由 SRAM 实现。

CPU 按其功能通常分为两类：CPU 内部的 Cache（一级缓存）和 CPU 外部的 Cache（二级缓存）。Cache 提高了 CPU 的工作效率。

存储器的性能指标主要包括内存容量和存取速度。

内存容量：内存储器中能够存储信息的总字节数，以 KB、MB、GB 为单位，反映了内存储器存储数据的能力。内存容量的大小直接影响计算机的整体性能。

存取速度：一般用存取周期来表示，存取周期是指对内存进行一次完整存/取操作所需的时间，即存储器进行连续存取操作所允许的最小时间间隔，一般以时钟周期的倍数来描述。存取周期越短，计算机存取速度越快，从而计算机性能越好。

2. 外存

传统硬盘（Hard Disk Drive，HDD），又称温彻斯特式硬盘，是计算机主要的存储媒介之一，由一个或者多个铝制或者玻璃制的碟片组成，碟片外覆盖有铁磁性材料。

U 盘（USB Flash Disk），它是一种使用 USB（Universal Serial Bus）接口的无须物理驱动器的微型高容量移动存储产品，通过 USB 接口与计算机连接，实现即插即用。U 盘的称呼最早来源于朗科科技生产的一种新型存储设备，名曰"优盘"，使用 USB 接口进行连接。

光盘（Compact Disc）是近代发展起来的不同于完全磁性载体的光学存储介质，采用聚焦的氢离子激光束处理记录介质的方法存储和再生信息，又称激光光盘。光盘具有存储容量大、携带方便、易于长期保存、成本低等特点。目前光盘的种类很多，主要有只读光盘（Compact-Disc-Read-Only-Memory，CD-ROM）、数字多用途光盘（Digital-Versatile-Disc-ROM，DVD-ROM）、一次可写入光盘（Compact-Disc-Recordable，CD-R）和可重复写入光盘（Compact-Disc-Rewritable，CD-RW）等。

3. 存储器系统的层次结构

一般存储器有 3 个重要的指标：速度、容量和每位价格，一般来说，速度越快，价格越高；容量越大，价格越低；容量增大，速度越低。整个计算机系统存储器的层次结构如图 1.2 所示。

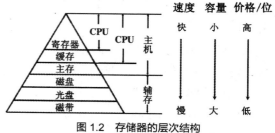

图 1.2　存储器的层次结构

1.3.4　输入/输出设备

输入设备是从外部向计算机输入信息的装置，其功能是将数据、程序及其他信息，从人们熟悉的某种形式转换成计算机能接受的信息形式，输入计算机内部。

常见的输入设备有键盘、鼠标、光笔、纸带输入机、模/数转换器、声音识别输入等，其中键盘被称为标准输入设备。

输出设备的功能是将计算机内部二进制形式的信息转换成人们所需要的或其他设备能接受和识别的信息形式。

常见的输出设备有显示器、打印机、绘图仪、数/模转换器、声音合成输出等，其中显示器被称为标准输出设备。

 注意　有的设备同时兼有输入、输出两种功能，如调制解调器、磁盘机、磁带机等。

1.4　计算机软件系统

1.4.1　软件的概念

只有硬件而没有任何软件支持的计算机称为"裸机"，人们几乎无法利用裸机进行工作，要使计算机能正常工作还必须要有相应的软件支撑。

一般把计算机的程序、要处理的数据及其有关的文档统称为软件。整个计算机系统的层次结构如图 1.3 所示。

1. 程序

程序（Program）是为实现特定目标或解决特定问题而用计算机语言编写的指令的集合。

图 1.3　计算机系统层次结构

2. 程序设计语言

程序设计语言是用于书写计算机程序的语言。语言的基础是一组记号和一组规则。根据规则由记号构成的记号串的总体就是语言。计算机中程序设计语言的发展经历了以下几个阶段。

（1）机器语言

机器语言由二进制 0、1 代码指令构成，不同的 CPU 具有不同的指令系统。机器语言程序难编写、难修改、难维护，需要用户直接对存储空间进行分配，编程效率极低。这种语言已经被渐渐淘汰了。

（2）汇编语言

汇编语言指令是机器指令的符号化，与机器指令存在着直接的对应关系，所以汇编语言同样存在着难学难用、容易出错、维护困难等缺点。但是汇编语言也有自己的优点：可直接访问系统接口，汇编程序翻译成的机器语言程序的效率高。从软件工程角度来看，只有在高级语言不能满足设计要求，或不具备支持某种特定功能的技术性能（如特殊的输入输出）时，汇编语言才被使用。

（3）高级语言

高级语言是面向用户的、基本上独立于计算机种类和结构的语言，其最大的优点是：形式上接近于算术语言和自然语言，概念上接近于人们通常使用的概念。高级语言的一个命令可以代替几条、几十条甚至几百条汇编语言的指令。因此，高级语言易学易用，通用性强，应用广泛。高级语言种类繁多。

高级语言编写的程序计算机无法直接执行，必须翻译成机器语言程序。通常的翻译方式分为编译和解释两种。

编译是将源语言转化为目标计算机的可执行二进制代码，如将 C、C++编译为 Windows 上的可执行二进制文件，这种编译一旦完成，就只能在特定平台上运行了，由于程序执行的是编译好的二进制文件，因此速度比较快（相对下面的解释）。

解释是程序不做任何变动，以源代码的形式提供在目标计算机上执行，但是源代码计算机是不识别的，因此要边解释边执行，解释一条执行一条，这样的话就比编译要慢了。由于程序要在运行时动态解释语言，因此往往需要特定的平台，例如 Java 需要目标机器上安装 JRE，但是这种方式也有一个好处就是可以跨平台，源代码不变，在运行时根据不同的平台，解释成不同的二进制执行。

1.4.2　软件系统及其组成

软件按其功能划分，可分为系统软件和应用软件两大类型，其基本组成如图 1.4 所示。

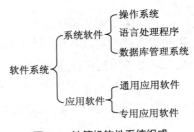

图 1.4　计算机软件系统组成

1. 系统软件

系统软件是指控制和协调计算机外部设备，支持应用软件开发和运行的软件，主要负责管理计算机系统中各种独立的硬件，使之可以协调工作。

常见的系统软件主要有操作系统、语言处理系统、数据库管理系统和系统辅助处理程序等。

（1）操作系统

操作系统是系统软件的重要组成和核心部分，是管理计算机软件和硬件资源、调度用户作业程序和处理各种中断，保证计算机各个部件协调、有效工作的软件。目前微机上使用的 Windows 属于单用户多任务操作系统。常见的操作系统有 Linux、UNIX、Windows 等。

（2）语言处理系统

语言处理系统是对软件语言进行处理的程序子系统，是软件系统的另一大类型，早期的第一代和第二代计算机所使用的编程语言，一般是由计算机硬件厂家随机器配置的。

语言处理系统是各种软件语言的处理程序,它把用户用软件语言书写的各种源程序转换成为可被计算机识别和运行的目标程序，从而获得预期结果。

（3）数据库管理系统

数据库管理系统是应用最广泛的软件，是有关建立、存储、修改和存取数据库中信息的技术。把各种不同性质的数据进行组织，以便能够有效地进行查询、检索、管理这些数据，是运用数据库的主要目的。

数据库管理的主要内容：数据库的调用、数据库的重组、数据库的重构、数据库的安全管控、报错问题的分析和汇总以及数据库数据的日常备份等。

（4）系统辅助处理程序

系统辅助处理程序主要是指一些为计算机系统提供服务的工具软件和支撑软件，如调试程序、系统诊断程序、编辑程序等。这些程序的主要作用是维护计算机系统的正常运行，方便用户在软件开发和实施过程中的应用。

2. 应用软件

应用软件是为满足用户不同问题、不同领域的应用需求而提供的那部分软件。它可以拓宽计算机系统的应用领域，放大硬件的功能。

常用的应用软件包括办公软件（如 WPS、Microsoft Office 等）、多媒体处理软件、Internet 工具软件、财务软件、绘图软件（如 Photoshop）等。

1.5 多媒体技术简介

多媒体是指能够同时对两种或两种以上的媒体进行采集、操作、编辑、存储等综合处理的技术。它的实质就是将以各种形式存在的媒体信息数字化，用计算机对其进行组织加工，并以友好的形式交互地提供给用户使用。

多媒体技术不是各种信息媒体的简单复合，它是一种把文本、图形、图像、动画和声音等多种信息类型综合在一起，并通过计算机进行综合处理和控制，能支持完成一系列交互式操作的信息技术。

多媒体代表数字控制和数字媒体的汇合，目前多媒体技术广泛应用于工业生产管理、学校教育、公共信息咨询、商业广告、军事指挥与训练、建筑规划设计，甚至家庭生活与娱乐等领域。

1.5.1　多媒体的特征

多媒体技术具有以下显著特征。

（1）集成性。多媒体技术能将各种不同媒体信息有机地进行同步，组合成为一个完整、协调的多媒体信息，也能把不同的输入显示媒体（如话筒、摄像机）或输出显示媒体（如音箱、显示器、电视机等）集成在一起，形成多媒体演播系统。

（2）实时性。由于多媒体技术是多种媒体集成的技术，其中的声音及视频图像是和时间密切相关的，这就决定了多媒体技术必须要支持实时处理。例如，播放时，声音和图像都不能出现停顿现象。

（3）交互性。交互性是多媒体技术的关键特征，除操作上控制自如（可通过键盘、鼠标、触摸屏操作）外，在媒体综合处理上也可以做到随心所欲，如屏幕上声像一体的影视图像可以任意定格、缩放，可根据需要配上解说词和文字说明等。

（4）数字化。一方面，由于处理多媒体信息的关键设备是计算机，所以要求不同媒体形式的信息都要进行数字化；另一方面，以全数字化方式加工处理的多媒体信息，具有精度高、定位准确和质量效果好等特点。

1.5.2　媒体的数字化

在计算机和通信领域，最基本的三种媒体是声音、图像和文本。

1. 声音

计算机系统通过输入设备输入声音信号，通过采样、量化将其转换成数字信号，然后通过输出设备输出。采样是指每隔一段时间对连续的模拟信号进行测量，每秒钟的采样次数即为采样频率。采样频率越高，声音的还原性就越好。量化是指将采样后得到的信号转换成相应的数值，转换后的数值以二进制的形式表示。

（1）声音的数字化

声音的主要物理特征包括频率和振幅。最终产生的音频数据量按照下面公式计算：

音频数据量（B）=采样时间（s）×采样频率（Hz）×量化位数（b）×声道数/8

例如，计算 3 分钟双声道、16 位量化位数、44.1kHz 采样频率声音的不压缩的数据量为：音频数据量=180×44100×16×2/8=31752000 B≥30.28 MB。

（2）音频文件格式

① WAV

WAV 是微软公司开发的一种声音文件格式，它符合 PIFFResource Interchange File Format 文件规范，用于保存 Windows 平台的音频信息资源，被 Windows 平台及其应用程序所支持。"*.WAV"格式支持多种压缩算法，支持多种音频位数、采样频率和声道，标准格式的 WAV 文件和 CD 格式一样，也是 44.1kHz 的采样频率，速率 88kbit/s，16 位量化位数，所以声音文件质量和 CD 相差无几，也是目前 PC 机上广为流行的声音文件格式，几乎所有的音频编辑软件都可以识别 WAV

格式。

② MP3

MP3（MPEG Audio Layer3）是一种音频压缩技术。利用 MPEG Audio Layer 3 技术，可以将音乐以 1∶10 甚至 1∶12 的压缩率，在音质丢失很小的情况下把文件压缩到更小的程度，而且还非常好地保持了原来的音质。正是因为其体积小、音质高的特点，使得 MP3 格式几乎成为网上音乐的代名词。每分钟 MP3 音乐只有 1MB 左右大小，这样每首歌的大小可以只有 3~4MB。

③ MID

MIDI 允许数字合成器和其他设备交换数据。MID 文件格式由 MIDI 继承而来。MID 文件并不是一段录制好的声音，而是记录声音的信息，然后再告诉声卡如何再现音乐的一组指令。这样一个 MID 文件每存 1 分钟的音乐只用 5~10KB。MID 文件主要用于原始乐器作品、流行歌曲的业余表演、游戏音轨以及电子贺卡等。

④ WMA

WMA 是 Windows Media Audio 编码后的文件格式，由微软开发。WMA 针对的是网络市场，在只有 64kbit/s 的码率情况下，WMA 可以达到接近 CD 的音质。和以往的编码不同，WMA 支持防复制功能，支持通过 Windows Media Rights Manager 加入保护，可以限制播放时间和播放次数甚至于播放的机器等。WMA 支持流技术，即一边读一边播放，因此 WMA 可以很轻松地实现在线广播。由于它是微软的杰作，因此，微软在 Windows 中加入了对 WMA 的支持。WMA 有着优秀的技术特征，在微软的大力推广下，这种格式被越来越多的人接受。

2. 图像

（1）静态图像的数字化

一幅图像可以近似地看成由许多的点组成，因此它的数字化通过采样和量化来实现。采样就是采集组成一幅图像的点，量化就是将采集到的信息转换成相应的数值。

（2）动态图像的数字化

人眼看到的一幅图像在消失后，还将在人的视网膜上滞留 0.1 秒，动态图像正是根据这样的原理而产生的。动态图像是将静态图像以每秒钟 N 幅的速度播放，当 $N \geqslant 25$ 时，显示在人眼中的就是连续的画面。

（3）点位图和矢量图

表示或生成图像有两种办法：点位图法和矢量图法。点位图法是将一幅图分成很多小像素，每个像素用若干二进制位表示像素的信息。矢量图是用一些指令来表示一幅图。

（4）图像文件的格式

① BMP 格式：Windows 采用的图像文件存储格式。

② GIF 格式：联机图形交换使用的一种图像文件格式。

③ TIFF 格式：二进制文件格式。

④ PNG 格式：图像文件格式。

⑤ WMR 格式：绝大多数 Windows 应用程序都可以有效处理的格式。

⑥ DXF 格式：一种向量格式。

⑦ JPEG 格式：是目前所有格式中压缩率最高的格式。

（5）视频文件格式

① AVI 格式：Windows 操作系统中数字视频文件的标准格式。

② MOV 格式：QuickTime for Windows 视频处理软件所采用的格式。

③ ASF 格式（Advanced Streaming Format）：以*.asf 和*.wmv 为后缀名的视频文件，主要是针对 RM 而设计的，也是 Windows Media 的核心。

1.5.3　多媒体数据压缩

各种媒体信息（特别是图像和动态视频）数据量非常之大。例如，一幅 640×480 像素的 24 位真彩色图像的数据量约为 900kB，100MB 的空间只能存储约 100 幅静止图像画面。

显然，这样大的数据量不仅超出了计算机的存储和处理能力，更是当前通信信道的传输速率所不及的。因此，为了存储、处理和传输这些数据，必须对其进行压缩。多媒体数据压缩技术研究的主要问题包括数据压缩比、压缩/解压缩速度以及简捷的算法。

1.　多媒体信息的压缩原理

多媒体信息中常存在一些多余成分，即冗余度。例如，在一份计算机文件中，某些符号会重复出现、某些符号比其他符号出现得更频繁、某些字符总是在各数据块中可预见的位置上出现等，这些冗余部分便可在数据编码中除去或减少。

例如，字符串 AAAVVVVVVHHHHH，可以使用 3A6V5H 来表示。在这里，"3A"意味着 3 个字符 A，"6V"意味着 6 个字符 V，以此类推。这种压缩方式是众多压缩技术中的一种，称为"行程长度编码"方式，简称 RLE（Run-Length Encoding）。冗余度压缩是一个可逆过程，因此称为无失真压缩，或称为保持型编码。

数据中间尤其是相邻的数据之间，常存在着相关性，如图片中常常有色彩均匀的背景，电视信号的相邻两帧之间可能只有少量的变化景物是不同的，声音信号有时具有一定的规律性和周期性等。因此，有可能利用某些变换来尽可能地去掉这些相关性。但这种变换有时会带来不可恢复的损失和误差，因此称为不可逆压缩，或称为有失真编码、有损压缩等。

2.　无损压缩和有损压缩

数据压缩方法种类繁多，按压缩过程中是否有损失和误差分，可以分为无损压缩和有损压缩两大类。

（1）无损压缩

无损压缩利用数据的统计冗余进行压缩，可完全恢复原始数据而不产生任何失真，但压缩率受到数据统计冗余度的理论限制，一般为 2:1~5:1。这类方法广泛用于文本数据、程序和特殊应用场合的图像数据（如指纹图像、医学图像等）的压缩。由于压缩比的限制，仅使用无损压缩方法不可能解决图像和数字视频的存储和传输问题。经常使用的无损压缩方法有 Shannon-Fano 编码、Huffman 编码、游程编码、LZW 编码和算术编码等。

（2）有损压缩

有损压缩方法利用了人类视觉对图像中的某些频率成分不敏感的特性，允许压缩过程中损失一定的信息。虽然不能完全恢复原始数据，但是所损失的部分对理解原始图像的影响较小，却换来了大得多的压缩比。有损压缩广泛应用于语音、图像和视频数据的压缩。

1.6　计算机病毒及其防治

1.6.1　计算机病毒的特征和分类

1.　计算机病毒的概念

自计算机问世以来，计算机犯罪也随之出现。随着计算机技术的高速发展，计算机的安全问题也越来越突出，人类在尽情享受计算机技术带来的优越性的同时，也不得不接受计算机犯罪的困扰。1983 年计算机病毒在美国被首次确认，它对计算机系统的安全性威胁极大，全球每年因计算机病毒造成的经济损失巨大。尽管几乎每一个国家都建立了完善的反计算机病毒体系，国际化的计算机病毒防范网络也在反毒杀毒战役中屡建奇功，但计算机病毒还是防不胜防。时至今日，人们依然谈“毒”色变，反计算机病毒的战争依然是一场持久战。

美国计算机安全专家弗雷德里克·科恩（Frederick Cohen）将计算机病毒定义为：计算机病毒是一个能传染其他程序的程序，病毒是靠修改其他程序，并把自身的拷贝嵌入其他程序而实现传染的。

美国国家计算机安全中心出版的《计算机安全术语汇编》一书对计算机病毒的定义是：计算机病毒是一种自我繁殖的特洛伊木马，它由任务部分、触发部分和自我繁殖部分组成。

1994 年 2 月 28 日颁布的《中华人民共和国计算机安全保护条例》中，对病毒的定义如下：计算机病毒是指编制或者在计算机程序中插入的、破坏计算机功能或者毁坏数据、影响计算机使用并能自我复制的一组计算机指令或者程序代码。2000 年 4 月 26 日颁布的《计算机病毒防治管理办法》中，沿用了这一定义。

2.　计算机病毒的特征

（1）传染性

传染性是计算机病毒最重要的特征，是判断一段程序代码是否为计算机病毒的重要依据。计算机病毒的传染性是指病毒具有把自身复制到其他程序中的特性。病毒可以附着在程序上，通过磁盘、光盘、计算机网络等载体进行传染，被传染的计算机又成为病毒的生存环境及新传染源。目前计算机网络日益发达，计算机病毒可以在极短的时间内，通过 Internet 传遍世界。

（2）隐蔽性

隐蔽性是指计算机病毒进入系统后不易被发现，从而有更长的时间去实现计算机病毒的传染和破坏。

（3）破坏性

计算机系统被计算机病毒感染后，一旦满足病毒发作条件，就在计算机上表现出一定的症状。即使不直接产生破坏作用的病毒程序也要占用系统资源，如占用 CPU 时间或内存空间，影响系统运行效率；危害性大的病毒将删除文件、加密磁盘中的数据，甚至摧毁整个系统和数据，使之无法恢复，造成无可挽回的损失。病毒程序的破坏性体现了病毒设计者的真正意图，病毒破坏的严重程度取决于病毒制造者的目的和技术水平。

（4）寄生性

计算机病毒寄生在其他程序之中，当执行这个程序时，病毒就起破坏作用，而在未启动这个程序之前，它是不易被人发觉的。

（5）潜伏性

计算机病毒的潜伏性是指计算机病毒具有依附其他媒体而寄生的能力。计算机病毒可能会长时间潜伏在计算机中，病毒的发作是由触发条件来确定的，在触发条件不满足时，系统没有异常症状。病毒的潜伏性越好，它在系统中存在的时间就越长，病毒传染的范围就越广，其危害性也越大。

3. 计算机病毒的分类

计算机病毒的分类方法有很多，按感染方式可分为引导型病毒、文件型病毒、混合型病毒、宏病毒和 Internet 病毒。

（1）引导型病毒主要通过软盘在操作系统中传播，感染引导区，蔓延到硬盘，并能感染到硬盘中的"主引导记录"。

（2）文件型病毒是文件感染者，也称为"寄生病毒"。它运行在计算机存储器中，通常感染扩展名为 .COM、.EXE、.SYS 等的可执行文件。

（3）混合型病毒具有引导型病毒和文件型病毒两者的特点。

（4）宏病毒是指用 BASIC 语言编写、病毒程序寄存在 Office 文档上的宏代码。宏病毒影响对文档的各种操作。

（5）Internet 病毒又称为网络病毒，通过网络传播。黑客是危害计算机系统的源头之一。

4. 计算机感染病毒的常见症状

计算机感染了病毒后的症状很多，其中以下 8 种最为常见。

① 磁盘文件数目无故增多；

② 经常无缘无故地死机或重新启动；

③ 程序执行时间比正常的明显变长；

④ 系统内存空间明显变小；

⑤ 感染病毒的可执行文件长度明显增加；

⑥ 原本可以正常运行的程序突然因为内存不足无法装入；

⑦ 显示器上出现一些莫名其妙的信息或异常现象；

⑧ 系统的日期/时间被修改成新近的日期/时间。

1.6.2 计算机病毒的预防

计算机病毒技术与反病毒技术是两种以软件编程技术为基础的技术，它们交替发展，势均力敌。因此，在相当长一段时间内，计算机系统将依然与"毒"相伴，杜绝计算机病毒需要技术、法律和社会的共同努力，所以，对计算机病毒仍然需要坚持"预防为主，诊治结合"的战略方针，防止病毒入侵要比病毒入侵后再去发现和排除要好得多。

预防计算机病毒的主要方法是切断病毒传播途径，一般应注意以下几点。

① 安装实时监控的杀毒软件或防毒卡，定期更新病毒库；

② 不要在计算机上玩不明来源的游戏，因为游戏软件常常是病毒的载体；

③ 及时升级杀毒软件，安装操作系统的补丁程序；

④ 不要随意打开来历不明的电子邮件及附件；

⑤ 不要随意打开陌生人传来的页面链接，谨防其中隐藏的木马病毒；

⑥ 安装防火墙工具，过滤不安全的站点访问；

⑦ 对重要数据进行备份。

1.7 Internet 基础及应用

计算机网络和 Internet 应用与人们的生活已经密不可分。本节主要介绍计算机网络与 Internet 的一些基础知识及其相关常见应用，其中主要包括计算机网络的定义、功能、特点、应用、发展、分类、组成，以及 Internet 的基本原理和应用。

1.7.1 计算机网络的基本概念

1. 计算机网络的定义

早期，人们把利用通信介质将分散的计算机、终端及其附属设备连接起来、实现相互通信的系统称为网络；1970 年，在美国信息处理协会召开的春季计算机联合会议上，计算机网络被定义为"以能够共享资源（硬件、软件和数据等）的方式连接起来，并且各自具备独立功能的计算机系统之集合"；现在，对计算机网络比较通用的定义是：计算机网络是利用通信设备和通信线路，将地理位置分散的、具有独立功能的多个计算机系统互连起来，通过网络软件实现网络中资源共享和数据通信的系统。

本节主要介绍关于数据通信的相关术语。

（1）信号：信号是指数据的电磁或电子编码。信号有模拟信号（信号连续取值，如语音信号）和数字信号（信号取值是离散的，如计算机二进制代码）两种形式。

（2）信道：即信号传输的通道，它是在两点之间用于收发信号的单向或双向通路。网络传输介质是指在网络中传输信息的载体，用于连接两个或多个网络节点的物理传输线路，如电话线、同轴电缆等。通信信道是建立在传输介质之上的，一条信道传输一路信号。由于信号在传输时可以采用多路复用技术，因此，一条物理传输线路上可以建立多条信道。

（3）数据传输速率：在数据通信系统中常用的速度单位有两个：比特率和波特率。比特率是指通信系统每秒能够传输的二进制数位数，单位为 bit/s。波特率指传输信道上每秒经过多少个波形，常称为波形速率或调制速率，单位是波特（Baud）。波特率不一定和比特率相等，因为一个波形信号可能包含多个二进制位，因而每传送一个信号可能要传输多个二进制位。二者的对应关系为：

$$比特率 = 波特率 \times \log_2 N$$

（4）误码率：误码率是衡量通信线路质量的一个重要参数。误码率是指数字信号在传输系统中被传错的概率。它近似等于被传错的二进制位数与所传二进制位总数的比值。计算机通信要求误码率低于 10^{-9}，而对于一些特殊的应用，如银行电算化，误码率则要低于 10^{-11}，甚至更低。

（5）信号带宽/信道带宽：信号通常都是以电磁波的形式传送的，电磁波都有一定的频谱范围，该频谱范围称为信号的带宽。理论上任何一种连续的信号频谱总是无限宽的，但在实际应用中，信号带宽指信号能量比较集中的那个频率范围。信道带宽指信道上能够传送的信号的最大频率范围，如普通电话信道的带宽是 300～3400Hz。

2. 计算机网络的分类

计算机网络的分类方法多种多样，常用的分类方法有两种，即按覆盖的地理范围分类和按组网的拓扑结构分类。

（1）按覆盖的地理范围分类

按照组网网络中的计算机之间的距离和网络覆盖地域范围的不同，计算机网络可分为如下三种。

① 局域网（Local Area Network，LAN）：将网络中有限范围内的各种计算机、终端与外部设备（如高速打印机）互连形成的通信网络，称为局域网。其覆盖范围一般为几十米到几千米，最大距离不超过 10km，属于一个部门或单位组建的小范围内的网络，例如，在一个办公楼、一所校园内、一个企业内等。局域网的传输速率一般为 4～1000Mbit/s。局域网组网具有方便、成本低、使用灵活、数据传输率较高、数据传输服务质量高等特点，深受用户欢迎，是目前计算机网络技术中最活跃的一个分支。

② 城域网（Metropolitan Area Network，MAN）：城域网的覆盖范围在广域网和局域网之间，通常在几千米到 100 千米之间，规模如一个城市。它的运行方式类似于局域网。城域网的传输速率一般为 45～150Mb/s。它的传输介质一般以光纤为主。城域网能够实现大量用户之间的数据、语音、图形与视频等多媒体信息的传输。

③ 广域网（Wide Area Network，WAN）：跨省、跨国等大范围的各种计算机、终端与外部设备互连形成的通信网络，称为广域网。其特点是适用范围一般为几十到几千千米，可使网络互联形成更大规模的互联网。该类型网络可以使不同网络上的用户相互通信和交互信息，实现局域资源共享与广域资源共享相结合。

（2）按组网的拓扑结构分类

计算机网络拓扑结构反映了网络中各实体（计算机或终端）间的结构关系，并且通过网络中通信节点与通信线路之间的几何关系表达出网络结构。网络拓扑结构一般分为总线型、星型、环型、树型和网状 5 种，如图 1.5 所示。

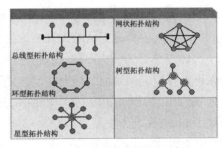

图 1.5　网络各种拓扑结构类型

① 总线型结构网络：总线型结构又称广播式结构，是指网络中各客户机和服务器均挂在一条总线上，各客户机和服务器地位平等，无中心节点控制。共用总线的方式将数据信息以基带形式串行在总线上传输，其传递方向总是从发送数据信息的节点开始向两端扩散，如同广播电台发射的数据信号一样的工作方式。总线型拓扑结构的优点是电缆长度短，布线容易，便于扩充；缺点主要是总线中任一处发生故障将导致整个网络的瘫痪，且故障诊断困难。

② 星型结构网络：星型结构网络是用集线器或交换机作为网络的中央节点，网络中的每一台计算机都通过网卡连接到中央节点，计算机之间通过中央节点进行信息交换，各节点呈星状分布。星型结构是目前在局域网中应用得最为普遍的一种，企业网络几乎都采用这一方式。星型网络几乎是 Ethernet（以太网）网络专用。这类网络目前使用最多的传输介质是双绞线，如常见的五类双绞线、超五类双绞线等。星型结构的优点是建网容易，控制相对简单；缺点是对中心节点依赖性大，网络可靠性差。

③ 环型结构网络：环型网络拓扑结构主要应用于采用同轴电缆（也可以是光纤）作为传输介质

的令牌网中，由连接成封闭回路的网络节点组成。环型结构可理解为将总线型结构网络的链路的首尾两个节点相连而形成一个闭合的环路。这种结构网络使数据信息在公共传输电缆组成的环路中沿着一个方向（通常是逆时针方向）在各个节点间依次传输。环型结构具有如下优点：数据传输方向固定；简化了路径选择的控制操作；环路上各节点都是自举控制，故控制软件简单。其缺点是：由于信息源在环路中是串行地穿过各个节点，当环中节点过多时，势必影响信息传输速率，使网络的响应时间延长；环路是封闭的，不便于扩充；网络可靠性低，如果一个节点出现故障，将会导致整个环网瘫痪；维护难度大，对分支节点故障定位较难。

④ 树型结构网络：树型结构网络是分级的集中控制式网络。树型拓扑从总线拓扑演变而来，形状像一棵倒置的树，顶端是树根，树根以下带分支，每个分支还可再带子分支。树型网络也叫多星级型网络，树型网络是由多个层次的星型结构纵向连接而成的，树的每个节点都是计算机或转接设备。一般来说，越靠近树的根部，节点设备的性能就越好。与星型网络相比，树型网络总长度短，成本较低，节点易于扩充，但是树型网络复杂，与节点相连的链路有故障时，对整个网络的影响较大。

⑤ 网状结构网络：网状结构又称分布式结构，这种拓扑结构的各节点通过传输线互联起来，并且每一个节点至少与其他两个节点相连，网状拓扑结构具有较高的可靠性，但其结构复杂，实现起来费用较高，不易管理和维护，不常用于局域网。

1.7.2 Internet 基础

1. Internet 起源与发展

1969 年，美国国防部为保障战时计算机系统工作的不间断性，决定将美国军方的计算机主机同科研机构的计算机连接起来。于是，由美国国防部研究计划管理局筹备建立了一个名为 ARPANET 的网络，人们普遍把 ARPANET 认为是 Internet 最早的雏形。

1972 年，为解决不同计算机网络之间通信的问题，美国成立了 Internet 工作组，负责建立一种能保证计算机之间通信的标准规范，并最终开发出了 IP（Internet 协议）和 TCP（传输控制协议），合称 TCP/IP 协议。随后，美国国防部宣布向全世界无条件免费提供 TCP/IP。TCP/IP 的公开极大地推动了 Internet 的大发展。

1986 年，美国国家科学基金会（NSF）投资建立了 NSFNET 广域网。从 1986 年到 1991 年，NSFNET 的子网从 100 个迅速增加到 3000 多个，NSFNET 逐渐取代 ARPANET 成为 Internet 的基础。但 NSFNET 依然采用了通过 ARPANET 开发出来的 TCP/IP 通信协议。

20 世纪 90 年代初，由 IBM、MERIT 和 MCI 公司联合建立了一个完全取代 NSFNET 的 ANSNET 骨干网，ANSNET 骨干网亦成为当今美国 Internet 的骨干网络基础。随后，随着世界各地区 Internet 骨干网的形成与商业化，逐渐形成了今天拥有几亿用户的庞大的国际互联网 Internet。

2. TCP/IP 协议简介

TCP/IP 是一组协议的代名词，包括 IP 协议、IMCP 协议、TCP 协议，以及 HTTP、FTP、POP3 协议等，所有的这些协议组成了 TCP/IP 协议簇。其中，核心的协议就是 TCP 协议和 IP 协议。

TCP 协议：即传输控制协议，它提供的是一种可靠的数据流服务。当传送受差错干扰的数据，或网络故障，或网络负荷太重而使网际基本传输系统不能正常工作时，就需要通过协议来保证通信的可靠，TCP 就是这样的协议。

IP 协议：即互联网协议（Internet Protocol），它将多个网络连成一个互联网，可以把高层的数据以多个数据包的形式通过互联网分发出去。IP 的基本任务是通过互联网传送数据包，各个 IP 数据包之间是相互独立的。

3. IP 地址与域名系统

（1）IP 地址

为每台计算机指定的地址称为 IP 地址（网际协议地址），它是 IP 协议提供的一种统一的地址格式，它为互联网上的每一个网络和每一台主机分配一个唯一的逻辑地址，以此来屏蔽物理地址的差异，使得 Internet 从逻辑上看起来是一个整体的网络。每一个 IP 地址在 Internet 上是唯一的，是运行TCP/IP 协议的唯一标识。

IP 地址由一个 32 位的二进制数字标识，通常分为 4 组，每组"8 位二进制数"，即一个不大于 255 的数字，也就是从 0.0.0.0 – 255.255.255.255，这种书写方法叫做点分四段十进制表示法，计算机中"网络连接"的"本地连接状态"的"属性"的"TCP/IPv4"中设定 IP 地址的就是这种方法。网络中通过 IP 地址查找路由是用对应的二进制数进行计算查找。

IP 地址采用分层结构，由网络地址和主机地址组成（见图 1.6），以标识特定主机的位置信息。IP 地址的结构使得可以在 Internet 上很方便地寻址，先按 IP 地址中的网络地址找到 Internet 中的一个物理网络，再按主机地址定位到这个网络中的一台主机。

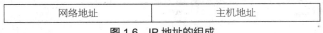

网络地址	主机地址

图 1.6　IP 地址的组成

在 Internet 中，IP 地址的编址方案为：将 IP 地址空间划分为 A、B、C、D、E 5 类，其中 A、B、C 是基本类，D、E 类作为多播和保留使用。每一类网络中 IP 地址的结构（即网络标识长度和主机标识长度）都有所不同。

A 类地址：前 8 位代表网络。第 0 位为特征位，内容为"0"，表明它是 A 类地址。A 类地址共有 128 个，每个 A 类地址可带 16777124 个 IP 主机，所以 A 类地址主要用于大型网络，每个网络可包含大量的主机，但网络数量较少。

B 类地址：前 16 位代表网络。第 0 位和第 1 位为特征位，内容为"10"，表明它是 B 类地址。B 类地址共有 16384 个，每个 B 类地址可带 65534 个 IP 主机和网络。B 类地址主要用于中型网络。

C 类地址：前 24 位代表网络。第 0 位、第 1 位和第 2 位为特征位，内容为"110"，表明它是 C 类地址。C 类地址共有 2097152 个，每个 C 类地址可带 254 个 IP 主机和网络。C 类地址主要用于小型网络，每个网络所带的主机数量较少，但可支持的网络数较多。

除了以上 A、B、C 三类地址外，网间网还有另外两类地址，其中 D 类地址为多点传送地址，用来支持多目传输技术；E 类地址用于将来的扩展。

（2）域名、域名系统

IP 地址是用数字来代表主机的地址，域名地址的意义是以一组英文简写来代替难记的数字。为了便于网络地址的分层管理和分配，互联网采用了域名管理系统 DNS。域名系统的数据库结构类似于 UNIX 系统的文件系统结构，为一个倒立的树形结构，下设 .com、.edu、.gov、.mil、.priv 等分支，顶部是根，每个结点代表域名系统的域，域又可以进一步分成子域，每个域都有一个域名。在 DNS

中，域名是由不同级别的标记字符依次组成的，标记之间用"."分隔。入网的每台计算机都有类似结构的域名，即：计算机主机名. 机构名. 网络名. 最高层域名，如 power.bta.net.cn。DNS 采用 Client/Server 模式。域名是分层次的名字，它为 Internet 上宿主机提供了便于调节、扩充的命名模式。

Internet 对某些通用性的域名作了规定，例如，com 是工商界域名，edu 是教育界域名，gov 是政府部门域名等。此外，国家和地区的域名常用两个字母表示，例如，fr 表示法国，jp 表示日本，us 表示美国，uk 表示英国，cn 表示中国等。由于 Internet 最初是在美国发源的，因此最早的域名并无国家标识，国际互联网络信息中心最初设计了 6 类域名，它们分别以不同的后缀结尾，代表不同的类型。

域名也是 Internet 分配给每一个广域网（或主机）的名字。域名有按地域分配和按机构分配两种。按地域分配的如表 1.4 所示。

表 1.4　按地域分配域名举例

域　名	含　义	域　名	含　义
.cn	中国（China）	.uk	英国（United Kingdom）
.jp	日本（Japan）	.us	美国（the United States）

按机构分配的如表 1.5 所示。

表 1.5　按机构分配域名举例

域　名	含　义	域　名	含　义
.com	商业组织	.net	主要网络中心
.edu	教育机构	.org	上述以外的组织机构
.gov	政府部门	.int	国际组织
.mil	军事部门	Country code	国家（采用国际通用两字符编码）

为了方便解释机器的 IP 地址与计算机的对应关系，Internet 采用了域名系统（Domain Name System，DNS）。DNS 服务是计算机网络上最常使用的服务之一。通过 DNS，实现主机数字 IP 地址与名字之间的相互转换，以及对特定 IP 地址或名字的路由解析与寻找。

4. 常见的 Internet 接入方式

（1）ISP：Internet 服务提供商（Internet service provider，ISP）是众多企业和用户接入 Internet 的桥梁。ISP 能够提供的功能包括：分配 IP 地址和网关、DNS 服务、提供联网软件、提供各种 Internet 服务，如 Telnet、FTP、WWW、邮件服务等。

（2）非对称数字用户专线（ADSL）方式：ADSL 是通过普通电话线传输高速数字信号的业务。上行（从用户电脑端向网络传送信息）速率最高可达 1Mbit/s，下行（浏览网页、下载文件）速率最高可达 8Mbit/s。

（3）光纤接入网：光纤接入网能满足用户对各种业务的需求，问题是成本较高，实现起来困难，但采用光纤接入网是光纤通信发展的必然趋势。

（4）无线接入 Internet：随着 Internet 以及无线通信技术的迅速普及，使用手机、移动终端等随时随地上网已成为移动用户迫切的需求，随之而来的是各种使用无线通信线路上网技术的出现。主要有无线局域网（WLAN）接入、GSM 接入技术、CDMA 接入技术、GPRS 接入技术、蓝牙技术、4G 通信技术等。

1.7.3 Internet 简单应用

Internet 即通常所说的互联网或网际网，是全球最大的、开放的、基于 TCP/IP 协议的众多网络相互连接而成的计算机网络。Internet 实际上是一个应用平台，在其上可以开展多种应用。Internet 的功能包括信息的获取与发布、电子邮件、网上交际、电子商务、网络电话、网上事务处理等。

1. WWW 服务与信息浏览

WWW 是一种基于超文本（Hypertext）方式的信息查询工具，其最大的特点是拥有非常友好的图形界面、非常简单的操作方法以及图文并茂的显示方式。WWW 系统也采用服务器/客户机结构，在服务器端定义了一种组织多媒体文件的标准——超文本标识语言（HTML）。按 HTML 格式储存的文件被称作超文本文件。通常在每一个超文本文件中都有一些超链接（Hyperlink），用于把该文件与别的超链接超文本文件连接起来构成一个整体。在客户端，WWW 系统通过 Netscape 或 Internet Explorer 等工具软件提供了方便、快捷地查阅超文本文件的方法。WWW 服务提供的主要功能如下。

① 检索查询功能；
② 文件服务功能；
③ 建立自己的主页（Home Page）；
④ 其他 Internet 服务（如 FTP、Gopher、WAIS、E-mail 等）。

浏览器是指可以显示服务器网页或者 HTML 格式文件内容，并且让用户与这些文件交互操作和信息的一种软件工具。网页浏览器主要通过 HTTP 协议与网页服务器交互并获取网页信息内容，这些网页由 URL 指定，文件格式通常为 HTML，并由 MIME 在 HTTP 协议中指明。一个网页中可以包括多个文档，每个文档都是分别从服务器获取的。大部分的浏览器本身支持除了 HTML 之外的广泛的格式，例如 JPEG、PNG、GIF 等图像格式，并且能够扩展支持众多的插件（plug-ins）。另外，许多浏览器还支持其他的 URL 类型及其相应的协议，如 FTP、Gopher、HTTPS（HTTP 协议的加密版本）。HTTP 内容类型和 URL 协议规范允许网页设计者在网页中嵌入图像、动画、视频、声音、流媒体等。个人计算机上常见的网页浏览器包括微软的 Internet Explorer、Mozilla 的 Firefox、Apple 的 Safari、Opera、Google Chrome、GreenBrowser 浏览器、360 安全浏览器、搜狗高速浏览器、傲游浏览器、百度浏览器、腾讯 QQ 浏览器等，浏览器是最经常使用到的客户端程序。

在 Windows 操作系统中集成了 Internet Explorer（简称为 IE）浏览器。浏览 Internet 的目的是为了查找所需要的信息和获取有关的服务，而 Internet 是一个巨大的信息库，每天都有新的网页和新的站点不断涌现，为了方便用户快速地查找所需要的信息，IE 提供了一系列搜索功能，使用户可以轻松、快捷地在 Internet 上搜索信息。下面介绍 IE 浏览器的使用。

（1）URL 直接连接主页：在 IE 窗口的"地址"栏内填入网站域名地址或网站 IP 地址，按 Enter 键即可。例如，在地址栏输入：http://211.67.32.32 可进入湖北民院的主页。

（2）通过超链接：Web 页面上有很多的超链接，通过这些超链接既可以链接到本网站的其他网页，也可以链接到其他的网站。

（3）使用搜索引擎：网上有一种叫搜索引擎（Search Engine）的搜索工具，它是某些站点提供的用于网上查询的程序，可以通过搜索引擎站点找到用户要找的网页和相关信息。

（4）设置 IE 的主页：选择【工具】→【Internet 选项】命令，弹出如图 1.7 所示的【Internet 选项】对话框。在【地址】文本框中输入常用网址，则每次打开 IE 浏览器时即自动进入自定义的主页。若单击【使用空白页】按钮，则每次打开一个空白页。设置完成后，单击【确定】按钮即可。

（5）使用 IE 的收藏夹：如果觉得浏览到的网站（如中华考试网）很好，而希望以后不必再输入一串长长而又难记的网络地址就能迅速访问该网站，可以使用收藏夹，让浏览器记录这个网址（注意：是记录网址，而不是保存其内容）。具体办法是在要收藏的网页上，选择菜单栏的【收藏】→【添加到收藏夹】，在弹出的对话框中输入该网站的名称（一般系统会自动将网页标题作为网站名称填入该栏），单击【确定】按钮便可将当前站点存放在收藏夹中，如图 1.8 所示。

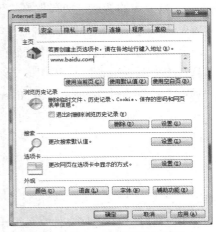

图 1.7 【Internet 选项】对话框

图 1.8 将网页添加到收藏夹

若要将网页添加到某个子收藏夹中，则在【添加到收藏夹】对话框中单击【创建到】按钮使【创建到】窗口展开，再选择相应的子收藏夹，然后点击确定。也可以单击【新建文件夹】按钮，新建一个子收藏夹，并将浏览到的网页地址放入其中。

如果要整理收藏夹的内容，使之更加规整有序，可以使用菜单栏中的【收藏】→【整理收藏夹】，然后进行相应的操作，如创建、移动、重命名、删除，如图 1.9 所示。

学会收藏夹的使用后，读者在日常的网页浏览中，就可以将有价值的网页及时纳入收藏夹中并加以整理，日积月累就会拥有自己的资源网站库。

图 1.9 收藏夹的整理

2. 电子邮件服务

（1）电子邮件

利用计算机网络来发送或接收邮件的工具被称为"电子邮件"，英文名为 E-mail，是 Internet 应用最广的服务。通过网络的电子邮件系统，用户可以快速地与世界上任何一个角落的网络用户联络。这些电子邮件可以是文字、图像、声音等各种格式。正是由于电子邮件的使用简易、投递迅速、易于保存、全球畅通无阻等特点，使得电子邮件被广泛地应用。

（2）电子邮件服务器与地址

电子邮件服务器是处理邮件交换的软硬件设施的总称，包括电子邮件程序、电子邮件箱等。它是为用户提供 E-mail 服务的电子邮件系统，人们通过访问服务器实现邮件的交换。电子邮件服务器又分为发送和接收电子邮件服务器两种。

使用 Internet 提供的电子邮件服务的前提是有自己的电子邮箱。一般情况下，一个电子邮件地址由 3 部分组成：信箱名称＋@＋接收 E-mail 地址的服务器。信箱名称表示用户名，同一个 E-mail 接收服务器不能有相同的信箱名称；@是 E-mail 地址专用标识符号，将用户名和接收服务器分开；@后面是邮件接收服务器，表示邮件所在的地方。

电子邮箱地址格式：用户名@邮件服务器名（如 ytxyzhq@163.com）。

1.8　公共基础知识简介

公共基础知识包括算法与数据结构、程序设计基础、软件工程基础和数据库设计基础四个方面的内容。

1.8.1　算法与数据结构

1. 算法

（1）算法是指解题方案的准确而完整的描述。算法不等于程序，也不等于计算机方法，程序的编制不可能优于算法的设计。

算法是一组严谨地定义运算顺序的规则，每一个规则都是有效的、明确的，此顺序将在有限的次数下终止。它的特征包括以下几种：

① 可行性：针对实际问题而设计的算法，执行后能够得到满意的结果。

② 确定性：算法中每一步骤都必须有明确定义，不允许有模棱两可的解释，不允许有多义性；

③ 有穷性：算法必须能在有限的时间内做完，即能在执行有限步骤后终止，包括合理的执行时间的含义；

④ 拥有足够的情报：要使算法有效必须为算法提供足够的情报当算法拥有足够的情报时，此算法才最有效的；而当提供的情报不够时，算法可能无效。

（2）算法的基本要素为：对数据对象的运算和操作；算法的控制结构。

① 运算和操作包括算术运算、逻辑运算、关系运算、数据传输。算术运算主要有加、减、乘、除等运算；逻辑运算主要有"与""或""非"等运算；关系运算主要有"大于""小于""等于""不等于"等运算；数据传输主要有赋值、输入、输出等操作。

② 算法的控制结构包括顺序结构、选择结构、循环结构。

（3）算法的基本设计方法：列举法、归纳法、递推、递归、减半递推技术、回溯法。

① 列举法：列举法是计算机算法中的一个基础算法。列举法的基本思想是，根据提出的问题，列举所有可能的情况，并用问题中给定的条件检验哪些是需要的，哪些是不需要的。列举法的特点是算法比较简单。但当列举的可能情况较多时，执行列举算法的工作量将会很大。因此，在用列举法设计算法时，使方案优化，尽量减少运算工作量，是应该重点注意的。

② 归纳法：归纳法的基本思想是，通过列举少量的特殊情况，经过分析，最后找出一般的关系。从本质上讲，归纳就是通过观察一些简单而特殊的情况，最后总结出一般性的结论。

③ 递推：递推是指从已知的初始条件出发，逐次推出所要求的各中间结果和最后结果。其中初

始条件或是问题本身已经给定，或是通过对问题的分析与化简而确定。递推本质上也属于归纳法，工程上许多递推关系式实际上是通过对实际问题的分析与归纳而得到的，因此，递推关系式往往是归纳的结果。对于数值型的递推算法必须要注意数值计算的稳定性问题。

④ 递归：人们在解决一些复杂问题时，为了降低问题的复杂程度（如问题的规模等），一般总是将问题逐层分解，最后归结为一些最简单的问题。这种将问题逐层分解的过程，实际上并没有对问题进行求解，而只是当解决了最后那些最简单的问题后，再沿着原来分解的逆过程逐步进行综合，这就是递归的基本思想。递归分为直接递归与间接递归两种。

⑤ 减半递推技术：实际问题的复杂程度往往与问题的规模有着密切的联系。因此，利用分治法解决这类实际问题是有效的。工程上常用的分治法是减半递推技术。所谓"减半"，是指将问题的规模减半，而问题的性质不变；所谓"递推"，是指重复"减半"的过程。

⑥ 回溯法：在工程上，有些实际问题很难归纳出一组简单的递推公式或直观的求解步骤，并且也不能进行无限的列举。对于这类问题，一种有效的方法是"试"。通过对问题的分析，找出一个解决问题的线索，然后沿着这个线索逐步试探，若试探成功，就得到问题的解，若试探失败，就逐步回退，换别的路线再逐步试探。

（4）一个好的算法应达到如下目标。

① 正确性（Correctness）。正确性大体可以分为以下 4 个层次：程序不含语法错误；程序对于几组输入数据能够得出满足规格说明要求的结果；程序对于精心选择的典型、苛刻而带有刁难性的几组输入数据能够得出满足规格说明要求的结果；程序对于一切合法的输入数据都能产生满足规格说明要求的结果。

② 可读性（Readability）。算法主要是为了方便人的阅读与交流，其次才是执行。可读性好有助于用户对算法的理解；晦涩难懂的程序易于隐藏较多错误，难以调试和修改。

③ 健壮性（Robustness）。当输入数据非法时，算法也能适当地做出反应或进行处理，而不会产生莫名其妙的输出结果。

④ 效率与低存储量需求。效率指的是程序执行时，对于同一个问题如果有多个算法可以解决，执行时间短的算法效率高；存储量需求指算法执行过程中所需要的最大存储空间。

（5）算法复杂度包括算法时间复杂度和算法空间复杂度。

① 算法时间复杂度指执行算法所需要的计算工作量。一般来说，算法的工作量用其执行的基本运算次数来度量，而算法执行的基本运算次数是问题规模的函数。在同一个问题规模下，用平均性态和最坏情况复杂性来分析。一般情况下，用最坏情况复杂性来分析算法的时间复杂度。

② 算法空间复杂度指执行这个算法所需要的内存空间。

2. 数据结构

（1）数据结构的定义

数据（Data）是对客观事物的符号表示，在计算机科学中是指所有能输入计算机中并被计算机程序处理的符号的总称。数据元素（Data Element）是数据的基本单位，在计算机程序中通常作为一个整体进行考虑和处理。数据对象（Data Object）是性质相同的数据元素的集合，是数据的一个子集。

一般情况下，在具有相同特征的数据元素集合中，各个数据元素之间存在有某种关系，这种关系反映了该集合中的数据元素所固有的一种结构。在数据处理领域中，通常把数据元素之间这种固有的关系简单地用前后件关系（或直接前驱与直接后继关系）来描述。前后件关系是数据元素之间的一个基本关系，但前后件关系所表示的实际意义随具体对象的不同而不同。一般来说，数据元素之间的任何关系都可以用前后件关系来描述。

数据结构（Data Structure）是指相互之间存在一种或多种特定关系的数据元素的集合，即数据的组织形式。

数据结构主要研究以下三个方面的内容。

① 数据集合中各数据元素之间所固有的逻辑关系，即数据的逻辑结构；

② 在对数据进行处理时，各数据元素在计算机中的存储关系，即数据的存储结构；

③ 对各种数据结构进行的运算。

讨论以上问题的目的是为了提高数据处理的效率，提高数据处理的效率有两个方面。

① 提高数据处理的速度；

② 尽量节省在数据处理过程中所占用的计算机存储空间。

（2）数据的逻辑结构

数据的逻辑结构数据结构是指反映数据元素之间的关系的数据元素集合的表示。更通俗地说，数据结构是指带有结构的数据元素的集合。所谓结构实际上就是指数据元素之间的前后件关系。

数据的逻辑结构包含以下内容。

① 表示数据元素的信息；

② 表示各数据元素之间的前后件关系。

数据的逻辑结构是对数据元素之间的逻辑关系的描述。它可以用一组数据元素的集合和定义在此集合中的若干关系来表示。数据的逻辑结构包括集合、线性结构、树型结构和图形结构四种。

数据的逻辑结构有两个要素：一是数据元素的集合，通常记为 D；二是 D 上的关系，它反映了数据元素之间的前后件关系，通常记为 R。一个数据结构可以表示成 B=（C，R）。其中 B 表示数据结构。为了反映 D 中各元素之间的前后件关系，一般用二元组来表示。

（3）数据的存储结构

数据的存储结构是指数据的逻辑结构在计算机存储空间中的存放形式，称为数据的存储结构（也称为数据的物理结构）。

数据的存储结构有顺序、链接、索引等。

（4）线性结构

线性结构条件：有且只有一个根结点；每一个结点最多有一个前件，也最多有一个后件。

非线性结构：不满足线性结构条件的数据结构。

3.　线性表及其顺序存储结构

线性表由一组数据元素构成，数据元素的位置只取决于自己的序号，元素之间的相对位置是线性的。

在复杂线性表中，由若干项数据元素组成的数据元素称为记录，由多个记录构成的线性表称为文件。

非空线性表的结构特征如下。

① 有且只有一个根结点 a_1，它无前件；

② 有且只有一个终端结点 a_n，它无后件；

③ 除根结点与终端结点外，其他所有结点有且只有一个前件，也有且只有一个后件。

结点个数 n 称为线性表的长度，当 $n=0$ 时，称为空表。

线性表的顺序存储结构具有以下两个基本特点。

① 线性表中所有元素所占的存储空间是连续的；

② 线性表中各数据元素在存储空间中是按逻辑顺序依次存放的。

a_i 的存储地址为：$ADR(a_i)=ADR(a_1)+(i-1)k$，$ADR(a_1)$ 为第一个元素的地址，k 代表每个元素占的字节数。

顺序表的运算：插入、删除。

4. 栈和队列

栈是限定在一端进行插入与删除的线性表，允许插入与删除的一端称为栈顶，不允许插入与删除的一端称为栈底。

栈按照"先进后出"（FILO）或"后进先出"（LIFO）组织数据，栈具有记忆作用。用 Top 表示栈顶位置，用 Bottom 表示栈底。

栈的基本运算如下。

① 插入元素称为入栈运算；

② 删除元素称为退栈运算；

③ 读栈顶元素是将栈顶元素赋给一个指定的变量，此时指针无变化。

队列是指允许在一端（队尾）进行插入，而在另一端（队头）进行删除的线性表。Rear 指针指向队尾，Front 指针指向队头。

队列是"先进先出"（FIFO）或"后进后出"（LILO）的线性表。

队列运算如下。

① 入队运算：从队尾插入一个元素；

② 退队运算：从队头删除一个元素。

循环队列：s=0 表示队列空，s=1 且 front=rear 表示队列满。

5. 线性链表

数据结构中的每一个结点对应于一个存储单元，这种存储单元称为存储结点，简称结点。

结点由以下两部分组成。

① 用于存储数据元素值，称为数据域；

② 用于存放指针，称为指针域。指针用于指向前一个或后一个结点。

在链式存储结构中，存储数据结构的存储空间可以不连续，各数据结点的存储顺序与数据元素之间的逻辑关系可以不一致，数据元素之间的逻辑关系是由指针域确定的。

链式存储方式既可用于表示线性结构，也可用于表示非线性结构。

线性链表，HEAD 称为头指针，HEAD=NULL（或 0）称为空表，如果是两指针：左指针（Llink）指向前件结点，右指针（Rlink）指向后件结点。

线性链表的基本运算：查找、插入、删除。

6. 树与二叉树

树是一种简单的非线性结构，所有元素之间具有明显的层次特性。

在树结构中，每一个结点只有一个前件，称为父结点，没有前件的结点只有一个，称为树的根结点，简称树的根。每一个结点可以有多个后件，称为该结点的子结点。没有后件的结点称为叶子结点。

在树结构中，一个结点所拥有的后件的个数称为该结点的度，所有结点中最大的度称为树的度。树的最大层次称为树的深度。

二叉树的特点如下。

① 非空二叉树只有一个根结点；

② 每一个结点最多有两棵子树，且分别称为该结点的左子树与右子树。

二叉树的基本性质如下。

① 在二叉树的第 k 层上，最多有 2^{k-1}（$k \geq 1$）个结点；

② 深度为 m 的二叉树最多有 2^m-1 个结点（$k \geq 1$）；

③ 对任何一棵二叉树，若其叶子结点数为 n_0，度为 2 的结点数为 n_2，则 $n_0=n_2+1$。

一棵深度为 k 且有 2^k-1 个结点的二叉树称为满二叉树。满二叉树具有以下特点。

① 具有 n 个结点的完全二叉树，其深度至少为：$\lfloor \log_2 n \rfloor+1$，其中 $\lfloor \log_2 n \rfloor$ 表示取 $\log_2 n$ 的整数部分；

② 设完全二叉树共有 n 个结点。如果从根结点开始，按层序（每一层从左到右）用自然数 1，2，…，n 给结点进行编号（$k=1,2\cdots$，n），有以下结论。

- 若 $k=1$，则该结点为根结点，它没有父结点；若 $k>1$，则该结点的父结点编号为 $\lfloor k/2 \rfloor$；
- 若 $2k \leq n$，则编号为 k 的结点的左子结点编号为 $2k$；否则该结点无左子结点（也无右子结点）；
- 若 $2k+1 \leq n$，则编号为 k 的结点的右子结点编号为 $2k+1$；否则该结点无右子结点。

完全二叉树是指除最后一层外，每一层上的结点数均达到最大值，在最后一层上只缺少右边的若干结点。

二叉树存储结构采用链式存储结构，对于满二叉树与完全二叉树可以按层序进行顺序存储。

二叉树的遍历如下。

① 前序遍历（DLR）：首先访问根结点，然后遍历左子树，最后遍历右子树；

② 中序遍历（LDR）：首先遍历左子树，然后访问根结点，最后遍历右子树；

③ 后序遍历（LRD）：首先遍历左子树，然后访问遍历右子树，最后访问根结点。

7. 查找技术

数据的组织和查找是大多数应用程序的核心，而查找是所有数据处理中最基本、最常用的操作。特别是当查找的对象是一个庞大数量的数据集合中的元素时，查找的方法和效率就显得格外重要。

根据存储结构的不同，查找方法可分为以下三大类。

① 顺序表和链表的查找：将给定的 K 值与查找表中记录的关键字逐个进行比较，找到要查找的记录；

② 散列表的查找：根据给定的 K 值直接访问查找表，从而找到要查找的记录；

③ 索引查找表的查找：先根据索引确定待查找记录所在的块，再从块中找到要查找的记录。

本部分主要介绍顺序表和链表的顺序查找法与二分查找法。

顺序查找的查找思想：从表的一端开始逐个将记录的关键字和给定 K 值进行比较，若某个记录的关键字和给定 K 值相等，查找成功；否则，若扫描完整个表，仍然没找到相应的记录，则查找失败。

顺序查找的使用情况如下。

① 线性表为无序表；

② 表采用链式存储结构。

折半查找又称为二分查找，是一种效率较高的查找方法。前提条件：查找表中的所有记录是按关键字有序（升序或降序）存储。

查找过程中，先确定待查找记录在表中的范围，然后逐步缩小范围（每次将待查记录所在区间缩小一半），直到找到或找不到记录为止。二分法查找只适用于顺序存储的有序表，对于长度为 n 的有序线性表，最坏情况只需比较 $\log_2 n$ 次。

8. 排序技术

在信息处理过程中，最基本的操作是查找。从查找来说，效率最高的是折半查找，折半查找的前提是所有的数据元素（记录）是按关键字有序存储的。将任一文件中的记录通过某种方法整理成为按（记录）关键字有序排列的处理过程称为排序。排序是数据处理中一种最常用的操作。

根据待排序的记录数量以及排序过程中涉及的存储器的不同，将排序算法分类如下。

（1）待排序的记录数太多，所有的记录不可能存放在内存中，排序过程中必须在内、外存之间进行数据交换，这样的排序称为外部排序。

（2）待排序的记录数不太多，所有的记录都能存放在内存中进行排序，称为内部排序。本节主要讨论内部排序中三类基本的排序算法。

① 插入排序：直接插入排序，最坏情况需要 $n(n-1)/2$ 次比较；折半插入排序；链表插入排序；希尔（Shell）排序，最坏情况需要 $O(n^{1.5})$ 次比较。

② 交换排序：冒泡排序，需要比较的次数为 $n(n-1)/2$；单向冒泡排序，双向冒泡排序；快速排序。

③ 选择排序：简单选择排序，最坏情况需要 $n(n-1)/2$ 次比较；选择排序；树形选择排序；堆排序，最坏情况需要 $O(n\log_2 n)$ 次比较。

1.8.2 程序设计基础

1. 程序设计的设计方法和风格

形成良好的程序设计风格要注意以下几点。

- 源程序文档化；
- 数据说明的方法；
- 语句的结构；
- 输入和输出。

注释分为序言性注释和功能性注释，语句结构清晰第一、效率第二。

2. 结构化程序设计

结构化程序设计方法的 4 条原则：自顶向下、逐步求精、模块化和限制使用 Goto 语句。

结构化程序的基本结构和特点如下。

- 顺序结构：一种简单的程序设计，是最基本、最常用的结构；

- 选择结构：又称分支结构，包括简单选择和多分支选择结构，可根据条件，判断应该选择哪一条分支来执行相应的语句序列；
- 循环结构：可根据给定条件，判断是否需要重复执行某一相同程序段。

3. 面向对象的程序设计

面向对象的程序设计以 20 世纪 60 年代末挪威奥斯陆大学和挪威计算机中心研制的 SIMULA 语言为标志。

面向对象程序设计方法的优点如下。

① 与人类习惯的思维方法一致；

② 稳定性好；

③ 可重用性好；

④ 易于开发大型软件产品；

⑤ 可维护性好。

对象是面向对象方法中最基本的概念，可以用来表示客观世界中的任何实体，对象是实体的抽象。

面向对象的程序设计方法中的对象是系统中用来描述客观事物的一个实体，是构成系统的一个基本单位，由一组表示其静态特征的属性（即对象所包含的信息）和它可执行的一组操作组成（描述了对象执行的功能，也称为方法或服务）。

对象的基本特点有如下。

① 标识唯一性；

② 分类性；

③ 多态性；

④ 封装性；

⑤ 模块独立性好。

类是指具有共同属性、共同方法的对象的集合。所以类是对象的抽象，对象是对应类的一个实例。

消息是一个实例与另一个实例之间传递的信息，包括：接收消息的对象的名称；消息标识符，也称消息名；零个或多个参数。

继承是指能够直接获得已有的性质和特征，而不必重复定义它们。继承分单继承和多重继承。单继承是指一个类只允许有一个父类，多重继承是指一个类允许有多个父类。

多态性是指同样的消息被不同的对象接受时可导致完全不同的行动的现象。

1.8.3　软件工程基础

1. 软件工程基本概念

（1）计算机软件是包括程序、数据及相关文档的完整集合。

计算机软件的特点如下。

① 软件是一种逻辑实体；

② 软件的生产与硬件不同，它没有明显的制作过程；

③ 软件在运行、使用期间不存在磨损、老化问题；

④ 软件的开发、运行对计算机系统具有依赖性，受计算机系统的限制，这导致了软件移植的问题；

⑤ 软件复杂性高，成本昂贵；

⑥ 件开发涉及诸多的社会因素。

软件按功能分为应用软件、系统软件、支撑软件（或工具软件）。

软件危机主要表现为成本、质量、生产率等问题。

（2）软件工程是应用于计算机软件的定义、开发和维护的一整套方法、工具、文档、实践标准和工序，包括 3 个要素：方法、工具和过程。

软件工程过程是把软件转化为输出的一组彼此相关的资源和活动，包含 4 种基本活动。

① P——软件规格说明；

② D——软件开发；

③ C——软件确认；

④ A——软件演进。

（3）软件周期：软件产品从提出、实现、使用维护到停止使用退役的过程。

软件生命周期有三个阶段：软件定义、软件开发、运行维护，主要活动阶段如下。

① 可行性研究与计划制定；

② 需求分析；

③ 软件设计；

④ 软件实现；

⑤ 软件测试；

⑥ 运行和维护。

（4）软件工程的目标：在给定成本、进度的前提下，开发出具有有效性、可靠性、可理解性、可维护性、可重用性、可适应性、可移植性、可追踪性和可互操作性且满足用户需求的产品。

软件工程的基本目标：付出较低的开发成本；达到要求的软件功能；取得较好的软件性能；开发的软件易于移植；需要较低的费用；能按时完成开发，及时交付使用。

软件工程的基本原则：抽象、信息隐蔽、模块化、局部化、确定性、一致性、完备性和可验证性。

（5）软件工程的理论和技术性研究的内容主要包括：软件开发技术和软件工程管理。

① 软件开发技术包括：软件开发方法学、开发过程、开发工具和软件工程环境。

② 软件工程管理包括：软件管理学、软件工程经济学、软件心理学等内容。软件管理学包括人员组织、进度安排、质量保证、配置管理、项目计划等。

2. 结构化分析方法

（1）需求分析方法包括结构化需求分析方法和面向对象的分析方法。从需求分析建立的模型的特性来开率，可分为静态分析和动态分析。

结构化分析方法的核心和基础是结构化程序设计理论。

（2）结构化分析方法的实质：着眼于数据流，自顶向下，逐层分解，建立系统的处理流程，以数据流图和数据字典为主要工具，建立系统的逻辑模型。

结构化分析的常用工具如下。

① 数据流图：描述数据处理过程的工具，是需求理解的逻辑模型的图形表示，它直接支持系统功能建模。

② 数据字典：对所有与系统相关的数据元素的一个有组织的列表，以及精确的、严格的定义，使得用户和系统分析员对于输入、输出、存储成分和中间计算结果有共同的理解。数据字典是结构化分析的核心。

③ 判定树：从问题定义的文字描述中分清哪些是判定的条件，哪些是判定的结论，根据描述材料中的连接词找出判定条件之间的从属关系、并列关系、选择关系，根据它们构造判定树。

④ 判定表。与判定树相似，当数据流图中的加工要依赖于多个逻辑条件的取值时，即完成该加工的一组动作是由于某一组条件取值的组合而引发的，使用判定表描述比较适宜。

（3）软件需求规格说明书的特点如下。

① 正确性；

② 无歧义性；

③ 完整性；

④ 可验证性；

⑤ 一致性；

⑥ 可理解性；

⑦ 可追踪性。

3. 结构化设计方法

（1）软件设计的基本目标是用比较抽象概括的方式确定目标系统如何完成预定的任务，软件设计是确定系统的物理模型。软件设计是开发阶段最重要的步骤，是将需求准确地转化为完整的软件产品或系统的唯一途径。

（2）从技术观点来看，软件设计包括结构设计、数据设计、接口设计、过程设计。

① 结构设计：定义软件系统各主要部件之间的关系。

② 数据设计：将分析时创建的模型转化为数据结构的定义。

③ 接口设计：描述软件内部、软件和协作系统之间以及软件与人之间如何通信。

④ 过程设计：把系统结构部件转换成软件的过程描述。

（3）从工程管理角度来看，软件设计包括概要设计和详细设计。

软件概要设计的基本任务如下。

① 设计软件系统结构；

② 设计数据结构及数据库；

③ 编写概要设计文档；

④ 评审概要设计文档。

（4）软件设计的一般过程：软件设计是一个迭代的过程；先进行高层次的结构设计，后进行低层次的过程设计；穿插进行数据设计和接口设计。

衡量软件模块独立性，使用耦合性和内聚性两个定性的度量标准。在程序结构中，各模块的内聚性越强，则耦合性越弱。优秀软件应是高内聚，低耦合。

（5）在结构图中，模块用一个矩形表示，箭头表示模块间的调用关系。可以用带注释的箭头表示模块调用过程中来回传递的信息；还可用带实心圆的箭头表示传递的是控制信息，空心圆箭头表示传递的是数据。

结构图的基本形式是基本形式、顺序形式、重复形式、选择形式。

结构图有 4 种模块类型：传入模块、传出模块、变换模块和协调模块。

（6）典型的数据流类型有 2 种：变换型和事务型。

① 变换型系统结构图由输入、中心变换、输出 3 部分组成。

② 事务型数据流的特点是：接受一项事务，根据事务处理的特点和性质，选择分派一个适当的处理单元，然后给出结果。

（7）详细设计：为软件结构图中的每一个模块确定实现算法和局部数据结构，用某种选定的表达工具表示算法和数据结构的细节。

（8）常见的过程设计工具有：图形工具（程序流程图）、表格工具（判定表）、语言工具（PDL）。

4. 软件测试

（1）软件测试是使用人工或自动手段来运行或测定某个系统的过程，其目的在于检验它是否满足规定的需求或是弄清预期结果与实际结果之间的差别。软件测试的目的是发现错误而执行程序的过程。

（2）软件测试方法包括静态测试和动态测试。

① 静态测试包括代码检查、静态结构分析、代码质量度量。不实际运行软件，主要通过人工进行。

② 动态测试：基本的计算机测试，主要包括白盒测试方法和黑盒测试方法。

- 白盒测试：在程序内部进行，主要用于完成软件内部 CAO 做的验证。主要方法有逻辑覆盖、基本路径测试。
- 黑盒测试：主要诊断功能不对或遗漏、界面错误、数据结构或外部数据库访问错误、性能错误、初始化和终止条件错误，用于软件确认。主要方法有等价类划分法、边界值分析法、错误推测法、因果图等。

（3）软件测试过程一般按 4 个步骤进行：单元测试、集成测试、验收测试（确认测试）和系统测试。

5. 程序的调试

（1）程序调试的任务是诊断和改正程序中的错误，主要在开发阶段进行。

（2）程序调试的基本步骤如下。

① 错误定位；

② 修改设计和代码，以排除错误；

③ 进行回归测试，防止引进新的错误。

（3）软件调试可分为静态调试和动态调试。静态调试主要是通过人的思维来分析源程序代码和排错，是主要的设计手段；动态调试辅助静态调试。主要调试方法如下。

① 强行排错法；

② 回溯法；

③ 原因排除法。

1.8.4　数据库设计基础

1. 数据库系统的基本概念

（1）数据就是描述事物的符号记录。数据的特点是：有一定的结构，有型与值之分，如整型、实型、字符型等数据的值给出了符合定型的值，如整型值 15。

（2）数据库是数据的集合，具有统一的结构形式并存放于统一的存储介质内，是多种应用数据的集成，并可被各个应用程序共享。数据库是按数据所提供的数据模式存放数据的，具有集成与共享的特点。

（3）数据库管理系统是一种系统软件，负责数据库中的数据组织、数据操纵、数据维护、控制及保护和数据服务等，是数据库的核心。

（4）数据库管理系统功能如下。

① 数据模式定义：即为数据库构建其数据框架；

② 数据存取的物理构建：为数据模式的物理存取与构建提供有效的存取方法与手段；

③ 数据操纵：为用户使用数据库的数据提供方便，如查询、插入、修改、删除等以及简单的算术运算及统计；

④ 数据的完整性、安全性定义与检查；

⑤ 数据库的并发控制与故障恢复；

⑥ 数据的服务：如拷贝、转存、重组、性能监测、分析等。

（5）为完成以上 6 个功能，数据库管理系统提供以下的数据语言。

① 数据定义语言：负责数据的模式定义与数据的物理存取构建；

② 数据操纵语言：负责数据的操纵，如查询与增、删、改等；

③ 数据控制语言：负责数据完整性、安全性的定义与检查以及并发控制、故障恢复等。

数据语言按其使用方式具有两种结构形式：交互式命令（又称自含型或自主型语言）和宿主型语言（一般可嵌入某些宿主语言中）。

（6）数据库管理员是对数据库进行规划、设计、维护、监视等的专业管理人员。

数据库系统是由数据库（数据）、数据库管理系统（软件）、数据库管理员（人员）、硬件平台（硬件）、软件平台（软件）五个部分构成的运行实体。

数据库应用系统由数据库系统、应用软件及应用界面三者组成。

（7）数据库管理技术的发展经历了三个阶段，这三个阶段及其特点分别如下。

① 文件系统阶段：提供了简单的数据共享与数据管理能力，但是它无法提供完整、统一的管理和数据共享的能力。

② 层次数据库与网状数据库系统阶段：为统一与共享数据提供了有力支撑。

③ 关系数据库系统阶段：数据的集成性、数据的高共享性与低冗余性、数据独立性（物理独立性与逻辑独立性）、数据统一管理与控制。

（8）数据库系统的三级模式如下。

① 概念模式：数据库系统中全局数据逻辑结构的描述，全体用户公共数据视图；

② 外模式：也称子模式与用户模式，是用户的数据视图，也就是用户所见到的数据模式；

③ 内模式：又称物理模式，它给出了数据库物理存储结构与物理存取方法。

（9）数据库系统的两级映射：

① 概念模式到内模式的映射；保证了数据的物理独立性。

② 外模式到概念模式的映射；保证了数据的逻辑独立性。

2. 数据模型

在管理信息系统开发中，数据库设计的目标是建立 DBMS 能识别的关系数据模型。而关系数据模型建立的基础是首先建立实体—联系模型（E-R 模型），通过 E-R 模型才能转换为关系数据模型。

（1）E-R 模型的基本概念如下。

① 实体：现实世界中的事物；

② 属性：事物的特性；

③ 联系：现实世界中事物间的关系。实体集的关系有一对一、一对多、多对多的联系。

E-R 模型三个基本概念之间的关系：实体是概念世界中的基本单位，属性有属性域，每个实体可取属性域内的值。一个实体的所有属性值叫元组。

（2）E-R 模型的图示法如下。

① 实体集表示法；

② 属性表示法；

③ 联系表示法。

（3）层次模型的基本结构是树形结构，具有以下特点。

① 每棵树有且仅有一个无双亲结点，称为根；

② 树中除根外所有结点有且仅有一个双亲。

从图论上看，网状模型是一个不加任何条件限制的无向图。

（4）关系模型采用二维表来表示，简称表，由表框架及表的元组组成。一个二维表就是一个关系。

在二维表中凡能唯一标识元组的最小属性称为键或码。从所有候选键中选取一个作为用户使用的键称主键。表 A 中的某属性是某表 B 的键，则称该属性集为 A 的外键或外码。

（5）关系中的数据约束以下内容。

① 实体完整性约束：约束关系的主键中属性值不能为空值；

② 参照完全性约束：是关系之间的基本约束；

③ 用户定义的完整性约束反映了具体应用中数据的语义要求。

3. 关系代数

关系数据库系统的特点之一是建立在数据理论的基础之上，有很多数据理论可以表示关系模型的数据操作，其中最为著名的是关系代数与关系演算。

关系模型的基本运算如下。

① 插入；

② 删除；

③ 修改；

④ 查询（包括投影、选择、笛卡儿积运算）。

4. 数据库设计与管理

数据库设计是数据应用的核心。

（1）数据库设计的两种方法：

① 面向数据：以信息需求为主，兼顾处理需求；

② 面向过程：以处理需求为主，兼顾信息需求。

（2）数据库的生命周期：需求分析阶段、概念设计阶段、逻辑设计阶段、物理设计阶段、编码阶段、测试阶段、运行阶段、进一步修改阶段。

（3）需求分析常用结构化分析方法和面向对象的方法。结构化分析（简称 SA）方法用自顶向下、逐层分解的方式分析系统。用数据流图表达数据和处理过程的关系。

（4）对数据库设计来讲，数据字典是进行详细的数据收集和数据分析所获得的主要结果。数据字典是各类数据描述的集合，包括 5 个部分：数据项、数据结构、数据流（可以是数据项，也可以是数据结构）、数据存储、处理过程。

（5）数据库概念设计的目的是分析数据内在语义关系，设计的方法有以下两种。

① 集中式模式设计法（适用于小型或并不复杂的单位或部门）；

② 视图集成设计法。

设计方法：E-R 模型与视图集成。

视图设计一般有三种设计次序：自顶向下、由底向上、由内向外。

视图集成的几种冲突：命名冲突、概念冲突、域冲突、约束冲突。

（6）关系视图设计：关系视图的设计又称外模式设计。

关系视图的主要作用如下。

① 提供数据逻辑独立性；

② 能适应用户对数据的不同需求；

③ 有一定数据保密功能。

（7）数据库物理设计的主要目标是对数据内部物理结构作调整并选择合理的存取路径，以提高数据库访问速度，有效利用存储空间。一般 RDBMS 中留给用户参与物理设计的内容大致有索引设计、集成簇设计和分区设计。

（8）数据库管理的内容如下。

① 数据库的建立；

② 数据库的调整；

③ 数据库的重组；

④ 数据库安全性与完整性控制；

⑤ 数据库的故障恢复；

⑥ 数据库监控。

习题 1

1. 为防止计算机病毒传染，应该做到（　　）。

　A. 无病毒的 U 盘不要与来历不明的 U 盘放在一起

　B. 不要复制来历不明 U 盘中的程序

　C. 长时间不用的 U 盘要经常格式化

D．U 盘中不要存放可执行程序

2. 下列关于计算机病毒的叙述中，正确的是（ 　　 ）。

 A．计算机病毒的特点之一是具有免疫性

 B．计算机病毒是一种有逻辑错误的小程序

 C．反病毒软件必须随着新病毒的出现而升级，提高查、杀病毒的能力

 D．感染过计算机病毒的计算机具有对该病毒的免疫性

3. 字长是 CPU 的主要性能指标之一，它表示（ 　　 ）。

 A．CPU 一次能处理二进制数据的位数

 B．CPU 最长的十进制整数的位数

 C．CPU 最大的有效数字位数

 D．CPU 计算结果的有效数字长度

4. 程序流程图中带有箭头的线段表示的是（ 　　 ）。

 A．图元关系 　　 B．数据流 　　 C．控制流 　　 D．调用关系

5. 结构化程序设计的基本原则不包括（ 　　 ）。

 A．多态性 　　 B．自顶向下 　　 C．模块化 　　 D．逐步求精

6. 软件设计中模块划分应遵循的准则是（ 　　 ）。

 A．低内聚低耦合 　　 B．高内聚低耦合

 C．低内聚高耦合 　　 D．高内聚高耦合

7. 下列数据结构中，能用二分法进行查找的是（ 　　 ）。

 A．顺序存储的有序线性表 　　 B．线性链表

 C．二叉链表 　　 D．有序线性链表

8. 下面描述中正确的是（ 　　 ）。

 A．软件调试是为了改善软件的性能

 B．软件测试要确定错误的性质和位置

 C．软件测试是软件质量保证的重要手段

 D．软件调试的任务是发现并改正程序中的错误

9. 下面模型中为概念模型的是（ 　　 ）。

 A．网状模型 　　 B．层次模型 　　 C．关系模型 　　 D．实体-联系模型

10. 生产每种产品需要多种零件，则实体产品和零件间的联系是（ 　　 ）。

 A．多对多 　　 B．一对多 　　 C．多对一 　　 D．一对一

02 第2章　利用Word 2010创建电子文档

Word 2010 中提供了功能更为全面的文本和图形编辑工具,同时采用了以结果为导向的全新用户界面,以此来帮助用户创建、共享更具有专业水准的电子文档。本章主要介绍了 Word 2010 的操作界面、创建并编辑文档和美化文档外观等内容,具体包括:

- 功能区与选项卡、上下文选项卡、对话框启动器、实时预览、增强的屏幕提示、快速访问工具栏、后台视图和自定义 Office 功能区;
- 使用模板快捷创建文档、输入文本、选择并编辑文本、复制与粘贴文本、删除与移动文本、查找与替换文本、检查文档中文字的拼写和语法、保存文档和打印文档;
- 设置文本格式、设置段落格式、调整页面设置、在文档中使用文本框、在文档中使用表格、文档中的图片处理技术、使用智能图形展现观点、使用主题快速调整文档外观和插入文档封面。

2.1　以任务为导向的应用界面

Office 2010 是一组软件的集合,它包含了文字处理软件 Word 2010、电子表格处理软件 Excel 2010 以及幻灯片制作软件 PowerPoint 2010 等。Word 是 Office 办公软件集中最重要、使用人数最多的一款软件,其主要功能是制作各类文档,它已经成为人们日常工作、生活中不可缺少的工具。Word 2010 中新增的众多新特性、新功能及全新的界面,给用户带来了使用上和视觉上的全新体验。经过全新的设计和改进,它可使用户轻松、高效地完成工作,并根据当前正在操作的文档内容,快速定位到想要执行的操作。

2.1.1　功能区与选项卡

与传统的版本相比,Word 2010 中的功能区与选项卡发生了很大的变化,用户可以进行自定义功能区、创建功能区及创建组等操作,选项卡命令中的组合方式在用户操作时则更加直观、方便。

Word 2010 的功能区中提供了【文件】【开始】【插入】【页面布局】【引用】【邮件】【审阅】【视图】等编辑文档的多个选项卡,如图 2.1 所示。该功能区取消了传统的菜单操作方式,单击功能区中的这些选项卡标签后,即可切换到相应的选项卡,直接显示相应的命令。

图 2.1　Word 2010 功能区

　　功能区中显示的内容会根据程序中的窗口宽度自动进行调整，当功能区部分图标缩小时会节省空间。

　　Office 系列软件在界面特征上具有一定的相似性，一旦学会在 Word 中使用功能区，将会发现同样会在 Excel、PowerPoint 中使用功能区。

2.1.2　上下文选项卡

　　上下文选项卡仅在需要时显示，从而使用户能够更加轻松地根据正在进行的操作来获得和使用所需的命令。例如在 Word 中编辑表格时，选中表格后，相应的选项卡才会显示出来，如图 2.2 所示。

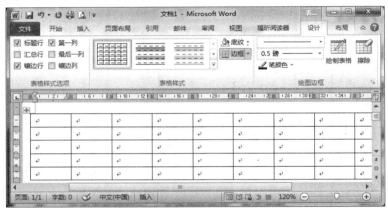

图 2.2　表格选项卡

2.1.3　对话框启动器

　　在 Word 2010 功能区中，单击某些命令可以启动对话框，如在功能区【插入】选项卡的【插图】选项组中，单击【图表】命令按钮就可以打开【插入图表】对话框。但是最常用的【字体】对话框、【段落】对话框却找不到对应的启动命令。

　　仔细观察功能区，会发现某些选项组在右下角有一个小箭头按钮，如图 2.3 所示，它就是对话框启动器按钮，单击按钮就会打开一个带有更多命令的对话框或任务窗格。例如，在功能区【开始】选项卡的【字体】选项组中，单击对话框启动器就可以打开【字体】对话框。

图 2.3　字体对话框启动器

2.1.4　实时预览

　　在处理文件的过程中，当鼠标指针移动到相关的选项时，当前编辑的文档中就会显示该功能的预览效果。

例如，当读者设置标题效果时，只需将鼠标指针在标题的各个选项上滑过，Word 2010 文档就会显示出实时预览效果，这样的功能有利于读者快速选择标题效果的最佳选项，如图 2.4 所示。

2.1.5 增强的屏幕提示

增强的屏幕提示是更大的窗口，与以往版本相比，它可显示比屏幕提示更多的信息，并可以直接从某一命令中的显示位置指向帮助主题的链接。

将鼠标指针指向某一命令或功能时，将出现响应的屏幕提示，促使读者迅速了解所提供的信息。如果用户想获得更加详细的信息，也不必在帮助窗口中进行搜索，可直接利用该功能提供的相关辅助信息的链接，直接从当前位置对其进行访问。

图 2.4 实时预览功能

2.1.6 快速访问工具栏

快速访问工具栏是一个根据用户的需要而定义的工具栏，包含一组独立于当前显示的功能区中的命令，可以帮助读者快速访问使用频繁的工具。在默认情况下，快速访问工具栏位于标题栏的左侧，包括【保存】【撤销】和【恢复】3 个命令。用户也可以根据自己的需要添加一些常用命令，以方便使用，如图 2.5 所示。

例如，若经常使用【新建批注】命令，可在 Word 2010 快速访问栏工具中添加该命令，具体操作步骤如下。

（1）在 Word 2010 中用鼠标单击标题栏左侧快速访问工具栏右侧的下拉按钮，在弹出的下拉列表中选择【其他命令】选项，如图 2.6 所示。

图 2.5 快速访问工具栏

图 2.6 【其他命令】选项

（2）弹出【Word 选项】对话框，选择【快速访问工具栏】选项卡，然后单击【从下列位置选择命令】下拉按钮，在弹出的下拉列表中选择【常用命令】选项，在命令列表框中选择【新建批注】命令，然后单击【添加】按钮。设置完成后单击【确定】按钮，即可将选择的命令添加到快速工具栏中，如图 2.7 所示。

图 2.7　添加【新建批注】命令到快速访问工具栏

2.1.7　后台视图

在 Office 2010 功能区中选择【文件】选项卡，即可查看后台视图。在后台视图中，可以新建、保存并发送文档，可以查看文档的安全控制选项，可以检查文档中是否包含隐藏的数据或个人信息，可以应用自定义程序等进行相应的管理，还可对文档或应用程序进行操作，如图 2.8 所示。

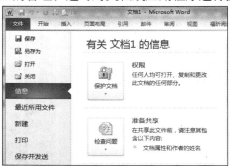

图 2.8　后台视图

2.1.8　自定义 Office 功能区

除 Office 2010 默认提供的功能区外，用户还可以根据自己的使用习惯自定义应用程序的功能区。例如，将计算机常用的图标如计算器、游戏或者文件管理器等添加到工具栏中，这样可以使操作更加方便、快捷，具体操作步骤如下。

（1）选择【文件】选项卡中的【选项】命令，弹出【Word 选项】对话框，如图 2.9 所示。

（2）在【Word 选项】对话框中选择【自定义功能区】选项卡，在对话框右侧的列表框中选择【新建选项卡（自定义）】选项，如图 2.10 所示，即可创建一个新的选项卡。

图 2.9 【Word 选项】对话框

图 2.10 选择【新建选项卡】

（3）选择【新建选项卡（自定义）】下方的【新建组（自定义）】复选框，单击【重命名】按钮，在弹出的【重命名】对话框中选择一种符号，在【显示名称】文本框中输入新建组的名称【微笑】，单击【确定】按钮，如图 2.11 所示。

图 2.11 【重命名】对话框

（4）返回【自定义功能区】选项卡，在右侧的【新建选项卡（自定义）】下可以看到【新建组（自定义）】已经变成了【微笑（自定义）】，如图 2.12 所示。

图 2.12　新建自定义命令

（5）操作完成后，即可在功能区中显示新建的选项卡和组，如图 2.13 所示。

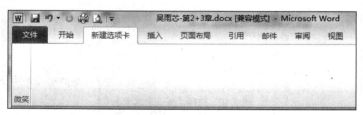

图 2.13　新建的选项卡和组

2.2　创建并编辑文档

作为 Office 套件的核心应用程序之一，Word 提供了许多易于使用的文档创建工具，同时也提供了丰富的功能供创建复杂的文档使用。

2.2.1　使用模板快捷创建文档

创建一个 Word 文档的方法有很多，例如可以在桌面空白处单击鼠标右键，选择【新建】命令，再选择【Word 文档】选项即可创建一个空白的文档；同样也可以通过 Word 2010 自带的模板创建更丰富的文档。打开【文件】选项卡，选择【新建】命令，如图 2.14 所示。

图 2.14　使用模板创建文档

2.2.2　输入文本

　　创建新文档后，在文本的编辑区域中会出现闪烁的光标，表明当前文档的输入位置，可在此处输入文本内容。安装语言支持功能后，可以输入各种语言的文本。输入文本时，文本内容不同，输入方法也不同，但普通文本通过键盘就可以直接输入。安装了 Word 2010 程序后"微软拼音"输入法会自动安装在 Word 中，用户可以使用该输入法完成文档的输入，也可以安装其他中文输入法进行输入。

1. 输入的两种状态

Word 的输入有"插入"和"改写"两种状态。

（1）插入：输入文本时，之前光标后面的内容会随着新增文字的输入自动后移。

（2）改写：输入文本时，新输入的文本会覆盖之前光标后面的内容。

　　可以通过状态栏查看当前文档是处于哪一种输入状态，默认的情况下是"插入"状态，可以单击状态栏上的【插入】按钮切换到"改写"状态，或者通过键盘的 Insert 键也可在两种状态间进行切换。

2. 输入法的切换

　　输入英文可直接敲击键盘，不需要输入法，而要实现汉字的输入，则计算机上需要安装相应的中文输入法。当要选择某种汉字输入法进行汉字输入时，可以按 Ctrl+Shift 组合键进行输入法的切换，在选择了某种输入法的情况下可以按 Shift 键切换中文和英文字符的输入。

3. 输入日期和时间

将光标定位到要插入日期或时间的位置，在【插入】选项卡下的【文本】功能组中找到【日期和时间】按钮，单击可打开【日期和时间】对话框，如图 2.15 所示，在【可用格式】列表中选择需要的格式，再单击【确定】按钮即可插入当前系统的时间。也可以通过快捷键插入，当前日期可以按 Alt + Shift+D 组合键，当前时间可以按 Alt + Shift+T 组合键。

在 Word 中插入当前计算机的日期和时间之后，如果需要日期和时间随着计算机时间同步变化，可以在图 2.15 所示的对话框中选中【自动更新】复选框，这样就可以自动更新当前日期和时间了。

4. 特殊符号的输入

在 Word 的编辑过程中，往往涉及符号的输入，有些特殊的符号在键盘上不能找到。如果想输入一些特殊的符号，可以选择任意一种输入法的软键盘来辅助输入，也可以使用 Word 2010 的命令按钮直接插入符号。

将光标定位在需要插入符号的位置，单击【插入】选项卡，在【符号】功能组中单击Ω按钮，打开如图 2.16 所示的符号选择列表，单击相应符号即可。

图 2.15 【日期和时间】对话框

图 2.16 符号选择列表

单击符号选择列表中的【其他符号】按钮，打开【符号】对话框，如图 2.17 所示，可以从【字体】下拉列表和【子集】下拉列表中选择合适的选项，选择要插入的符号，然后单击【插入】按钮。

5. 公式的输入

Word 2010 支持公式的编辑。Word 内置了一些常用公式，也可以根据需要输入自定义的公式。

（1）内置公式的输入

将光标定位到需要输入公式的位置，切换至【插入】选项卡，在【符号】功能组中单击【公式】的下三角按钮，在弹出的列表中选择相应的内置公式，如图 2.18 所示。

图 2.17　【符号】对话框

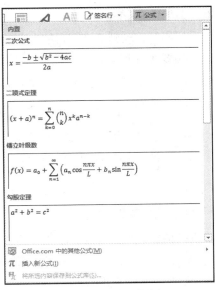

图 2.18　内置公式列表

（2）自定义公式的编辑

将光标定位到需要插入公式的位置，单击【插入】选项卡，在【符号】功能组中单击【公式】的下三角按钮，在弹出的列表中单击【插入新公式】，出现【公式工具】的【设计】选项卡，可以在此进行公式的编辑，如图 2.19 所示。

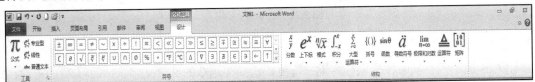

图 2.19　【设计】选项卡

2.2.3　选择并编辑文本

在编辑文档的时候，有时候需要对已编辑的文档进行修改，如把文本内容移动到其他位置、删除某些文本、复制文本、查找替换文本等。Word 对文本的操作原则是"先选择、后操作"，所以，文本的选定是文本编辑的基础。在 Word 中，文本的选定可以单独通过鼠标或键盘实现，也可以鼠标和键盘结合使用，选定后的文本内容以蓝底高亮度显示。

1. 拖曳鼠标选择文本

拖曳鼠标选择文本是最基本、最灵活和最常用的方法。将鼠标指针放到要选择的文本上，然后按住鼠标左键并拖曳到要选择的文本内容的结尾处，即可选择文本，如图 2.20 所示。

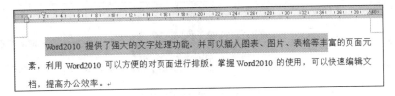

图 2.20　拖曳鼠标选择文本

51

2. 选择一行文本

将鼠标指针移动到要选择行的左侧空白区域，当鼠标指针变成⏴形状时，单击鼠标左键，即可选定该行，如图 2.21 所示。

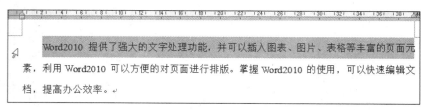

图 2.21　选择一行文本

3. 选择一个段落

将鼠标指针移动到要选择段的左侧空白区域，当鼠标指针变成⏴形状时，快速双击鼠标左键，即可选定该段，如图 2.22 所示。另外，将鼠标指针放在段落的任意位置，然后连续单击鼠标左键 3 次，也可选择鼠标指针所在的段落。

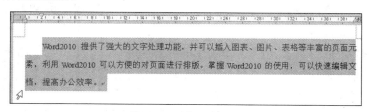

图 2.22　选择一个段落

4. 选择不相邻的多段文本

按住 Ctrl 键不放，同时按住鼠标左键并拖曳，选择要选取的部分文字，然后释放 Ctrl 键，即可将不相邻的多段文本选中，如图 2.23 所示。

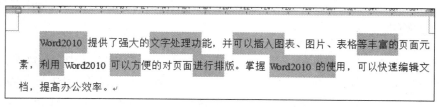

图 2.23　选择不相邻的多段文本

5. 选择垂直文本

将鼠标指针移至要选择的文本左侧，按住 Alt 键不放，同时按下鼠标左键并拖曳鼠标选择需要的文本，释放 Alt 键即可选择垂直文本，如图 2.24 所示。

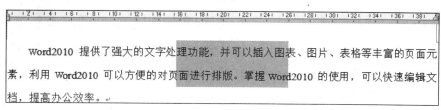

图 2.24　选择垂直文本

6．选择整篇文档

将鼠标指针移动到左侧空白区域，当鼠标指针变成↗形状时，连续单击 3 次鼠标左键，或者通过 Ctrl+A 组合键，即可选定整篇文本，如图 2.25 所示。

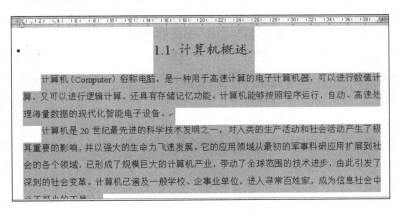

图 2.25　选择整篇文档

2.2.4　复制与粘贴文本

文本的复制是指在其他位置创建一个与选择文本完全一样的内容。如果需要输入一些重复的内容，使用复制操作可以节省输入时间，提高工作效率。

1．使用剪贴板操作

（1）将需要复制的文本选中。

（2）采用下列任意方式将内容保存至剪贴板中。

- 单击【开始】选项卡中【剪贴板组】的【复制】按钮（见图 2.26）。
- 单击鼠标右键，从弹出的快捷菜单中选择【复制】（见图 2.27）。
- 使用组合键 Ctrl+C 复制。

（3）将光标定位到目标位置，采用下列任意方式将内容从剪贴板粘贴至目标位置。

- 单击【开始】选项卡中【剪贴板组】的【粘贴】按钮（见图 2.26）。
- 单击鼠标右键，从弹出的快捷菜单中选择【粘贴】（见图 2.27）。
- 使用 Ctrl+V 组合键粘贴。

2．使用鼠标操作

首先拖动鼠标选择文本，然后按住 Ctrl 键，再按住鼠标左键不放，拖动鼠标到目标位置。

图 2.26　剪贴板

图 2.27　鼠标右键快捷菜单

2.2.5 删除与移动文本

1. 删除文本

如果输入错误，需要使用到文本的删除功能，删除的方式有以下几种。

（1）选择需要删除的内容，按键盘上的 BackSpace 键或者 Delete 键。

（2）按 BackSpace 键删除光标前的字符，按 BackSpace+Ctrl 组合键删除光标前的一个单词。

（3）按 Delete 键删除光标后的字符，按 Delete+Ctrl 组合键删除光标后的一个单词。

2. 移动文本

（1）鼠标拖放

选择要移动的文本，按住鼠标左键不放，将鼠标拖动到目标位置。释放鼠标左键后，选择的文本便从原来的位置移至新的位置。

（2）使用剪贴板

① 单击鼠标右键，从弹出的快捷菜单中选择【剪切】，在目标位置单击鼠标右键，选择【粘贴】。

② 使用组合键 Ctrl+X 为剪切，Ctrl+V 为粘贴。

2.2.6 查找与替换文本

在编辑文档过程中，为了便于在大篇幅的文档中查找以及更改某些文本内容，Word 2010 提供了查找和替换功能。

1. 查找文本

（1）使用【导航】窗格

在【开始】选项卡的【编辑】功能组中，单击【查找】按钮，在文档的左边会打开一个用于输入查找内容的【导航】任务窗格，输入要查找的内容后，如果文档中有匹配的内容，则该内容会以黄色高亮度显示（图 2.28）。

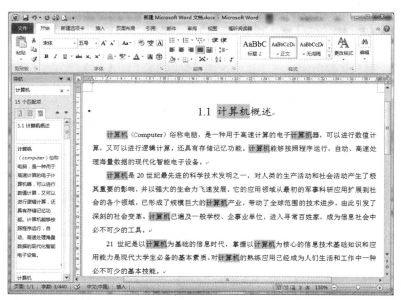

图 2.28 导航窗格查找

（2）使用【查找与替换】对话框

单击【开始】选项卡→【编辑】功能组→【查找】按钮旁边的小三角形→【高级查找】→【查找与替换】对话框，在【查找】选项卡下，输入需要查找的内容，如图 2.29 所示。如果需要查找相同的格式，可以单击该对话框中的【更多】按钮，展开后单击【格式】按钮，从弹出的下拉列表中选择查找某种字体或段落格式的内容。

图 2.29　【查找与替换】对话框

2．替换文本

（1）使用【查找与替换】对话框

在【开始】选项卡的【编辑】功能组中，单击【替换】按钮，打开【查找与替换】对话框，并处于【替换】选项卡，如图 2.30 所示。依次输入要查找内容和替换内容，单击【替换】按钮进行单个替换，单击【全部替换】按钮一次性全部替换，单击【更多】按钮，可将对话框展开，进行一些高级替换操作。

图 2.30　【替换】选项卡

（2）使用快捷键

按 Ctrl+H 组合键，也可以打开图 2.30 所示的对话框。

2.2.7　检查文档中文字的拼写和语法

在编辑文档时，经常会因为疏忽而造成一些拼写或语法错误。Word 2010 的拼写和语法功能开启后，将自动在它认为有错误的字句下面加上波浪。如果出现拼写错误，则用红色波浪线标记；如果出现语法错误，则用绿色波浪线标记。

开启拼写和语法检查功能的操作步骤如下。

（1）在 Word 2010 程序中，单击【文件】选项卡，打开 Office 后台视图。

（2）单击【选项】命令。

（3）打开【Word 选项】对话框，切换到【校对】选项卡。

（4）在【在 Word 中更正拼写和语法时】选项区域中选中【键入时检查拼写】和【键入时标记语法错误】复选框，如图 2.31 所示。还可以根据具体要求，选中【使用上下文拼写检查】等其他复选框，设置相关功能。

（5）单击【确定】按钮，拼写和语法检查功能的开启完成。

图 2.31　设置自动拼写和语法检查功能

2.2.8　保存文档

在完成对一个文档的新建并输入相应内容之后，往往需要随时对文档进行保存，以保留工作成果。保存文档不仅指的是一份文档在编辑结束时将其保存，更重要的是在编辑过程中也要随时保存，以免因为其他原因导致数据丢失，造成不必要的重复性工作。

1. 手动保存新文档

（1）按 Ctrl＋S 组合键。如果是新建的文档，会弹出一个【另存为】对话框，可以在其中设置文档的保存位置以及文件名和保存类型（见图 2.32）；如果是已有的文档，不会弹出【另存为】对话框。

（2）单击【快速访问工具栏】中的【保存】按钮图标 ![保存图标]。

（3）单击选择【文件】→【保存】命令，将原文档进行保存。单击【文件】→【另存为】命令，将打开【另存为】对话框（见图 2.32），可在其中设置文档的保存位置以及文件名和保存类型。

2. 自动保存文档

单击【文件】→【选项】命令，打开【Word 选项】对话框，选择【保存】选项卡，可以设置 Word 文档每隔多长时间进行自动保存，还可以设置保存的文件类型以及保存的位置等，如图 2.33 所示。

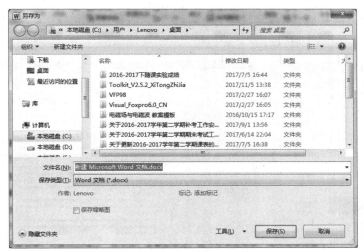

图 2.32 【另存为】对话框

图 2.33 设置文档自动保存

2.2.9 打印文档

打印文档在日常办公中是一项很常见且重要的工作，在打印 Word 文档之前，可以通过打印预览功能查看一下整篇文档的排版效果，确认无误后再打印。

编辑完文档之后，可以通过以下步骤完成文档的打印。

（1）在 Word 2010 应用程序中，单击【文件】选项卡，在打开的 Office 后台视图中选择【打印】命令（组合键：Ctrl+P）。

（2）打开如图 2.34 所示的打印视图，在视图的右侧可以即时预览文档的打印效果。同时，可以在打印设置区域中对打印机、页面进行相关调整，例如页边距、纸张大小等。

（3）设置完后，单击【打印】按钮，即可将文档打印输出。

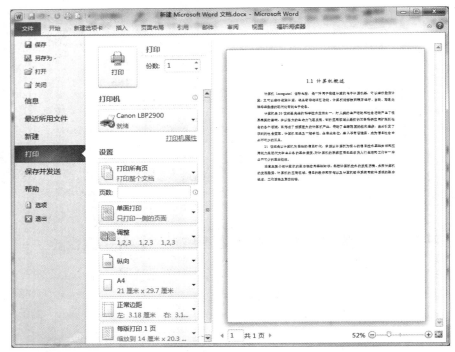

图 2.34　文档打印视图

2.3　美化文档

想要让单调乏味的文本变得醒目美观，就需要对文档格式进行多方面的设置，比如字体、字号、字形、颜色、间距等。恰当的格式设置不仅有助于美化文档，还能在很大程度上增强信息的传递力度。

2.3.1　设置文本格式

1．设置字体和字号

在编辑文本的过程中，需要对文档中文字的字体和字号进行相应的设置，以满足不同应用类型文档的不同需求。在 Word 2010 中，默认情况下输入的文本字体为宋体，字号为五号，用户可以根据需要更改字体、设置字体颜色，对文本进行修饰。设置字体和字号通常可以通过浮动工具栏、字体功能组和字体对话框 3 种方法完成设置。

（1）浮动工具栏

首先选中需要设置字体格式的文本，在指针的右上方会出现一个浮动工具栏，如图 2.35 所示。当鼠标指针没有移动到所选文本的区域时，浮动工具栏是隐藏的，当鼠标指针移动到所选文本区域时，浮动工具栏是半透明的状态，当鼠标指针移动到浮动工具栏上，它就清晰完整地显现出来。单击浮动工具栏中的相应按钮即可进行简单的字体格式的设置。

（2）字体功能组

另外一种字体格式的设置方法是通过【开始】选项卡的【字体】功能组，如图 2.36 所示，选择需要设置的文本后，单击相应的按钮即可。

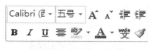

图 2.35 浮动工具栏

图 2.36 字体功能组

（3）字体对话框

选择需要设置格式的文本，单击【开始】选项卡的【字体】功能组右下角的对话框启动器按钮，弹出如图 2.37 所示的字体对话框；或者是选择文本后，单击鼠标右键，从弹出的快捷菜单中选择【字体】，打开字体对话框。字体对话框相比浮动工具栏和【字体】功能组而言，所提供的格式设置更加全面。

2. 设置字形

在 Word 2010 中还可以对字形进行修饰，例如可以将粗体、斜体、下划线、删除线等多种效果应用于文本，使文本内容更为突出。下面举例说明如何将文本设置为粗体，并为其添加下划线，具体操作如下。

图 2.37 【字体】对话框

（1）首先，在 Word 文档中选中要设置字形的文本。

（2）在【开始】选项卡的【字体】选项组中，单击【B】按钮，此时被选中的文本就显示为粗体了。

（3）在【字体】选项组中单击【U】按钮，为所选文本添加下划线，如图 2.38 所示。

（4）在【字体】对话框中，还可以对字形进行更加详细的设置（图 2.37）。

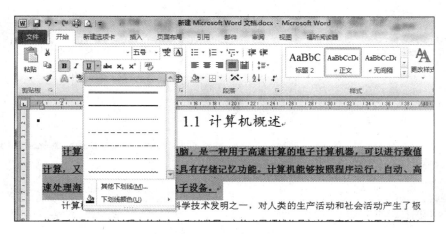

图 2.38 设置加粗和下划线

3. 设置字体颜色

（1）单击【字体】选项组中【A】字样旁边的下三角按钮，在弹出的下拉列表中选择自己喜欢的字体颜色，如图 2.39 所示。

（2）如果系统提供的颜色和标准色不能满足个性化需求，可以在弹出的下拉列表中选择【其他颜色】命令，打开【颜色】对话框，在【标准】选项卡和【自定义】选项卡中选择合适的字体颜色，如图 2.40 所示。

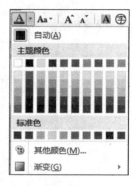

图 2.39　字体颜色对话框

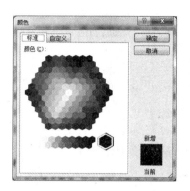

图 2.40　【颜色】对话框

（3）另外，Word 2010 还为用户提供了一些其他字体效果，这些设置都在【字体】对话框中，可以通过【开始】选项卡，单击【字体】对话框启动器，在【字体】选项卡的【效果】选项区域中自行设置，如图 2.41 所示。

4. 设置字符间距

Word 2010 可以对字符间距进行调整，在功能区中的【开始】选项卡中，单击【字体】选项组右下角的三角形打开【字体】对话框，单击【高级】选项卡，如图 2.42 所示，在该对话框中的【字符间距】选项区域中包括诸多选项设置，可以通过这些选项来调整字符间距。

图 2.41　【设置文本效果格式】对话框

图 2.42　设置字符间距

（1）在【缩放】下拉列表框中，有多种字符缩放比例可供选择。

（2）在【间距】列表框中，有标准、加宽、紧缩 3 种字符间距。加宽方式将使字符间距比标准方式宽 1 磅，紧缩方式比标准方式窄 1 磅，也可以在右边的【磅值】微调框中输入合适的字符间距。

（3）在【位置】列表框中，有标准、提升、降低 3 种字符位置可选。

（4）【为字体调整字间距】复选框用于调整文字或字母组合间的距离。

（5）选中【如果定义了文档网格，则对齐到网格】复选框，Word 2010 将自动设置每行字符数，使其与【页面设置】对话框中设置的字符数一致。

2.3.2　设置段落格式

段落是指以特定符号作为结束标记的一段文本，用于标记段落的符号是不可打印的字符。在编排整篇文档时，合理的段落格式设置可以使内容层次更加紧凑、结构更加鲜明。【浮动工具栏】的【段落】功能组包含的是比较常用的一些段落格式设置按钮，在【段落】对话框中包含所有的段落格式设置命令，如图 2.44 所示。选择需要设置段落格式的文本，单击鼠标右键，从弹出的快捷菜单中选择【段落】，可以打开【段落】对话框；或者通过【开始】选项卡中的【段落】功能组右下角的对话框启动器打开【段落】对话框。

1. 段落对齐方式

对齐方式是文本内容对于文档的左右边界的横向排列方式。Word 2010 中有 5 种对齐方式。

（1）左对齐：文本左侧与左边缘对齐。

（2）右对齐：文本右侧与右边缘对齐。

（3）居中对齐：文本距离左右两边的边缘距离相等。

（4）两端对齐：文本左右两端的边缘都对齐，但是段落的最后一行靠左对齐。

（5）分散对齐：文本左右两端的边缘都对齐，如果最后一行短，则在字符之间增加额外空格，使其与段落宽度匹配。

对齐方式可通过工具栏里的【段落】功能组进行设置，如图 2.43 所示。

2. 段落缩进

缩进指的是文本和页面边界之间的距离。在 Word 中可以通过拖动标尺或者利用【段落】功能组、【段落】对话框调整缩进量（见图 2.44），包括 4 种缩进方式。

（1）左缩进：设置整个段落左端距离页面左边界的起始位置。

（2）右缩进：设置整个段落右端距离页面右边界的起始位置。

（3）悬挂缩进：设置段落中除了首行以外其他行的缩进。

（4）首行缩进：段落首行从左向右缩进一定的距离，首行外的各行都保持不变。

3. 行距和段落间距

调整段落间距包括调整段落的行距和段前段后距离，行距是指段落中行与行之间的距离，段前段后距离指的是本段落和相邻前后段落的距离。调整段落间距有两种方法：在【开始】选项卡的【段落】组中，打开【行和段落间距】下拉列表，从中进行设置；在【段落】对话框的【缩进和间距】选项卡下进行设置（见图 2.44）。

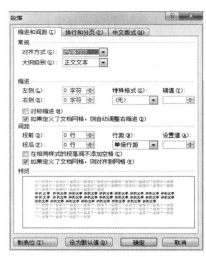

图 2.43　段落功能组

图 2.44　【段落】对话框

2.3.3　调整页面设置

1. 设置页边距

Word 2010 提供了页边距设置选项，用户可以使用默认的页边距，也可以进行自定义的页边距设置，以满足不同的文档版面要求。

（1）在 Word 2010 功能区，打开【页面布局】选项卡。

（2）在【页面布局】选项卡中的【页面设置】选项组中单击【页边距】按钮。

（3）在弹出的下拉列表框中，提供了【普通】【窄】【宽】等预定义的页边距，如图 2.45 所示。

（4）如果需要自定义页边距，可以在弹出的下拉列表框中选择【自定义边距】命令。打开图 2.46 所示的自定义页边距对话框进行设置。

（5）在【应用于】下拉列表框中，有【整篇文档】和【所选文字】两个选项。

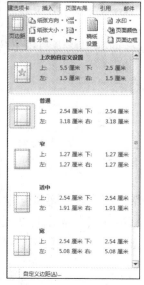

图 2.45　快速设置页边距

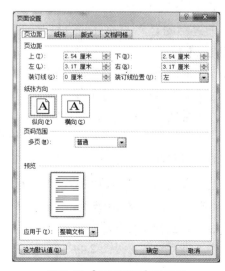

图 2.46　【页面设置】对话框

2. 设置纸张方向

纸张方向决定了页面采用的布局方式，Word 2010 提供了纵向（垂直）和横向（水平）两种布局。更改纸张方向时，与其相关的内容选项也会随之更改。更改纸张方向的操作步骤如下。

（1）在 Word 2010 功能区中，打开【页面布局】选项卡。

（2）在【页面布局】选项卡中的【页面设置】选项组中，单击【纸张方向】。

（3）在弹出的下拉框中，可选择【纵向】或【横向】（见图 2.46）。

3. 设置纸张大小

同页边距一样，Word 2010 除了默认的纸张大小，还提供了预定义的纸张大小设置。设置纸张大小的操作如下。

（1）在 Word 2010 功能区中，打开【页面布局】选项卡。

（2）在【页面布局】选项卡中的【页面设置】选项组中，单击【纸张大小】按钮。

（3）在弹出的下拉列表中，提供了多种预定义的纸张大小，如图 2.47 所示。

（4）还可以根据不同的需求，自定义纸张大小。选择【其他页面大小】，打开图 2.48 所示的对话框。

图 2.47　预定义纸张大小

图 2.48　自定义纸张大小

4. 设置页面颜色和背景

Word 2010 提供了丰富的页面背景设置功能，可以非常便捷地为文档进行水印、页面颜色、页面边框的设置。可以通过页面颜色设置，为背景应用渐变、图案、纹理、图片等填充效果。为文档设置页面颜色和背景操作如下。

（1）在 Word 2010 功能区中，打开【页面布局】选项卡。

（2）在【页面背景】选项组中，单击【页面颜色】按钮，如图 2.49 所示。

（3）在弹出的下拉列表中，在【主题颜色】或【标准色】区域单击所需颜色。还可以执行【其他颜色】命令，选择更多的颜色或选择纹理填充，如图2.50所示。

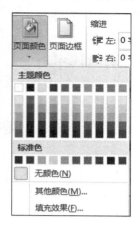

图 2.49　【页面颜色】选项卡

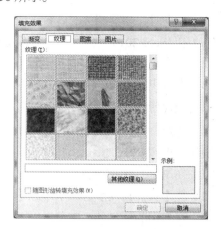

图 2.50　设置页面填充

2.3.4　在文档中使用文本框

Word 2010 提供了特别的文本框编辑操作。文本框是一种可移动位置、可调整大小的文字或图形容器。使用文本框，可以在一页上放置多个文字块内容，或使文字按照与文档中其他文字不同的方式排列，具体操作如下。

（1）在 Word 2010 的功能区中打开【插入】选项卡。

（2）在【插入】选项卡的【文本】选项组中单击【文本框】按钮。

（3）在弹出的下拉列表中，在【内置】的文本框样式中选择合适的文本框类型，如图 2.51 所示。

（4）单击选择的文本框类型后，就可在文档中插入该文本框，并将其处于编辑状态，用户直接在其中输入内容即可，如图 2.52 所示。

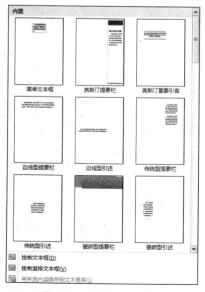

图 2.51　内置文本框样式

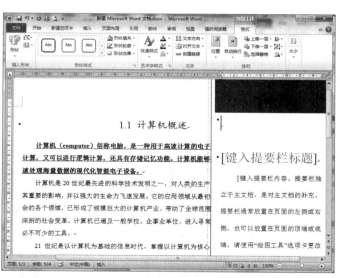

图 2.52　在文档中使用文本框

（5）也可以选择【绘制文本框】和【绘制竖排文本框】选项，自行绘制一个文本框。

2.3.5　在文档中使用表格

与之前的版本相比，Word 2010 中的表格有了很大的改变，增加了表格样式、实时预览等全新的功能与特性，使表格的处理更加快捷。

1．使用即时预览创建表格

单击【插入】选项卡的【表格】功能组，可以看到一个由 10 列 8 行组成的网格框，如图 2.53 所示，用鼠标直接在网格框上滑动，所选择的网格会突出显示，并且网格框的顶端会显示【m×n 表格】，其中 m 表示列数，n 表示行数。单击鼠标，则在页面光标处插入一个 m 列 n 行的表格。

当鼠标定位到表格中时，系统将自动激活【表格工具】选项卡，包含【设计】和【布局】两个子选项卡，【设计】选项卡中主要包含的是表格的格式设置命令，【布局】选项卡主要是设置表格的结构，如图 2.54 所示。此时可以为刚创建的表格选择一个满意的表格样式，快速完成表格的格式化操作。

图 2.53　即时预览网格

图 2.54　【表格工具】选项卡

2．使用【插入表格】命令创建表格

单击【插入】选项卡的【表格】功能组，从弹出的列表中选择【插入表格】命令，弹出【插入表格】对话框，如图 2.55 所示。在该对话框中直接输入表格的列数和行数。

【自动调整】操作里面有 3 个单选按钮，可以设置表格的初始行高和列宽。

（1）固定列宽：自动根据窗口平均分配列宽或为表格的列宽设定一个固定值。

图 2.55　【插入表格】对话框

（2）根据内容调整表格：根据表格中单元格的内容自动调整行高和列宽。

（3）根据窗口调整表格：根据窗口大小自动调整表格的行高和列宽。

如果选中【插入表格】对话框中的【为新表格记忆此尺寸】，则下次使用【插入表格】对话框插入表格时，仍然保持当前设置。

3．手动绘制表格

制作结构复杂的表格，可以通过【绘制表格】命令完成。

单击【插入】选项卡的【表格】功能组按钮，从弹出的下拉列表中选择【绘制表格】，此时鼠标指针变成一支笔的形状，在页面单击并拖动鼠标直接绘制表格即可。此时系统将自动激活【表格工具】选项卡，在【表格工具】的【设计】子选项卡下，可以通过【绘图边框】中的相应按钮设置线条的颜色和粗细等。绘制结束后按 Esc 键退出绘制模式。

　　如果需要擦除表格中的某根线条，可以单击【表格工具】的【布局】子选项卡，在【绘图】功能组中单击【橡皮擦】命令。

4. 使用快速表格

　　Word 2010 提供了多种内置表格，在【插入】功能选项卡的【表格】功能组中，单击【表格】按钮，从弹出的下拉列表中选择【快速表格】命令，根据需要在打开的子菜单中选择 Word 2010 提供的一种内置表格，如图 2.56 所示，即可快速插入具有特定样式和内容的表格。

5. 将文本转换成表格

　　除了创建表格，在表格中输入信息之外，还可以将事先输入好的文本转换成表格，只需在文本中设置分隔符即可。下面举例说明如何利用"制表符"作为文字分隔的依据，将文本转换成表格，具体操作步骤如下。

　　（1）在 Word 文档中输入文本，并在希望分隔的位置按 Tab 键，在希望开始新行的位置按 Enter 键，然后选择要转换为表格的文本。

　　（2）打开【插入】选项卡，单击【表格】按钮。

　　（3）在弹出的下拉列表中，选择【将文字转换成表格】命令。

　　（4）打开如图 2.57 所示的对话框，在相应的选项区域进行设置。通常 Word 会根据文档中输入的分隔符，默认选中相应的单选按钮。本例默认选中【制表符】单选按钮。

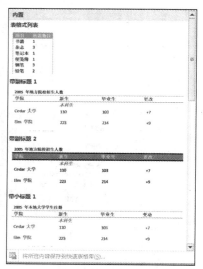

图 2.56　快速表格列表

图 2.57　【将文字转换成表格】对话框

6. 管理表格中的单元格、行和列

（1）插入单元格、行、列操作

鼠标指针定位到表格中，通过下列几种方式可以插入单元格、行、列。

① 单击鼠标右键，在弹出的快捷菜单中选择【插入】，再从弹出的子菜单中选择相应命令即可。

② 打开【表格工具】的【布局】子选项卡，在【行和列】功能组中单击相应的按钮即可。

③ 打开【表格工具】的【布局】子选项卡，使用【绘制表格】绘制。

④ 把鼠标指针定位到表的某一行末尾结束处，按 Enter 键即可在该行下方插入新的一行。

（2）删除单元格、行、列、表格

鼠标指针定位到表格中，通过下列几种方式可以删除单元格、行、列、表格。

① 单击鼠标右键，在弹出的快捷菜单中选择【删除单元格】，弹出图 2.58 所示的【删除单元格】对话框，选择相应命令后单击【确定】按钮即可。

② 打开【表格工具】的【布局】子选项卡，在【行和列】功能组中单击【删除】按钮，再在打开的下拉列表中选择相应操作即可。

③ 打开【表格工具】中的【设计】子选项卡，单击【绘制边框】功能组中的【擦除】命令，把需要删除的边框线擦除。

7. 合并或拆分表格中的单元格

（1）合并单元格

通过下面两种方式，可以进行单元格合并。

① 把需要合并的单元格选中，单击鼠标右键，从弹出的快捷菜单中选择【合并单元格】即可。

② 把需要合并的单元格选中，打开【表格工具】选项卡的【布局】子选项卡，单击【合并】功能组中的【合并单元格】即可。

（2）拆分单元格

选择下面两种方式的任意一种，都可以进行单元格拆分。

① 把需要拆分的单元格选中，单击鼠标右键，从快捷菜单中选择【拆分单元格】命令，打开图 2.59 所示的【拆分单元格】对话框，输入将要拆分为的列数和行数，再单击【确定】按钮即可。

② 把需要拆分的单元格选中，打开【表格工具】选项卡的【布局】子选项卡，单击【合并】功能组中的【拆分单元格】按钮，也可以打开【拆分单元格】对话框。

图 2.58　【删除单元格】对话框

图 2.59　【拆分单元格】对话框

（3）拆分表格

把光标定位到表格中需要拆分的位置，打开【表格工具】选项卡的【布局】子选项卡，单击【合并】功能组中的【拆分表格】按钮即可，或者将光标定位在表格拆分位置的行的末尾，按 Ctrl+Shift +Enter 组合键。

8. 设置标题行跨页重复

内容较多的表格，难免会跨越两页或多页。此时，如果希望表格的标题自动出现在每个页面的表格上方，可以执行以下操作。

（1）将鼠标指针定位在指定为表格标题的行中。

（2）在 Word 2010 的功能区中打开【表格工具】中的【布局】上下文选项卡。

（3）在【布局】选项卡上的【数据】选项组中，单击【重复标题行】按钮，如图 2.60 所示。

图 2.60　设置重复标题行

2.3.6 文档中的图片处理技术

在文档处理过程中，往往需要插入一些图片或者剪贴画来装饰文档，从而增强文档的视觉效果。Word 2010 提供了全新的图片效果，例如映像、发光、三维旋转等，使图片更加亮丽夺目；同时，还可以根据需要对文档中的图片进行裁剪和修饰。

1. 在文档中插入图片

Word 2010 支持 emf、wmf、jpg、png、bmp 等十多种格式图片，如果需要将计算机中的图片插入文档中，可执行以下操作。

（1）将插入点移到需要插入图像的位置。

（2）切换到【插入】选项卡，单击【插图】功能区中的【图片】按钮，打开【插入图片】对话框，如图 2.61 所示。

图 2.61 【插入图片】对话框

（3）在【查找范围】下拉列表框中选择要搜索的图片位置。

（4）双击要插入的图像文件名，这时选取的图片便插入到插入点位置了。

（5）插入图片后，Word 会出现【图片工具】中的【格式】上下文选项卡，如图 2.62 所示。此时可以通过鼠标调整图片大小和图片样式，如图 2.63 和图 2.64 所示。

（6）【图片样式】选项组中包括了【图片版式】【图片边框】【图片效果】3 个命令按钮，可通过单击这 3 个按钮对图片进行多方面的属性设置。

（7）【调整】命令组中的【更正】【颜色】【艺术效果】命令可以让用户自由地调节图片的亮度、对比度、清晰度以及艺术效果。

图 2.62 【图片工具】选项卡

图 2.63　调整图片大小

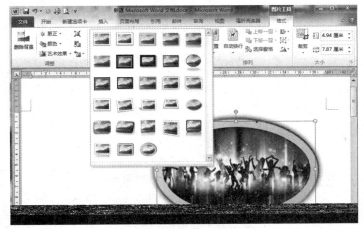

图 2.64　调整图片样式

2．设置图片与文字环绕方式

环绕方式决定了图形之间以及图形与文字之间的交互方式，其设置的操作如下。

（1）选中要进行设置的图片，打开【图片工具】的【格式】上下文选项卡。

（2）单击【排列】选项组中的【自动换行】命令，在展开的下拉选项菜单中选择想要的环绕方式，如图 2.65 所示。

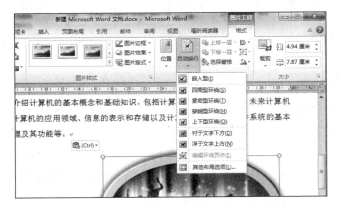

图 2.65　选择环绕方式

（3）也可以在【自动换行】下拉选项列表中单击【其他布局选项】命令，打开图 2.66 所示的【布局】对话框，根据需要，设置相应的参数。

图 2.66 设置文字环绕布局

环绕有两种基本形式：嵌入（在文字层中）和浮动（在图形层中）。浮动意味着可将图片拖动到文档的任何位置，而不像嵌入文档文字层中的图片那样受到一些限制。表 2.1 描述了不同环绕方式在文档中的布局效果。

表 2.1 环绕样式

环绕设置	在文档中的效果
嵌入型	插入文字层。可以拖动图形，但只能从一个段落标记移动到另一个段落标记中。通常用在简单文稿和正式报告中
四周型环绕	文本中放置图形的位置会出现一个方形的"洞"，文字会环绕在图形周围，并且与图形之间有间隙。可将图形拖到文档中的任意位置。通常用在带有大片空白的新闻稿和传单中
紧密型环绕	在文本中放置图形的地方创建一个形状与图形轮廓相同的"洞"，使文字环绕在图形周围。可以通过环绕顶点改变文字环绕的"洞"的形状。可将图形拖到文档中的任意位置。通常用在纸张空间很宝贵且可以接受不规则形状（甚至希望出现不规则形状）的出版物中
衬于文字下方	嵌入在文档底部或下方的绘制层。可将图形拖动到文档的任意位置。通常用作水印或页面背景图片，文字位于图形上方
浮于文字上方	嵌入在文档上方的绘制层。可将图形拖动到文档的任意位置。文字位于图形下方，通常用来有意遮盖文档以实现某种特殊效果
穿越型环绕	文字围绕着图形的环绕顶点（环绕顶点可以调整）。这种环绕方式产生的效果和表现出的行为与"紧密型"环绕相同
上下型环绕	实际上创建了一个与页边距等宽的矩形，文字位于图形的上方或下方，但不会在图形旁边。可将图形拖动到文档的任意位置。当图形是文档中最重要的地方时通常会使用这种环绕样式

3. 设置图片在页面上的位置

Word 2010 提供了可以便捷控制图片位置的工具，让用户可以合理地根据文档类型布局图片。设置图片在页面位置的操作步骤如下。

（1）选中要进行设置的图片，打开【图片格式】的【格式】上下文选项卡。

（2）在【格式】上下文选项卡中，单击【排列】选项组中的【位置】命令，在展开的下拉选项菜单中选择想要采用的位置布局方式，如图 2.67 所示。

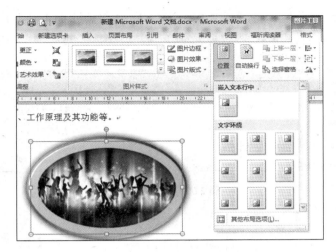

图 2.67 选择位置布局

（3）也可以在【位置】下拉选项列表中单击【其他布局选项】命令，打开图 2.68 所示的【布局】对话框。在【位置】选项卡中根据需要设置【水平】【垂直】位置以及相关的选项。

- 对象随文字移动：该设置将图片与特定的段落关联起来，使段落始终保持与图片显示在同一页面上，该设置只影响页面上的垂直位置；
- 锁定标记：该设置锁定图片在页面上的当前位置；
- 允许重叠：该设置允许图形对象相互覆盖；
- 表格单元格中的版式：该设置允许使用表格在页面上安排图片的位置。

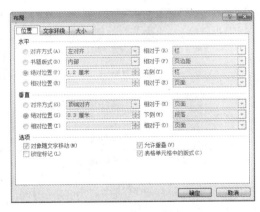

图 2.68 设置图片位置

4. 在文档中插入剪贴画

剪贴画是 Office 程序自带的矢量图片，从剪辑库中插入剪贴画的方法如下。

（1）将插入点放在需要插入剪贴画的位置。

（2）【插入】选项卡→【插图】功能区→【剪贴画】命令→【剪贴画】任务窗格。

（3）在剪贴画窗口的【搜索文件】文本框中输入图片关键字（如输入"电脑"），单击【搜索】按钮。

（4）在搜索结果窗口中选定需要插入的剪贴画，即可将剪贴画插入文档中，如图 2.69 所示。

（5）剪贴画插入后，系统自动激活图 2.70 所示的【图片工具】的【格式】功能选项卡，可方便地对剪贴画进行移动、布局排列、边框效果、裁剪、旋转、调整亮度等编辑操作。

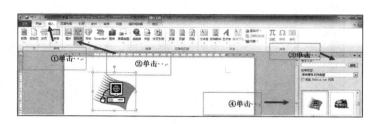

图 2.69　添加剪贴画

图 2.70　【图片工具】的【格式】功能选项卡

5. 截取屏幕图片

Office 2010 增加了屏幕图片捕获功能，可以让用户方便地在文档中直接插入已经在计算机中打开的屏幕画面，并且可以按照自己选定的范围截取图片内容。

在 Word 文档中插入屏幕画面的操作步骤如下。

（1）将鼠标指针定位在要插入图片的文档位置，然后在 Word 2010 的功能区中打开【插入】选项卡，在【插入】选项组中单击【屏幕截图】按钮，如图 2.71 所示。

图 2.71　插入屏幕截图

（2）在【可用视窗】列表中显示出当前在计算机中打开的应用程序屏幕画面，在其中选择并单击需要的屏幕图片，即可将整个屏幕画面作为图片插入文档中。

（3）也可以单击下拉列表中的【屏幕剪辑】命令，此时可以通过鼠标拖动的方式截取 Word 应用程序下方的屏幕区域，并将截取的区域作为图片插入文档中。

6. 删除图片背景和裁剪图片

插入在文档中的图片，有时会因为原始图片的大小、内容等因素而不能满足需要，此时希望对所采用的图片做进一步处理。Word 2010 提供的去除图片背景及剪裁图片功能，让用户在制作文档的同时就可以完成图片处理工作。

删除图片背景并裁剪图片的操作步骤如下。

（1）选中要进行设置的图片，打开【图片工具】的【格式】上下文选项卡。

（2）在【格式】上下文选项卡中，单击【调整】选项组中的【删除背景】命令，此时在图片上出现遮幅区域，如图 2.72 所示。

图 2.72　删除图片背景

（3）在图片上调整选择区域拖动柄，使要保留的图片内容浮现出来。调整完成后，在【背景消除】上下文选项卡中单击【保留更改】按钮，完成图片背景消除操作，如图 2.73 所示。

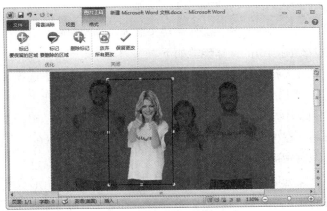

图 2.73　消除背景后的图片

虽然图片中的背景被消除，但是该图片的长和宽依然与之前的原始图片相同，因此希望将不需要的空白区域裁剪掉。

（4）在【格式】上下文选项卡中，单击【大小】选项组中的【裁剪】按钮，然后在图片上拖动图片边框的滑块，将图片调整到适当大小，如图 2.74 所示。

（5）调整完成后，按 Esc 键退出裁剪操作，此时在文档中即可保留裁剪掉了多余区域的图片。

（6）其实，在裁剪完成后，图片的多余区域依然保留在文档中。如果期望彻底删除图片中被裁剪的多余区域，可以单击【调整】选项组中的【压缩图片】按钮，打开图 2.75 所示的【压缩图片】对话框。

（7）在该对话框中，选中【压缩选项】区域中的【删除图片的剪裁区域】复选框，然后单击【确定】按钮完成操作。

图 2.74 裁剪图片   图 2.75 【压缩图片】对话框

7. 使用绘图画布

Word 中的绘图是指一个或一组图形对象（包括形状、图表、流程图、线条和艺术字等），用户可以使用颜色、边框或其他效果对其进行设置。向 Word 文档插入图形对象时，可以将图形对象放置在绘图画布中。

绘图画布在绘图和文档的其他部分之间提供了一条框架式的边界。在默认情况下，绘图画布没有背景或边框，但是如同处理图形对象一样，可以对绘图画布进行格式设置。

绘图画布还能帮助用户将绘图的各个部分组合起来，这在绘图由若干个形状组成的情况下尤其有用。如果计划在插图中包含多个形状，最佳做法是插入一个绘图画布。

在 Word 2010 中插入绘图画布的操作步骤如下。

（1）将鼠标指针定位在要插入绘图画布的文档位置，打开【插入】选项卡。

（2）在【插入】选项卡上的【插图】选项组中，单击【形状】按钮。

（3）在弹出的下拉列表中执行【新建绘图画布】命令，即可在文档中插入绘图画布。

（4）插入绘图画布后，在 Word 2010 的功能区中自动出现了【绘图工具】中的【格式】上下文选项卡，用户可以对绘图画布进行格式设置。

（5）在【格式】上下文选项卡上的【形状样式】选项组中，单击【形状样式库】中的一种样式，即可快速设置绘图画布的背景和边框，如图 2.76 所示。在【大小】选项组中还可以精确设置绘图画布的大小。

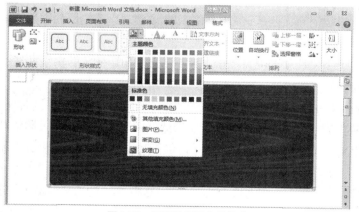

图 2.76 设置绘图画布的格式

在文档中插入绘图画布后，便可创建绘图了。用户可以在【绘图工具】中的【格式】上下文选项卡上，单击【插入形状】选项组中的【其他】按钮。在打开的【形状库】中为用户提供了各种线条、基本形状、箭头、流程图、标注，以及星与旗帜。用户可以根据实际需要，单击一个希望添加到绘图画布中的形状。

如果用户要删除整个绘图或部分绘图，可以选择绘图画布或要删除的图形对象，然后按 Delete 键。

2.3.7 使用智能图形展现观点

SmartArt 图形是信息的视觉表示形式，使用 SmartArt 图形可以制作出专业的流程、循环、关系等不同布局的图形。Word 2010 中预设了很多图表类型，可以方便、快捷地制作出美观、专业的图形。

1. 插入 SmartArt 图形

在文档中插入 SmartArt 图形时，选择了图形的类别与布局后，程序就会自动插入相应的图形，下面介绍具体的操作步骤。

（1）切换到【插入】选项卡，单击【插图】功能区中的【选择 SmartArt 图形】按钮，如图 2.77 所示。

（2）从弹出的【选择 SmartArt 图形】对话框中选择要插入的图形，如图 2.78 所示，然后单击【确定】按钮。

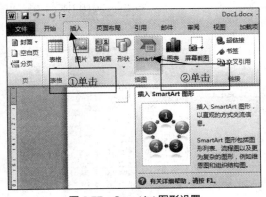

图 2.77　SmartArt 图形设置

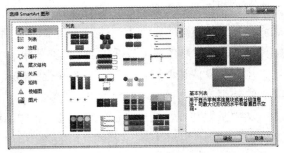

图 2.78　SmartArt 图形样式

2. 为 SmartArt 图形添加文本

SmartArt 图形是形状与文本框的结合，下面介绍在 SmartArt 图形中添加文本的两种操作方法。

（1）直接在图形中添加文本

① 插入 SmartArt 图形后，在图形中单击【文本】字样，如图 2.79 所示。

② 输入文本。

（2）在图形的文本窗格中添加文本

① 插入 SmartArt 图形后，单击图形左侧的展开按钮。

② 弹出文本窗格，在其中单击【文本】即可添加文本内容，如图 2.80 所示。

图 2.79　在图形中添加文本

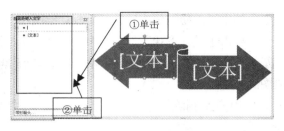

图 2.80　在文本窗格中添加文本

3. 更改 SmartArt 图形布局

将 SmartArt 图形插入文档后，用户想更改图形的布局时，可以通过重选布局来改变形状。以下是更改 SmartArt 图形布局的操作步骤，如图 2.81 所示。

（1）插入 SmartArt 图形后，将自动切换到【SmartArt 工具】选项卡中。

（2）单击【SmartArt 工具】选项卡中的【布局】列表里的布局样式，选择其他布局样式。

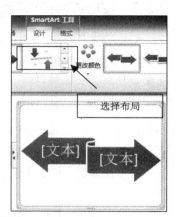

图 2.81　更改图形布局

2.3.8　使用主题快速调整文档外观

以往，要设置协调一致、美观专业的 Office 文档格式很费时间，因为用户必须分别为表格、图表、形状和图示选择颜色或样式等选项，而在 Office 2010 中，主题功能简化了这一系列设置的过程。

文档主题是一套具有统一设计元素的格式选项，包括一组主题颜色（配色方案的集合）、一组主题字体（包括标题字体和正文字体）和一组主题效果（包括线条和填充效果）。通过应用文档主题，用户可以快速而轻松地设置整个文档的格式，赋予它专业和时尚的外观。

文档主题在 Word、Excel、PowerPoint 应用程序之间共享，这样可以确保应用了相同主题的 Office 文档都能保持高度统一的外观。

如果希望利用主题使已有的 Word 文档焕然一新，可以按照如下操作步骤执行。

（1）在 Word 2010 的功能区中，打开【页面布局】选项卡。

（2）在【页面布局】选项卡中的【主题】选项组中，单击【主题】按钮。

（3）在弹出的下拉列表中，系统内置的【主题库】以图示的方式为用户罗列了"Office""暗香扑面""跋涉""都市""凤舞九天""华丽"等 20 余种文档主题，如图 2.82 所示。用户可以在这些主题之间滑动鼠标，通过实时预览功能来试用每个主题的应用效果。

图 2.82　应用文档主题

（4）单击一个符合用户需求的主题，即可完成文档主题的设置。

用户不仅可以在文档中应用预定义的文档主题，还能够依照实际的使用需求创建自定义文档主题。

要自定义文档主题，需要完成对主体颜色、主题字体，以及主题效果的设置工作。对一个或多个这样的主题组件所做的更改将立即影响当前文档的显示外观。如果要将这些更改应用到新文档，还可以将它们另存为自定义文档主题。

2.3.9　插入文档封面

专业的文档要配以漂亮的封面才会更加完美，在 Word 2010 中，用户将不会再为设计漂亮的封面而大费周折，内置的【封面库】为用户提供了充足的选择空间。

为文档添加封面的操作步骤如下。

（1）在 Word 2010 的功能区中，打开【插入】选项卡。

（2）在【插入】选项卡上的【页】选项组中，单击【封面】按钮。

（3）打开系统内置的【封面库】，【封面库】以图示的方式列出了许多文档封面，这些图示的大小足以让用户看清楚封面的全貌。在该库中，单击一个满意的封面，例如【瓷砖型】，如图 2.83 所示。

图 2.83　选择文档封面

（4）此时，该封面就会被自动插入到当前文档的第一页中，现有的文档内容会自动后移。单击封面中的文本属性（例如【年】或【键入文档标题】等），然后输入相应的文字信息，一个漂亮的封面就制作完成。

如果用户要删除该封面，可以在【插入】选项卡中的【页】选项组上单击【封面】按钮，然后在弹出的下拉列表中执行【删除当前封面】命令。

另外，如果用户自己设计了符合特定需求的封面，也可以将其保存到【封面库】中，以免在下次使用时重新设计，浪费宝贵的时间。

习题 2

一、选择题

1. 在 Word 中编辑一篇文稿时，纵向选择一块文本区域的最快捷操作方法是（　　）。

　　A. 按下 Ctrl 键不放，拖动鼠标分别选择所需的文本

　　B. 按下 Alt 键不放，拖动鼠标选择所需的文本

　　C. 按下 Shift 键不放，拖动鼠标选择所需的文本

　　D. 按 Ctrl+Shift+F8 组合键，然后拖动鼠标选择所需的文本

2. Word 的查找与替换功能非常强大，下面的叙述中正确的是（　　）。

　　A. 不可以指定查找文字的格式，只可以指定替换文字的格式

　　B. 可以指定查找文字的格式，但不可以指定替换文字的格式

　　C. 不可以按指定文字的格式进行查找及替换

　　D. 可以按指定文字的格式进行查找及替换

3. 在 Word 编辑状态下制表时，若插入点位于表格外右侧的行尾处，按 Enter 键，结果是（　　）。

　　A. 光标移到下一列

　　B. 光标移到下一行，表格行数不变

　　C. 插入一行，表格行数改变

　　D. 在本单元格内换行，表格行数不变

4. 下列操作中，不能在 Word 文档中插入图片的操作是（　　）。

　　A. 使用"插入对象"功能

　　B. 使用"插入交叉引用"功能

　　C. 使用复制、粘贴功能

　　D. 使用"插入图片"功能

5. 如果希望为一个多页的 Word 文档添加页面图片背景，最优的操作方法是（　　）。

　　A. 在每一页中分别插入图片，并设置图片的环绕方式为衬于文字下方

　　B. 利用水印功能，将图片设置为文档水印

　　C. 利用页面填充效果功能，将图片设置为页面背景

　　D. 执行"插入"选项卡中的"页面背景"命令，将图片设置为页面背景

二、操作题

1. 随着中国网民的增加，中国互联网信息中心需发布一份关于中国网民的统计报告。

请根据上述活动的描述，参照"Word 参考样式.jpg"（见图 2.84），打开 Word.docx（见图 2.85）完成文档的设置，要求如下。

（1）设置页边距为上下左右各 2.7 厘米，装订线在左侧；设置文字水印页面背景，文字为"中国互联网信息中心"，水印版式为斜式。

（2）设置第一段落文字"中国网民规模达 5.64 亿"为标题；设置第二段落文字"互联网普及率

为 42.1%”为副标题；改变段间距和行间距（间距单位为行）；使用“独特”样式修饰页面；在页面顶端插入“边线型要栏”文本框，将第三段文字“中国经济网北京 1 月 15 日讯，中国互联网信息中心今日发布《第 31 次中国互联网络发展状况统计报告》。”移入文本框内，设置字体、字号、颜色等；在该文本的最前面插入类别为“文档信息”、名称为“新闻摘要”域。

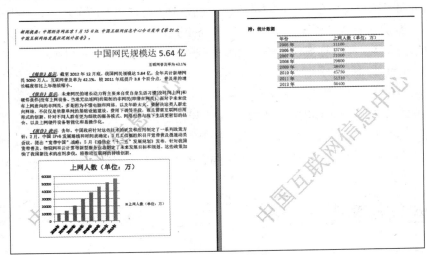

图 2.84　Word 参考样式.jpg

中国网民规模达 5.64 亿
互联网普及率为 42.1%
中国经济网北京 1 月 15 日讯 中国互联网信息中心今日发布《第 31 次中国互联网络发展状况统计报告》。
《报告》显示，截至 2012 年 12 月底，我国网民规模达 5.64 亿，全年共计新增网民 5090 万人。互联网普及率为 42.1%，较 2011 年底提升 3.8 个百分点，普及率的增长幅度相比上年继续缩小。
《报告》显示，未来网民的增长动力将主要来自受自身生活习惯(没时间上网)和硬件条件(没有上网设备、当地无法连网)的限制的非网民(即潜在网民)。而对于未来没有上网意向的非网民，多是因为不懂电脑和网络，以及年龄太大。要解决这类人群走向网络，不仅仅是依靠单纯的基础设施建设、费用下调等手段，而且需要互联网应用形式的创新、针对不同人群有更为细致的服务模式、网络世界与线下生活更密切的结合、以及上网硬件设备智能化和易操作化。
《报告》表示，去年，中国政府针对这些技术的研发和应用制定了一系列政策方针：2 月，中国 IPv6 发展路线和时间表确定；3 月工信部组织召开宽带普及提速动员会议，提出“宽带中国”战略；5 月《通信业“十二五”发展规划》发布，针对我国宽带普及、物联网和云计算等新型服务业态制定了未来发展目标和规划。这些政策加快了我国新技术的应用步伐，将推动互联网的持续创新。

附：统计数据
年份　　上网人数（单位：万）
2005 年　　11100
2006 年　　13700
2007 年　　21000
2008 年　　29800
2009 年　　38400
2010 年　　45730
2011 年　　51310
2012 年　　56400

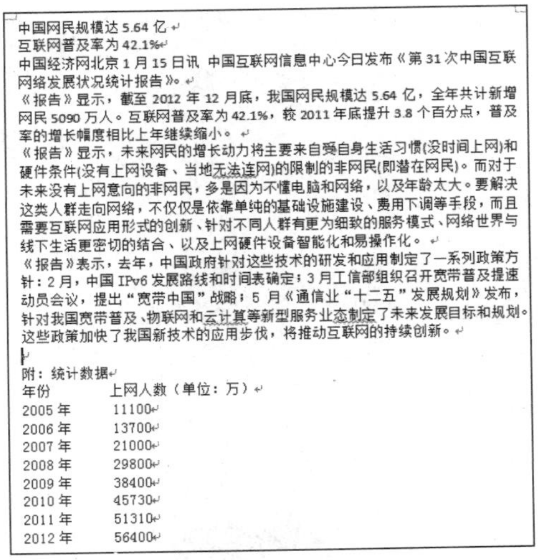

图 2.85　Word.docx

（3）设置第 4～6 段文字，要求首行缩进 2 字符。将第 4～6 段的段首“《报告》显示”和“《报告》表示”设置为斜体、加粗、红色、双下划线。

（4）将文档“附：统计数据”后面的内容转换成 9 行 2 列的表格，为表格设置样式：将表格的数据转换成簇状柱形图，插入文档中“附：统计数据”内容的前面。

（5）保存文档。

2. 张静是一名大学本科三年级的学生，经过多方面了解分析，她希望在下个暑假去一家公司实习。为获得难得的实习机会，她打算利用 Word 精心制作一份简洁而醒目的个人简历。示例样式如“简历参考样式.jpg"（见图 2.91）所示，打开文本文件"Word 素材.txt"文档（如图 2.86 所示），按照要求完成下列操作，并以文件名"WORD.docx"保存结果。

（1）调整文档版面，要求纸张大小为 A4，页边距（上、下）为 2.5 厘米，页边距（左、右）为 3.2 厘米。

（2）根据页面布局需要，在适当位置插入标准色为橙色与白色的两个矩形，其中橙色矩形占满 A4 幅面，文字环绕方式设为"浮于文字上方"，作为简历的背景。

（3）参照示例文件，插入标准色为橙色的圆角矩形，并添加文字"实习经验"，插入 1 个短画线的虚线圆角矩形框。

（4）参照示例文件，插入文本框和文字，并调整文字的字体、字号、位置和颜色。其中"张静"为标准色橙色的艺术字，"寻求能够……"文本效果为跟随路径的"上弯弧"。

（5）根据页面布局需要，插入图片"1.png"（见图 2.87），依据样例进行裁剪和调整，并删除图片的裁减区域，然后根据需要插入图片 2.jpg（见图 2.88）、3.jpg（见图 2.89）、4.jpg（见图 2.90），并调整图片位置。

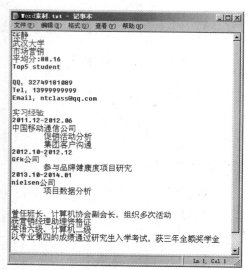

图 2.86　Word 素材.txt

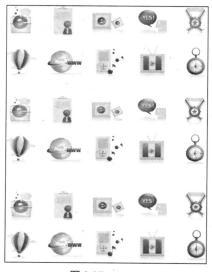

图 2.87　1.png

图 2.88　2.jpg

图 2.89　3.jpg

图 2.90　4.jpg

（6）参照示例文件，在适当的位置使用形状中的标准色橙色箭头（提示：其中横向箭头使用线类型箭头），插入"SmartArt"图形，并进行适当编辑。

（7）参照示例文件，在"促销活动分析"等 4 处使用项目符号"对勾"，在"曾任班长"等 4 处插入符号"五角星"、颜色为标准色红色。调整各部分的位置、大小、形状和颜色，以展现统一、良好的视觉效果。

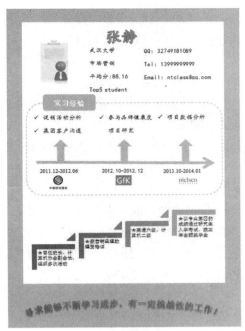

图 2.91　简历参考样式.jpg

3. 为了使我校学生更好地进行职场定位和职业准备，提高就业能力，我校学工办将于 2017 年 11 月 10 日在校国际会议中心举办题为"领慧讲堂——大学生人生规划"就业讲座，特别邀请资深媒体人、著名艺术评论家赵冰先生担任演讲嘉宾。

请根据上述活动的描述，打开文档"Word.docx"（见图 2.92），按照要求制作一份宣传海报（宣传海报的样式参考"海报参考样式.docx"文件，如图 2.96 所示），要求如下。

（1）调整文档版面，要求页面高度 35 厘米，宽度 27 厘米，页边距（上、下）为 5 厘米，页边距（左、右）为 3 厘米，并将考生文件夹下的图片"海报背景图片.jpg"（见图 2.93）设置为海报背景。

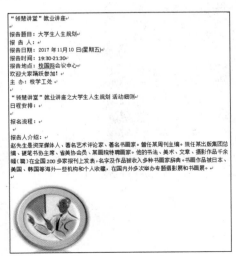

图 2.92　Word.docx

图 2.93　海报背景图片.jpg

81

（2）根据"海报参考样式.docx"文件，调整海报内容文字的字号、字体和颜色。

（3）根据页面布局需要，调整海报内容中"报告题目""报告人""报告日期""报告时间""报告地点"信息的段落间距。

（4）在"报告人："位置后面输入报告人姓名（赵冰）。

（5）在"主办：校学工办"位置后另起一页，并设置第 2 页的页面纸张大小为 A4 篇幅，纸张方向为"横向"，页边距为"普通"页边距定义。

（6）在新页面的"日程安排"段落下面，插入本次活动的日常安排表（参考"活动日程安排.xlsx"，如图 2.94 所示），要求如果 Excel 文件中的内容发生变化，Word 文档中的日程安排信息随之发生变化。

（7）在新页面的"报名流程"段落下面，插入本次活动的报名流程（学工办报名、确认坐席、领取资料、领取门票），并根据海报参考样式调整报名流程的显示方式。

（8）设置"报告人介绍"段落下面的文字排版布局为海报参考样式中所示的样式。

（9）更换报告人照片为"Pic2.jpg"（见图 2.95），将该照片调整到适当位置，并不遮挡文档中的文字内容。

（10）保存本次活动的宣传海报为"Word.docx"。

	A	B	C
1	"领慧讲堂"就业讲座之大学生人生规划 日程安排		
2	时间	主题	报告人
3	18:30 - 19:00	签到	
4	19:00 - 19:20	大学生职场定位和职业准备	王老师
5	19:20 - 21:10	大学生人生规划	特约专家
6	21:10 - 21:30	现场提问	王老师

图 2.94　活动日程安排.xlsx

图 2.95　Pic2.jpg

图 2.96　海报参考样式.docx

03 第3章 Word文档高级编辑

本章主要介绍了长文档的编辑与管理、文档的修订与共享、宏命令的定义与使用、使用邮件合并技术批量处理文档等内容，具体包括：

- 定义并使用样式、文档分页与分节、文档内容的分栏处理、设置文档的页眉与页脚、使用项目符号、使用编号列表、在文档中添加引用内容、创建文档目录；
- 审阅与修订文档、快速比较文档、删除文档中的个人信息、标记文档的最终状态、构建并使用文档部件、与他人共享文档；
- 宏的启用、宏的录制、录制宏并指定到工具栏或菜单、录制宏并指定到键盘、宏的执行、宏的编辑、宏的管理；
- 邮件合并的概念、使用邮件合并技术制作校牌。

3.1 长文档的编辑与管理

制作专业的文档除了使用常规的页面内容和美化操作外，还需要注重文档的结构以及排版方式。Word 2010 提供了诸多简便的功能，使长文档的编辑、排版、阅读和管理更加轻松自如。

3.1.1 定义并使用样式

样式是指一组已经命名的字符和段落格式，它规定了文档中标题、正文，以及要点等各个文本元素的格式。用户可以将一种样式应用于某个选定的段落或字符，以使所选定的段落或字符具有这种样式所定义的格式。

使用样式有诸多便利之处，它可以帮助用户轻松统一文档的格式，辅助构建文档大纲以使内容更有条理，简化格式的编辑和修改操作。此外，样式还可以用来生成文档目录。

1. 在文档中应用样式

在编辑文档时，使用样式可以省去一些格式设置上的重复性操作。Word 2010 提供了【快速样式库】，用户可以从中进行选择以便为文本快速应用某种样式。

例如，要为文档的标题应用 Word 2010 "快速样式库"中的一种样式，可以按照如下操作步骤进行设置。

（1）在 Word 文档中，选择要应用样式的标题文本。

（2）在【开始】选项卡上的【样式】选项组中，单击【其他】按钮。

（3）在打开的图 3.1 所示的【快速样式库】中，在各种样式之间滑动鼠标，标题文本会自动呈现出当前样式应用后的视觉效果。

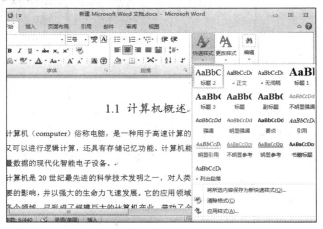

图 3.1　快速样式库

（4）如果用户还没有决定使用哪种样式，只需将鼠标移开，标题文本就会恢复到原来的样子；如果用户找到了满意的样式，只需单击它，该样式就会被应用到当前所选中的文本中。这种全新的实时预览功能可以帮助用户节省宝贵时间，大大提高工作效率。

用户还可以使用【样式】任务窗格将样式应用于选中文本，操作步骤如下。

（1）在 Word 文档中，选择要应用样式的标题文本。

（2）在【开始】选项卡上的【样式】选项组中，单击【对话框启动器】按钮。

（3）打开【样式】任务窗格，在列表框中选择希望应用到选中文本的样式，即可将该样式应用到文档中，如图 3.2 所示。

除了单独为选定的文本或段落设置样式外，Word 2010 内置了许多经过专业设计的样式集，每个样式集都包含了一整套可应用于整篇文档的样式设置。只要用户选择了某个样式集，其中的样式设置就会自动应用于整篇文档，从而实现一次性完成文档中的所有样式设置，如图 3.3 所示。

图3.2　【样式】任务窗格

图3.3　应用样式集

2. 创建样式

如果用户需要添加一个全新的自定义样式，则可以在已经完成格式定义的文本或段落上执行如下操作。

（1）选中完成格式定义的文本或段落，鼠标右键单击所选内容，在弹出的快捷菜单中执行【样式】-【将所选内容保存为新快速样式】命令，如图 3.4 所示。

（2）此时打开【根据格式设置创建新样式】对话框，在【名称】文本框中输入新样式的名称，例如"一级标题"，如图 3.5 所示。

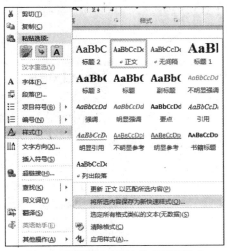

图 3.4　将所选内容保存为新快速样式

图 3.5　定义新样式名称

（3）在定义新样式的同时，如果还希望针对该样式进一步定义，则可以单击【修改】按钮，打开图 3.6 所示的对话框。在该对话框中，用户可以定义该样式的样式类型是针对文本还是段落，以及定义样式基准和后续段落样式。除此之外，用户也可以单击【格式】按钮，分别设置该样式的字体、段落、边框、编号、文字效果、快捷键等定义。

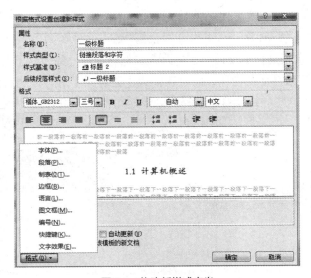

图 3.6　修改新样式定义

（4）单击【确定】按钮，新定义的样式会出现在快速样式库中，用户可以调用该样式快速调整文本或段落的格式。

3. 复制并管理样式

在编辑文档的过程中，如果需要使用其他模板或文档的样式，可以将其复制到当前的活动文档或模板中，而不必重复创建相同的样式。复制与管理样式的操作步骤如下。

（1）打开需要复制样式的文档，在【开始】选项卡上的【样式】选项组中，单击【对话框启动器】按钮打开【样式】任务窗格，单击【样式】任务窗格底部的【管理样式】按钮，打开图 3.7 所示的【管理样式】对话框。

图 3.7　【管理样式】对话框

（2）单击【导入/导出】按钮，打开【管理器】对话框中的【样式】选项卡，如图 3.8 所示。在该对话框中，左侧区域显示的是当前文档中所包含的样式列表，右侧区域显示的是在 Word 默认文档模板中所包含的样式。

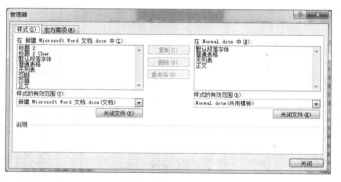

图 3.8　【样式】选项组

（3）这时可以看到，在右边的【样式的有效范围】下拉列表框中显示的是【Normal.dotm（共用模板）】，而不是用户所要复制样式的目标文档。为了改变目标文档，单击【关闭文件】按钮。将文档关闭后，原来的【关闭文件】按钮会变成【打开文件】按钮。

（4）单击【打开文件】按钮，打开【打开】对话框。在【文件类型】下拉列表中选择【所有 Word 文档】，通过【查找范围】找到目标文件所在的路径，然后选中已经包含了特定样式的文档。

（5）单击【打开】按钮将文档打开，此时在样式【管理器】对话框的右侧将显示出包含在打开文档中的可选样式列表，这些样式均可以被复制到其他文档中，如图 3.9 所示。

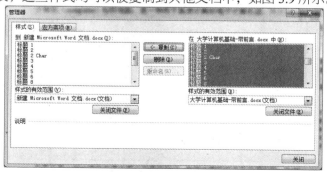

图 3.9　打开包含多种样式的文档

（6）选中右侧样式列表中所需要的样式类型，然后单击【复制】按钮，即可将选中的样式复制到新的文档中。

（7）单击【关闭】按钮，结束操作。此时就可以在自己文档中的【样式】任务窗格中看到已添加的新样式了。

在复制样式时，如果目标文档或模板已经存在相同名称的样式，则 Word 会给出提示，用户可以决定是否要用复制的样式来覆盖现有的样式。如果既想要保留现有的样式，同时又想将其他文档或模板的同名样式复制出来，则可以在复制前对样式进行重命名。

3.1.2　文档分页与分节

文档的不同部分通常会另起一页，很多用户习惯用加入多个空行的方法使新的部分另起一页，但是这种做法会导致修改文档时重复排版，从而增加工作量，降低工作效率。借助 Word 2010 中的分页或分节功能，用户可以有效划分文档内容，而且简洁高效排版文档。

如果只是为了排版布局需要，单纯地将文档中的内容划分为上下两页，则在文档中插入分页符即可，操作步骤如下。

（1）将光标置于需要分页的位置。

（2）在【页面布局】选项卡上的【页面设置】选项组中，单击【分隔符】按钮，打开图 3.10 所示的【插入分页符和分节符】选项列表。

（3）单击【分页符】命令集中的【分页符】按钮，即可将光标后的内容布局到一个新的页面中，分页符前后页面的设置属性及参数均保持一致。

在文档中插入分节符，不仅可以将文档内容划分为不同的页面，而且还可以针对不同的节分别进行页面设置操作。插入分节符的操作步骤如下：

（1）将光标置于需要分页的位置。

（2）在【页面布局】选项卡上的【页面设置】选项组中，单击【分隔符】按钮，打开【插入分页符和分节符】选项列表。

分节符的类型共有 4 种，分别是【下一页】【连续】【偶数页】和【奇数页】，它们的用途如下。

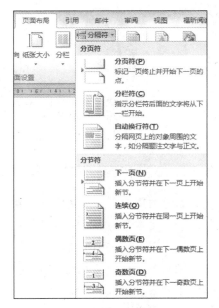

图 3.10　【分页符】和【分节符】

- 下一页：分节符后的文本从新的一页开始。
- 连续：新节与其前面一节同处于当前页中。
- 偶数页：分节符后面的内容转入下一个偶数页。
- 奇数页：分节符后面的内容转入下一个奇数页。

（3）选择其中的一类分节符后，在当前光标位置处即插入了一个不可见的分节符。插入的分节符不仅将光标位置后面的内容分为新的一节，还会使该节从新的一页开始，实现了既分节、又分页的目的。

由于"节"不是一种可视的页面元素，所以很容易被用户忽视。然而如果少了节的参与，许多排版效果将无法实现。默认方式下，Word 将整个文档视为一节，所有对文档的设置都是应用于整篇文档的。当插入"分节符"将文档分成几"节"后，可以根据需要设置每"节"的格式。

举例来说，在一篇 Word 文档中，一般情况下会将所有页面均设置为【横向】或【纵向】，但有时也需要将其中的某些页面与其他页面设置为不同方向。例如对于一个包含较大表格的文档，如果采用纵向排版那么将无法将表格完全打印，于是就需要将表格部分采取横向排版。可是，如果通过页面设置命令来改变其设置，就会引起整个文档所有页面的改变。通常的做法是将该文档拆分为"A"和"B"两个文档，"文档 A"是文字部分，使用纵向排版；"文档 B"用于放置表格，使用横向排版，如图 3.11 所示。

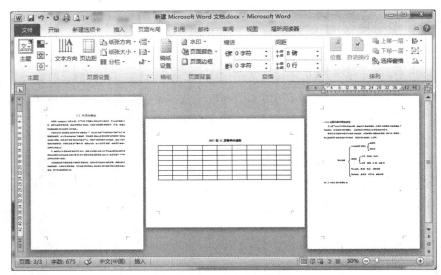

图 3.11　页面方向的纵横混排

3.1.3　文档内容的分栏处理

有时候用户会觉得文档一行中的文字太长，不便于阅读，此时就可以利用 Word 2010 提供的分栏功能将文本分为多栏排列，使版面生动地呈现出来。在文档中为内容创建多栏的操作步骤如下。

（1）在 Word 2010 的功能区中，打开【页面布局】选项卡。

（2）在【页面布局】选项卡中的【页面设置】选项组中，单击【分栏】按钮。

（3）在弹出的下拉列表中，提供了【一栏】【两栏】【三栏】【偏左】和【偏右】5 种预定义的分栏方式，用户可以从中选择以迅速实现分栏排版。

（4）如需对分栏进行更为具体的设置，可以在弹出的下拉列表中执行【更多分栏】命令，打开图 3.12 所示的【分栏】对话框，在【栏数】微调框中设置所需的分栏数值。在【宽度和间距】选项区域中设置栏宽和栏间的距离（只需在相应的【宽度】和【间距】微调框中输入数值即可改变栏宽

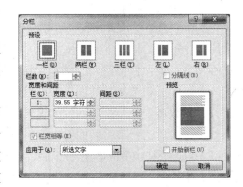

图 3.12　设置分栏

和栏间距）。如果用户选中了【栏宽相等】复选框，则 Word 会在【宽度和间距】选项区域中自动计算栏宽，使各栏宽度相等。如果选中了【分隔线】复选框，则 Word 会在栏间插入分隔线，使得分栏

界限更加清晰、明了。

（5）如果事先没有选中需要进行分栏排版的文本，那么上述操作默认应用于整篇文档。如果用户在【应用于】下拉列表框中选择【插入点之后】选项，那么分栏操作将应用于当前插入点之后的所有文本。

（6）最后，单击【确定】按钮即可完成分栏排版。

3.1.4　设置文档的页眉与页脚

页眉和页脚是文档中每个页面的顶部、底部和两侧页边距中的区域，用户可以在页眉和页脚中插入文本或图形，例如页码、时间和日期、公司徽标、文档标题、文件名或作者姓名等。

使用 Word 2010，不仅可以在文档中轻松地插入、修改预设的页眉或页脚样式，还可以创建自定义外观的页眉或页脚，并将新的页眉或页脚保存到样式库中。

1. 在文档中插入预设的页眉或页脚

在整个文档中插入预设的页眉或页脚的操作方法十分相似，操作步骤如下。

（1）Word 2010 的功能区中，打开【插入】选项卡。

（2）在【页眉和页脚】选项组中，单击【页眉】按钮。

（3）在打开的【页眉库】中以图示的方式罗列出许多内置的页眉样式，如图 3.13 所示。从中选择一个合适的页眉样式，例如【新闻纸】。

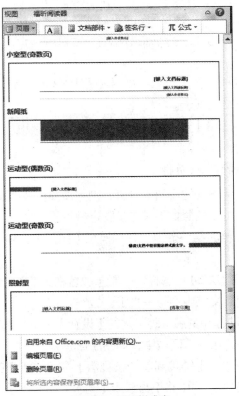

图 3.13　页眉样式库

（4）此时所选页眉样式就被应用到文档中的每一页了。

同样，在【插入】选项卡上的【页眉和页脚】选项组中，单击【页脚】按钮，在打开的内置【页脚库】中可以选择合适的页脚设计，然后将其插入整个文档中。另外，在文档中插入页眉或页脚后，Word 2010 会自动出现【页眉和页脚工具】中的【设计】上下文选项卡，在这个选项卡中单击【关闭】选项组中的【关闭页眉和页脚】按钮，即可关闭页眉和页脚区域。

2. 创建首页不同的页眉和页脚

如果希望将文档首页页面的页眉和页脚设置得与众不同，可以按照如下操作步骤进行设置。

（1）在文档中，双击已经插入在文档中的页眉或页脚区域，此时在功能区中自动出现【页眉和页脚工具】中的【设计】上下文选项卡，如图 3.14 所示。

图 3.14　页眉和页脚工具

（2）在【选项】选项组中选中【首页不同】复选框，此时文档首页中原先定义的页眉和页脚就被删除了，用户可以另行设置。

3. 为奇偶页创建不同的页眉或页脚

有时一个文档中的奇偶页上需要使用不同的页眉或页脚，例如，在制作书籍资料时用户选择在奇数页上显示书籍名称，而在偶数页上显示章节标题。要对奇偶页使用不同的页眉或页脚，可以按照如下操作步骤进行设置。

（1）在文档中，双击已经插入在文档中的页眉或页脚区域，此时在功能区中自动出现【页眉和页脚工具】中的【设计】上下文选项卡。

（2）在【选项】选项组中选中【奇偶页不同】复选框，这样用户就可以分别创建奇数页和偶数页的页眉（或页脚）了。

4. 为文档各节创建不同的页眉或页脚

用户可以为文档的各节创建不同的页眉或页脚，例如需要在一个长篇文档的【目录】与【内容】两部分应用不同的页脚样式，可以按照如下操作步骤进行设置。

（1）将鼠标指针放置在文档的某一节中，并切换至【插入】选项卡，在【页眉和页脚】选项组中单击【页脚】按钮。

（2）在随后打开的内置【页脚库】中选择一个希望放置在该节部分的页脚样式，例如【传统型】。这样，所选页脚样式就被应用到文档中的每一页了。

（3）Word 2010 随后将自动打开页眉页脚工具的【设计】上下文选项卡，在【导航】选项组中单击【下一节】按钮，进入页脚的第 2 节区域中，如图 3.15 所示。

（4）在【导航】选项组中单击【链接到前一条页眉】按钮，断开新节中的页脚与前一节中的页脚之间的链接。此时 Word 2010 页面中将不再显示【与上一节相同】的提示信息，也就是说用户可以更改本节现有的页眉或页脚，或者创建新的页眉和页脚了。

（5）在【页眉和页脚】选项组中，单击【页脚】按钮。

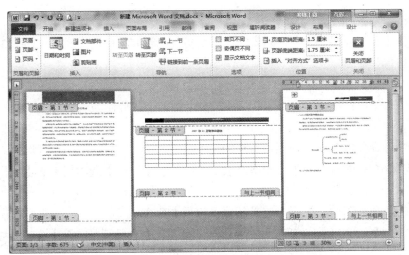

图 3.15　置不同节中的页眉或页脚

（6）在打开的内置【页脚库】中选择一个希望放置在文档内容部分的页脚样式，例如【飞越型（奇数页）】。这样，所选页脚样式就被应用到文档中的内容部分了，从而实现在文档的各部分创建不同的页脚。

5. 删除页眉或页脚

在整个文档中删除所有页眉或页脚的方法很简单，其操作步骤如下。

（1）单击文档中的任何位置，在 Word 2010 的功能区中打开【插入】选项卡。

（2）在【页眉和页脚】选项组中，单击【页眉】按钮。

（3）在弹出的下拉列表中执行【删除页眉】命令即可将文档中的所有页眉删除。

另外，在【插入】选项卡中的【页眉和页脚】选项组中，单击【页脚】按钮，在弹出的下拉列表中执行【删除页脚】命令即可将文档中的所有页脚删除。

3.1.5　使用项目符号

项目符号是放在文本前以强调效果的点或其他符号，用户可以在输入文本时自动创建项目符号列表，也可以快速给现有文本添加项目符号。

1. 自动创建项目符号列表

在文档中输入文本的同时自动创建项目符号列表的方法十分简单，其具体操作步骤如下。

（1）在文档中需要应用项目符号列表的位置输入星号（*），然后按空格键或 Tab 键，即可开始应用项目符号列表。

（2）输入所需文本后，按 Enter 键，开始添加下一个列表项，Word 会自动插入下一个项目符号。

（3）要完成列表，可按两次 Enter 键或者按一次 Backspace 键删除列表中最后一个项目符号。

2. 为原有文本添加项目符号

（1）用户可以快速为现有文本添加项目符号，其具体操作步骤如下。

① 在文档中选择要向其添加项目符号的文本。

② 在 Word 2010 功能区中的【开始】选项卡上，单击【段落】选项组中的【项目符号】按钮旁

边的下三角按钮。

③ 在弹出的【项目符号库】下拉列表中提供了多种不同的项目符号样式，如图 3.16 所示，用户可以从中进行选择。

④ 此时文档中被选中的文本便会添加指定的项目符号。

（2）如果用户希望定义新的项目符号，例如希望将某个图片作为项目符号来使用，可以按照如下操作步骤执行。

① 在文档中选择要向其添加新项目符号的文本。

② 在 Word 2010 功能区中的【开始】选项卡上，单击【段落】选项组中的【项目符号】按钮旁边的下三角按钮。

③ 在弹出的下拉列表中，执行【定义新项目符号】命令。

④ 打开图 3.17 所示的【定义新项目符号】对话框，在【项目符号字符】选项区域中，单击【图片】按钮。

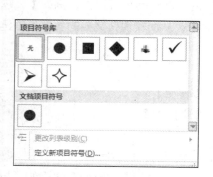

图 3.16 【项目符号库】选项卡

图 3.17 【定义新项目符号】对话框

⑤ 在随后打开的【图片项目符号】对话框中选择一种满意的图片项目符号，单击【确定】按钮。

⑥ 返回到【定义新项目符号】对话框，单击【确定】按钮完成设置。此时所选文本就应用了指定的图片项目符号了。

3.1.6 使用编号列表

在文本前添加编号有助于增强文本的层次感和逻辑性。创建编号列表与创建项目符号列表的操作过程相仿，用户同样可以在输入文本时自动创建编号列表，或者快速给现有文本添加编号。

快速给现有文本添加编号的操作步骤如下。

（1）在文档中选择要向其添加编号的文本。

（2）在 Word 2010 功能区中的【开始】选项卡上，单击【段落】选项组中的【编号】按钮旁边的下三角按钮。

（3）在弹出的下拉列表中，提供了包含多种不同编号样式的编号库，如图 3.18 所示。用户可以从中进行选择，例如单击【一、二、三、】样式的编号。

图 3.18 【编号库】选项

（4）此时文档中被选中的文本便会立即添加指定的编号。

此外，为了使文档内容更具层次感和条理性，经常需要使用多级编号列表，用户可以从编号库中选择多级列表样式应用到文档中。

3.1.7　在文档中添加引用内容

在长文档的编辑过程中，文档内容的索引和脚注非常重要，这可以使文档的引用内容和关键内容得到有效的组织。

1. 插入脚注和尾注

脚注和尾注一般用于在文档和书籍中显示引用资料的来源，或者用于输入说明性或补充性的信息。【脚注】位于当前页面的底部或指定文字的下方，【尾注】位于文档的结尾处或者指定节的结尾。脚注和尾注都是用一条短横线与正文分开的，而且，二者都用于包含注释文本，该注释文本位于页面的结尾处或者文档的结尾处，两者的注释文本都比正文文本的字号小一些。

在文档中插入脚注或尾注的操作步骤如下。

（1）在文档中选择要向其添加脚注或尾注的文本，或者将光标置于文本后面位置。

（2）在 Word 2010 功能区中的【引用】选项卡上，单击【脚注】选项组中的【插入脚注】按钮，即可在该页面的底端加入脚注区域。

（3）如果需要对脚注或尾注的样式进行定义，可以单击【脚注】选项组中的【对话框启动器】按钮，打开图 3.19 所示的【脚注和尾注】对话框，设置其位置、格式及应用范围。

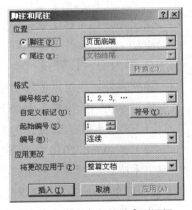

图 3.19　【脚注和尾注】对话框

当插入脚注或尾注后，不必向下滚到页面底部或文档结尾处。只需将鼠标指针停留在文档中的脚注或尾注引用标记上，注释文本就会出现在屏幕提示中。

2. 插入题注

题注是一种可以为文档中的图表、表格、公式或其他对象添加的编号标签，如果在文档的编辑过程中对题注执行了添加、删除或移动操作，则可以一次性更新所有题注编号，而不需要再进行单独调整。

在文档中定义并插入题注的操作步骤如下。

（1）在文档中选择要向其添加题注的位置。

（2）在 Word 2010 功能区中的【引用】选项卡上，单击【题注】选项组中的【插入题注】按钮，打开图 3.20 所示的【题注】对话框。在该对话框中，可以根据添加题注的不同对象，在【选项】区域的下拉列表中选择不同的标签类型。

（3）如果期望在文档中使用自定义的标签显示方式，则可以单击【新建标签】按钮，为新的标签命名后，新的标签样式将出现在【标签】下拉列表中，同时还可以为该标签设置位置与标号类型，如图 3.21 所示。

（4）设置完成后单击【确定】按钮，即可将题注添加到相应的文档位置。

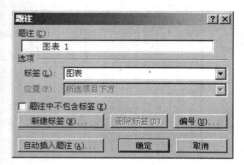

图 3.20 【题注】对话框

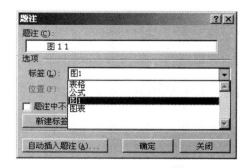

图 3.21 自定义题注标签

3. 标记并创建索引

索引用于列出一篇文档中讨论的术语和主题，以及它们出现的页码。要创建索引，可以通过提供文档中主索引项的名称和交叉引用来标记索引项，然后生成索引。

在文档中加入索引之前，应当先标记出组成文档索引的诸如单词、短语和符号之类的全部索引项。索引项是用于标记索引中的特定文字的域代码。当用户选择文本并将其标记为索引项时，Word将会添加一个特殊的 XE（索引项）域，该域包括标记好了的主索引项以及用户选择包含的任何交叉引用信息。用户可以为某个单词、短语或符号创建索引项，也可以为包含延续数页的主题创建索引项。除此之外，还可以创建引用其他索引项的索引。

标记索引项的操作步骤如下。

（1）在文档中选择要作为索引项的文本。

（2）在 Word 2010 的功能区中，打开【引用】选项卡。在【引用】选项卡上的【索引】选项组中单击【标记索引项】按钮，打开图 3.22 所示的【标记索引项】对话框，在【索引】选项区域中的【主索引项】文本框中会显示选定的文本。根据需要，还可以通过创建次索引项、第三级索引项或另一个索引项的交叉引用来自定义索引项。

- 要创建次索引项，可在【索引】选项区域中的【次索引项】文本框中输入文本。次索引项是对索引对象的更深一层限制。
- 要包括第三级索引项，可在次索引项文本后输入冒号（:），然后在文本框中输入第三级索引项文本。
- 要创建对另一个索引项的交叉引用，可以在【选项】区域中选中【交叉引用】单选按钮，然后在其文本框中输入另一个索引项的文本。

（3）单击【标记】按钮即可标记索引项，单击【标记全部】按钮即可标记文档中与此文本相同的所有文本。

（4）此时【标记索引项】对话框中的【取消】按钮变为【关闭】按钮。单击【关闭】按钮即可完成标记索引项的工作。用户可以看到文档中插入的索引项，它们实际上是域代码。

在标记了一个索引项之后，用户可以在不关闭【标记索引项】对话框的情况下，继续标记其他多个索引项。

完成了标记索引项的操作后，就可以选择一种索引设计并生成最终的索引了。Word 2010 会收集索引项，并将它们按字母顺序排序，引用其页码，找到并删除同一页上的重复索引项，然后在文档中显示该索引。

为文档中的索引项创建索引的操作步骤如下。

（1）首先将鼠标指针定位在需要建立索引的地方，通常是文档的最后。

（2）在 Word 2010 的功能区中，打开【引用】选项卡。在【引用】选项卡上的【索引】选项组中，单击【插入索引】按钮，打开图 3.23 所示的【索引】对话框。

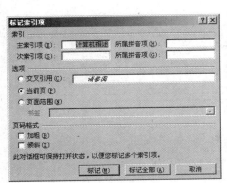

图 3.22　【标记索引项】对话框

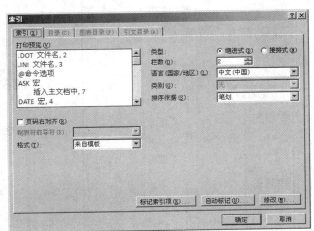

图 3.23　【索引】对话框

（3）打开【索引】对话框中的【索引】选项卡，在【格式】下拉列表框中选择索引的风格，选择的结果可以在【打印预览】列表框中进行查看。用户可以选中【页码右对齐】复选框，将页码靠右排列，而不是紧跟在索引项的后面，然后在【制表符前导符】下拉列表框中选择一种样式。

在【类型】选项区域中有 2 种索引类型可供选择，分别是【缩进式】和【接排式】。如果选中【缩进式】单选按钮，次索引项将相对于主索引项缩进；如果选中【接排式】单选按钮，则主索引项和次索引项将排在一行中。在【栏数】文本框中指定栏数以编排索引，如果索引比较短，一般选择两栏。

在【语言】下拉列表框中可以选择索引使用的语言，Word 2010 会据此选择排序的规则。如果使用的是【中文】，可以在【排序依据】下拉列表框中指定按【拼音】或者【笔画】方式排序。

（4）设置完成后，单击【确定】按钮，创建的索引就会出现在文档中。

3.1.8　创建文档目录

目录通常是长篇幅文档不可缺少的一项内容，它列出了文档中的各级标题及其所在的页码，便于文档阅读者快速查找到所需内容。Word 2010 提供了一个内置的【目录库】，其中有多种目录样式可供选择，从而可代替用户完成大部分工作，使得创建目录的操作变得快捷、简便。

在文档中使用【目录库】创建目录的操作步骤如下。

（1）首先将鼠标指针定位在需要建立文档目录的地方，通常是文档的最前面。

（2）在 Word 2010 的功能区中，打开【引用】选项卡，在【引用】选项卡上的【目录】选项组中，单击【目录】按钮，打开图 3.24 所示的下拉列表，系统内置的【目录库】以可视化的方式展示了许多目录的编排方式和显示效果。

（3）用户只需单击其中一个满意的目录样式，Word 2010 就会自动根据所标记的标题在指定位置创建目录，如图 3.25 所示。

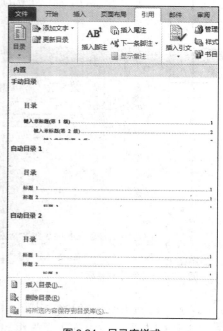

图 3.24　目录库样式

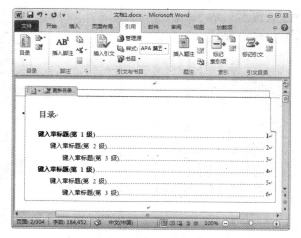

图 3.25　在文档中插入目录

1. 使用自定义样式创建目录

如果用户已将自定义样式应用于标题，则可以按照如下操作步骤来创建目录。用户可以选择 Word 在创建目录时使用的样式设置。

（1）将鼠标指针定位在需要建立文档目录的地方，然后在 Word 2010 的功能区中，打开【引用】选项卡。

（2）在【引用】选项卡上的【目录】选项组中，单击【目录】按钮。在弹出的下拉列表中，执行【插入目录】命令。

（3）打开图 3.26 所示的【目录】对话框，在【目录】选项卡中单击【选项】按钮。

（4）此时打开图 3.27 所示的【目录选项】对话框，在【有效样式】区域中可以查找应用于文档中的标题的样式，在样式名称旁边的【目录级别】文本框中输入目录的级别（可以输入 1～9 中的一个数字），以指定希望标题样式代表的级别。如果希望仅使用自定义样式，则可删除内置样式的目录级别数字，例如删除【标题 1】【标题 2】和【标题 3】样式名称旁边的代表目录级别的数字。

（5）当有效样式和目录级别设置完成后，单击【确定】按钮，关闭【目录选项】对话框。

（6）返回到【目录】对话框，用户可以在【打印预览】和【Web 预览】区域中看到 Word 在创建目录时使用的新样式设置。另外，如果用户正在创建读者将在打印页上阅读的文档，那么在创建目录时应包括标题和标题所在页面的页码，即选中【显示页码】复选框，从而便于读者快速翻到需要的页。如果用户创建的是读者将要在 Word 中联机阅读的文档，则可以将目录中各项的格式设置为超链接，即选中【使用超链接而不使用页码】复选框，以便读者可以通过单击目录中的某项标题转到对应的内容。最后，单击【确定】按钮完成所有设置。

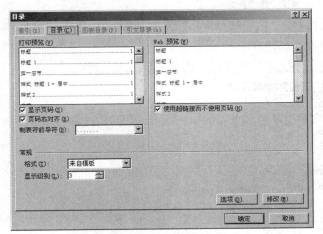

图 3.26　【目录】对话框

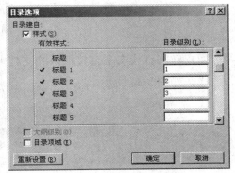

图 3.27　自定义【目录选项】

2．更新目录

如果用户在创建好目录后，又添加、删除或更改了文档中的标题或其他目录项，可以按照如下操作步骤更新文档目录。

（1）在 Word 2010 的功能区中，打开【引用】选项卡。

（2）在【引用】选项卡上的【目录】选项组中，单击【更新目录】按钮。

（3）打开图 3.28 所示的【更新目录】对话框，在该对话框中选中【只更新页码】单选按钮或者【更新整个目录】单选按钮，然后单击【确定】按钮即可按照指定要求更新目录。

图 3.28　【更新目录】选项

3.2　文档的修订与共享

在与他人一同处理文档的过程中，审阅、跟踪文档的修订状况将成为最重要的环节之一，用户需要及时了解其他用户更改了文档的哪些内容，以及为何要进行这些更改。

3.2.1　审阅与修订文档

Word 2010 提供了多种方式来协助用户完成文档审阅的相关操作，同时用户还可以通过全新的审阅窗格来快速对比、查看、合并同一文档的多个修订版本。

1．修订文档

当用户在修订状态下修改文档时，Word 应用程序将跟踪文档中所有内容的变化状况，同时会把用户在当前文档中修改、删除、插入的每一项内容标记下来。

用户打开所要修订的文档，在功能区的【审阅】选项卡中单击【修订】选项组的【修订】按钮，即可开启文档的修订状态，如图 3.29 所示。

图 3.29　开启文档修订状态

用户在修订状态下直接插入的文档内容会通过颜色和下画线标记下来，删除的内容会增加一条删除线，如图 3.30 所示。

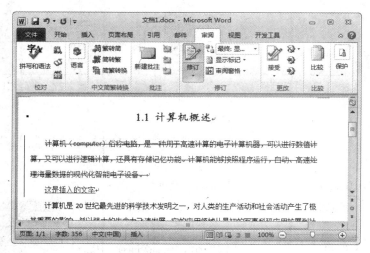

图 3.30　修订当前文档

当多个用户同时参与对同一文档进行修订时，文档将通过不同的颜色来区分不同用户的修订内容，从而可以很好地避免由于多人参与文档修订而造成的混乱。此外，Word 2010 还允许用户对修订内容的样式进行自定义设置，具体的操作步骤如下。

（1）在功能区的【审阅】选项卡的【修订】选项组中，执行【修订选项】命令，打开【修订选项】对话框，如图 3.31 所示。

（2）用户在【标记】【移动】【表单元格突出显示】【格式】【批注框】5 个选项区域中，可以根据自己的浏览习惯和具体需求设置修订内容的显示情况。

2．为文档添加批注

在多人审阅文档时，可能需要彼此之间对文档内容的变更状况作一个解释，或者向文档作者询问一些问题，这时可以在文档中插入【批注】信息。【批注】与【修订】的不同之处在于，【批注】并不在原文的基础上进行修改，而是在文档页面的空白处添加相关的注释信息，并用有颜色的方框括起来。

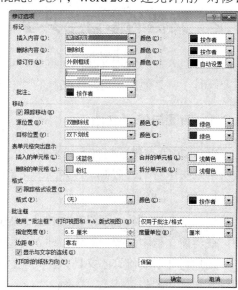

图 3.31　【修订选项】对话框

如果需要为文档内容添加批注信息，可以选中文本，在【审阅】选项卡的【批注】选项组中单击【新建批注】按钮，然后直接输入批注信息即可，如图 3.32 所示。

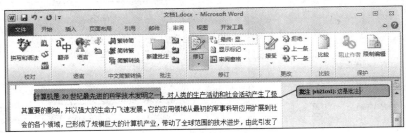

图 3.32　添加批注

除了在文档中插入文本批注信息外，用户还可以插入音频或视频批注信息，从而使文档协作在形式上更加丰富。

如果用户要删除文档中的某一条批注信息，可以用鼠标右键单击所要删除的批注，在随后打开的快捷菜单中执行【删除批注】命令。如果用户要删除文档中所有批注，可以单击任意批注信息，然后在【审阅】选项卡的【批注】选项组中执行【删除】→【删除文档中的所有批注】命令，如图 3.33 所示。

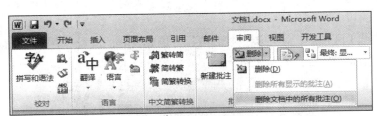

图 3.33　删除文档中的批注

另外，当文档被多人修订或审批后，用户可以在功能区的【审阅】选项卡中的【修订】选项组中，执行【显示标记审阅者】命令，在显示的列表中将显示出所有对该文档进行过修订或批注操作的人员名单，如图 3.34 所示。

可以通过选择审阅者姓名前面的复选框，查看不同人员对本文档的修订或批注意见。

3. 审阅修订和批注

文档内容修订完成以后，用户还需要对文档的修订和批注状况进行最终审阅，并确定出最终的文档版本。当审阅修订和批注时，可以按照如下步骤来接受或拒绝文档内容的每一项更改。

（1）在【审阅】选项卡的【更改】选项组中单击【上一条】（【下一条】）按钮，即可定位到文档中的上一条（下一条）修订或批注。

（2）对于修订信息可以单击【更改】选项组中的【拒绝】或【接受】按钮，来选择拒绝或接受当前修订对文档的更改；对于批注信息可以在【批注】选项组中单击【删除】按钮将其删除。

（3）重复步骤（1）和步骤（2），直到文档中不再有修订和批注。

（4）如果要拒绝对当前文档做出的所有修订，可以在【更改】选项组中执行【拒绝】→【拒绝对文档的所有修订】命令；如果要接受所有修订，可以在【更改】选项组中执行【接受】→【接受对文档的所有修订】命令，如图 3.35 所示。

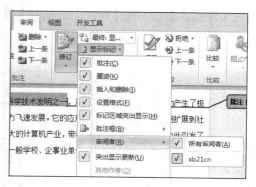

图 3.34 显示审阅者名单

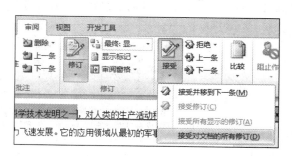

图 3.35 接受对文档的所有修订

3.2.2 快速比较文档

文档经过最终审阅以后，用户多半希望能够通过对比的方式查看修订前后两个文档版本的变化情况，Word 2010 提供了【精确比较】的功能，可以帮助用户显示两个文档的差异。使用【精确比较】功能对比文档版本进行比较的具体操作步骤如下。

（1）在【审阅】选项卡的【比较】选项组中，执行【比较】→【比较】命令，打开【比较文档】对话框。

（2）在【原文档】区域中，通过浏览找到要用作原始文档的文档；在【修订的文档】区域中，通过浏览找到修订完成的文档，如图 3.36 所示。

图 3.36 【比较文档】对话框

（3）单击【确定】按钮，此时两个文档之间的不同之处将突出显示在【比较结果】文档的中间，以供用户查看，如图 3.37 所示。在文档比较视图左侧的审阅窗格中，自动统计了原文档与修订文档之间的具体差异情况。

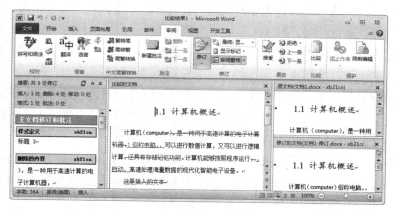

图 3.37 对比同一文档的不同版本

3.2.3　删除文档中的个人信息

文档的最终版本确定以后，如果希望将 Microsoft Office 文档的电子副本共享给其他用户，最好先检查一下该文档是否包含隐藏数据或个人信息，这些信息可能存储在文档本身或文档属性中，而且有可能会透露一些隐私信息，因此有必要在共享文档副本之前删除这些隐藏信息。

Office 2010 为用户提供的【文档检查器】工具，可以帮助用户查找并删除在 Word 2010、Excel 2010、PowerPoint 2010 文档中的隐藏数据和个人信息。

具体的操作步骤如下。

（1）打开要检查是否存在隐藏数据或个人信息的 Office 文档副本。

（2）选择【文件】选项卡，打开 Office 后台视图，然后执行【信息】→【检查问题】→【检查文档】命令，打开【文档检查器】对话框，如图 3.38 所示。

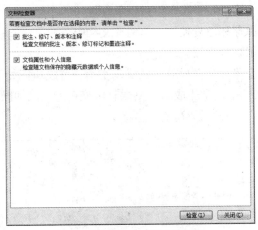

图 3.38　【文档检查器】对话框

（3）选择要检查的隐藏内容类型，然后单击【检查】按钮。

（4）检查完成后，在【文档检查器】对话框中审阅检查结果，并在所要删除的内容类型旁边，单击【全部删除】按钮，如图 3.39 所示。

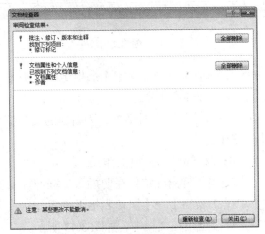

图 3.39　审阅检查结果

3.2.4　标记文档的最终状态

如果文档已经确定修改完成，用户可以为文档标记最终状态来标记文档的最终版本，此操作可以将文档设置为只读，并禁用相关的内容编辑命令。

如若标记文档的最终状态，用户可以选择【文件】选项卡，打开 Office 后台视图，然后执行【保护文档】→【标记为最终状态】完成设置，如图 3.40 所示。

3.2.5　构建并使用文档部件

文档部件实际上就是对某一段指定文档内容（文本、图片、表格、段落等文档对象）的封装手段，也可以单纯地将其理解为对这段文档内容的保存和重复使用，这为在文档中共享已有的设计或内容提供了高效手段。

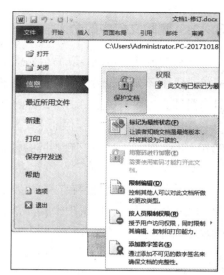

图 3.40　标记文档的最终状态

要将文档中某一部分内容保存为文档部件并反复使用，可以执行如下操作步骤。

（1）在图 3.41 所示的文档中，学生成绩表格很有可能在撰写其他同类文档时会再次被使用，因此希望可以通过文档部件的方式进行保存。

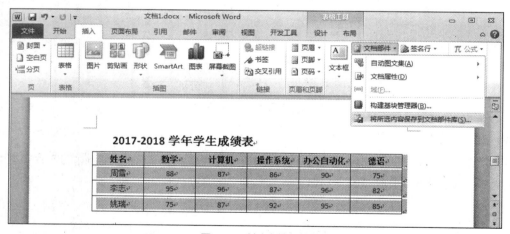

图 3.41　创建文档部件

（2）切换到功能区的【插入】选项卡，在【文本】选项组中单击【文档部件】按钮，并从下拉列表中执行【将所选内容保存到文档部件库】命令。

（3）打开图 3.42 所示的【新建构建基块】对话框，为新建的文档部件设置【名称】属性，并在【库】类别下拉列表中选择【表格】选项。

（4）单击【确定】按钮，完成文档部件的创建工作。

现在，打开或新建另外一个文档，将光标定位在要插入文档部件的位置，在功能区的【插入】选项卡的【表格】选项组中，单击【表格】→【快速表格】按钮，从其下拉列表中就可以直接找到刚才新建的文档部件，并可将其直接重用在文档中，如图 3.43 所示。

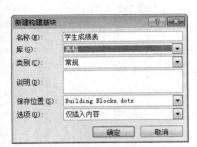

图 3.42　设置文档部件属性

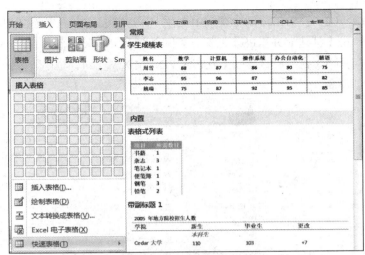

图 3.43　使用已创建的文档部件

3.2.6　与他人共享文档

Word 文档除了可以打印出来供他人审阅外，也可以根据不同的需求通过多种电子化的方式实现共享目的。

1. 通过电子邮件共享文档

如果希望将编辑完成的 Word 文档通过电子邮件方式发送给对方，可以选择【文件】选项卡，打开 Office 后台视图，然后执行【保存并发送】→【使用电子邮件发送】→【作为附件发送】命令，如图 3.44 所示。

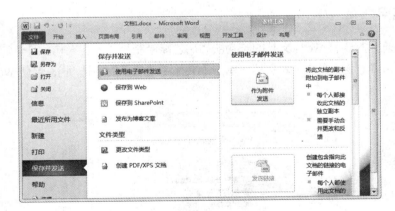

图 3.44　电子邮件发送文档

2. 转换成 PDF 文档格式

用户可以将文档保存为 PDF 格式，这样既保证了文档的只读性，同时又确保了那些没有部署 Microsoft Office 产品的用户可以正常浏览文档内容。

将文档另存为 PDF 文档的具体操作步骤如下。

（1）选择【文件】选项卡，打开 Office 后台视图。

（2）在 Office 后台视图中执行【保存并发送】→【创建 PDF/XPS 文档】命令，在展开的视图中单击【创建 PDF/XPS】按钮，如图 3.45 所示。

（3）在随后打开的【发布为 PDF 或 XPS】对话框中，单击【发布】按钮，即可完成 PDF 文档的创建。

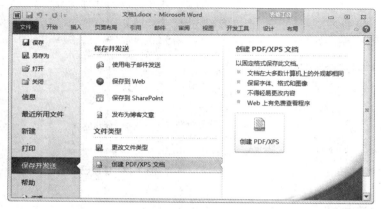

图 3.45　将文档发布为 PDF 格式

3.3　宏命令的定义与使用

在文档编辑过程中，经常有某项工作要多次重复，这时可以利用 Word 的宏功能来使其自动执行，以提高效率。宏将一系列的 Word 命令和指令组合在一起，形成一个命令，以实现任务执行的自动化。用户可以创建并执行一个宏，以替代人工进行一系列费时而重复的 Word 操作。

3.3.1　宏的启用

在创建宏之前，需要将 Word 文档的宏功能启用才能录制相关的宏操作。具体启用步骤如下。

（1）打开要录制宏定义的 Word 文档，单击【文件】菜单下的【选项】，启动 Word 选项对话框，如图 3.46 所示。

图 3.46　Word 选项对话框

（2）在【Word 选项】对话框中单击【信任中心】，单击右侧【信任中心设置】打开信任中心设置对话框，如图 3.47 所示。

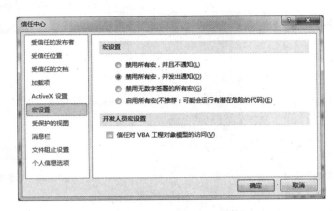

图 3.47　信任中心对话框

（3）在【信任中心】对话框中单击【宏设置】选项，选择右侧列表中的【启用所有宏】即可启用宏。

3.3.2　宏的录制

录制宏可以按以下步骤进行。

（1）单击【视图】菜单中的【宏】命令，从级联菜单中选择【录制宏】命令，出现【录制宏】对话框，如图 3.48 所示。

（2）在【宏名】框中，键入要录制宏的名称。

（3）在【将宏保存在】框中，选择要保存宏的模板或文档。默认使用 Normal 模板，这样以后所有文档都可以使用这个宏。如果只想把宏应用于某个文档或某个模板，就选择该文档或模板。

（4）在【说明】框中，输入对宏的说明，这样以后可以清楚该宏的作用。

（5）如果不想将宏指定到工具栏、菜单或快捷键上，单击【确定】按钮，进入宏的录制状态，开始录制宏，这时屏幕上出现【停止录制】工具栏，该工具栏有两个按钮：【停止录制】和【暂停录制】。同时，状态栏中的【录制】字样变黑，鼠标指针变成带有盒式磁带图标的箭头。

（6）执行要录制在宏中的操作。

（7）录制过程中，如果有一些操作不想包含到宏中，单击【停止录制】工具栏上的【暂停录制】按钮，可暂停录制。再次单击【恢复录制】按钮，可以恢复录制。

（8）录制完毕后，单击【视图】菜单中的【宏】命令，从级联菜单中选择【停止录制】命令，停止录制宏。

如果给新宏命名与 Word 中已有的内置宏同样的名称，新宏中的操作将代替已有的操作。例如，【文件】菜单中的【关闭】命令与一个名为【FileClose】的宏相连，如果录制一个新宏并命名为【FileClose】，该新宏将与【关闭】命令相连。在选择【关闭】命令时，Word 将执行录制的新操作。

如果要查看 Word 中创建的宏列表，可以选择【视图】菜单中的【宏】命令，从级联菜单中选择

【查看宏】即可，如图 3.49 所示。

图 3.48　录制宏对话框

图 3.49　宏列表对话框

3.3.3　录制宏并指定到工具栏或菜单

如果要录制宏并指定到工具栏或菜单，可按如下步骤进行。

（1）单击【视图】菜单中的【宏】命令，从级联菜单中选择【录制宏】命令，出现【录制宏】对话框。

（2）在【宏名】框中，键入要录制宏的名称。

（3）在【将宏保存在】框中，选择要保存宏的模板或文档。

（4）在【将宏指定到】框中选择【按钮】选项，出现【Word 选项】对话框，如图 3.50 所示。

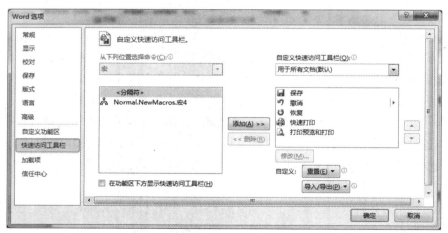

图 3.50　将宏指定到快速访问工具栏

（5）选中左侧【分隔符】下的宏，选择【添加】到右侧自定义快速访问工具栏。

（6）选中需要编辑的宏，单击【修改】按钮，为新宏选定图标，如图 3.51 所示。

（7）单击【确定】按钮开始录制宏。

（8）进行录制宏需要的各种动作后，停止录制宏。

（9）此时刚录制的宏已经出现在快速访问工具栏中（见图 3.52），此时可通过鼠标单击按钮快速执行相关操作。

图 3.51　修改宏图标

图 3.52　宏添加到快速工具栏

3.3.4　录制宏并指定到键盘

如果要录制宏并指定快捷键，可按如下步骤进行。

（1）单击【视图】菜单中的【宏】命令，从级联菜单中选择【录制宏】命令，出现【录制宏】对话框。

（2）在【宏名】框中，键入要录制宏的名称。

（3）在【将宏保存在】框中，选择要保存宏的模板或文档。

（4）在【将宏指定到】框中选择【键盘】按钮，出现【自定义键盘】对话框，如图 3.53 所示。

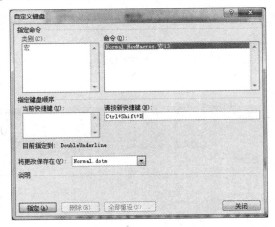

图 3.53　【自定义键盘】对话框

（5）选定【命令】框中正在录制的宏，在【请按新快捷键】框中键入所需组合键（Ctrl+Shift+D），单击【指定】按钮即可定义快捷键。

（6）单击【关闭】按钮开始录制宏。

（7）进行录制宏需要的各种动作后，停止录制宏。在需要使用宏操作的地方，按下快捷键即可执行。

3.3.5　宏的执行

如果要运行的宏已经指定到工具栏、菜单命令或快捷键，只需单击工具栏中的宏按钮、从菜单中选择宏名称或者直接按下快捷键即可。对没有指定到工具栏、菜单命令或快捷键的宏，可以利用【宏】对话框来运行宏，方法如下。

（1）单击【工具】菜单中的【宏】命令，从级联菜单中选择【宏】命令，出现【宏】对话框，如图 3.54 所示。

（2）如果要运行的宏没有出现在【宏名】列表框中，可以单击【宏的位置】列表框右边的向下箭头，从下拉列表中选择要运行的宏所在的文档或模板。选项有【所有的活动模板和文档】【Normal.dor】（共用模板）【Word 命令】和【当前文档】。如果选择【Word 命令】则可以运行任意的 Word 所提供的功能。

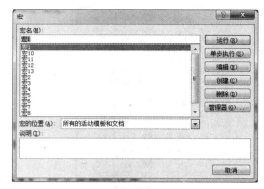

图 3.54　宏对话框

（3）从【宏名】列表框中选择要运行的宏的名称，单击【运行】按钮就可以运行该宏。

3.3.6　宏的编辑

宏实际上是一系列 Word 命令的组合，用户可以在 Visual Basic 编辑器中打开宏并进行编辑和调试，删除录制过程中录进来的一些不必要的步骤，或添加无法在 Word 中录制的指令。具体步骤如下。

（1）选择【视图】菜单中的【宏】命令，从级联菜单中选择【查看宏】命令，出现【宏】对话框。

（2）在【宏名】列表框中选定要编辑或调试的宏的名称。如果该宏没有出现在列表中，请选定【宏的位置】框中的其他宏列表。

（3）选中要编辑的宏，单击【编辑】按钮，出现 Visual Basic 编辑器窗口，可以在这里对宏进行编辑和调试，如图 3.55 所示。

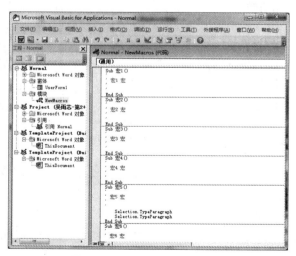

图 3.55　Visual Basic 编辑器窗口

（4）编辑完成后，选择【文件】菜单中的【关闭并返回到 Microsoft Word】命令返回到 Word 窗口中。

3.3.7　宏的管理

宏可以复制、删除、重命名，用户可以用【管理器】来进行这些操作。如果要复制、删除、重命名宏，可按如下步骤进行。

（1）选择【视图】菜单中的【宏】命令，从级联菜单中选择【查看宏】命令，出现【宏】对话框。

（2）单击【管理器】按钮，出现【管理器】对话框，如图 3.56 所示。

图 3.56　【管理器】对话框

（3）在左边的列表框中显示出了活动文档中使用的宏，在右边的列表框中显示出了 Normal 文档模板中的宏。

（4）如果要在文档模板与其他模板之间复制宏，单击右边列表框下方的【关闭文件】按钮，此时【关闭文件】按钮变为【打开文件】按钮。单击该按钮，出现【打开】对话框，选择包含要复制的宏的模板，单击【打开】按钮并返回到【管理器】对话框中。

（5）从任一列表框中选定要复制的宏，然后单击【复制】按钮，就可将该宏复制到另一侧的【宏方案项的有效范围】列表框的文档或模板中。

（6）如果要删除宏，从列表框中选择要删除的宏的名称，要删除多个宏，可在按下 Ctrl 键时单击要删除的各个宏，然后单击【删除】按钮。

（7）如果要重命名某个宏，可从列表框中选定要重命名的宏的名称，再单击【重命名】按钮，出现【重命名】对话框，在对话框中为宏键入一个新名即可。

（8）单击【确定】按钮，再单击【关闭】按钮。

3.4　使用邮件合并技术批量处理文档

Word 2010 提供了强大的邮件合并功能，该功能具有极佳的实用性和便捷性。如果用户希望批量创建一组文档（例如一个寄给多个客户的套用信函），可以使用邮件合并功能来实现。

3.4.1　邮件合并的概念

Word 的邮件合并可以将一个主文档与一个数据源结合起来，最终生成一系列输出文档。在此需要明确以下几个基本概念。

1. 创建主文档

主文档是经过特殊标记的 Word 文档，它是用于创建输出文档的"蓝图"，其中包含了基本的文本内容，这些文本内容在所有输出文档中都是相同的，例如信件的信头、主体以及落款等；另外还有一系列指令（称为合并域），用于插入在每个输出文档中都要发生变化的文本，比如收件人的姓名和地址等。

2. 选择数据源

数据源实际上是一个数据列表，其中包含了用户希望合并到输出文档的数据。通常它保存了姓名、通信地址、电子邮件地址、传真号码等数据字段。Word 的【邮件合并】功能支持很多类型的数据源，其中主要包括下列几类。

- Office 地址列表：在邮件合并的过程中，【邮件合并】任务窗格为用户提供了创建简单的【Office 地址列表】的机会，用户可以在新建的列表中填写收件人的姓名和地址等相关信息。此方法最适用于不经常使用的小型、简单列表。
- Word 数据源：可以使用某个 Word 文档作为数据源。该文档应该只包含 1 个表格，该表格的第 1 行必须用于存放标题，其他行必须包含邮件合并所需要的数据记录。
- Excel 工作表：可以从工作簿内的任意工作表或命名区域选取数据。
- Microsoft Outlook 联系人列表：可直接在【Outlook 联系人列表】中检索联系人信息。
- Access 数据库：在 Access 中创建的数据库。
- HTML 文件：使用只包含 1 个表格的 HTML 文件。表格的第 1 行必须用于存放标题，其他行必须包含邮件合并所需要的数据。

3. 邮件合并的最终文档

邮件合并的最终文档包含了所有的输出结果，其中，有些文本内容在输出文档中都是相同的，而有些会随着收件人的不同而发生变化。

利用【邮件合并】功能可以创建信函、电子邮件、传真、信封、标签、目录（打印出来或保存在单个 Word 文档中的姓名、地址或其他信息的列表）等文档。

3.4.2 制作校牌

1. 创建主文档

在 Word 中制作一份校牌主文档，它包括每个学生校牌上共有的信息，如图 3.57 所示。

2. 准备数据源

在 Excel 中输入校牌学生信息，作为数据源，如图 3.58 所示。

3. 选取数据源

打开制作好的【校牌】主文档，单击【邮件】选项卡，在【开始邮件合并】功能组中单击【选择收件人】按钮，从弹出的下拉列表中选择【使用现有列表】命令，如图 3.59 所示，将打开【选取数据源】对话框，在该对话框中选择上一步骤已

图 3.57　主文档

建立的"学生信息"数据源文件，再单击【打开】按钮即可。

	A	B	C	D	E
1	系别	专业	姓名	性别	职务
2	计算机系	软件工程	李平	男	学生
3	计算机系	软件工程	陈娇	男	班长
4	计算机系	软件工程	文强	男	学生会副主席
5	计算机系	软件工程	肖运	女	学生
6	计算机系	软件工程	王伟	男	学生
7	计算机系	软件工程	龚雪莲	男	学生
8	计算机系	软件工程	牟先运	男	学生
9	计算机系	软件工程	李京	男	学生
10	计算机系	软件工程	李瑞吟	男	学生
11	计算机系	软件工程	许秋梅	女	组织委员
12	计算机系	软件工程	邱翠	男	学生
13	计算机系	软件工程	张新	男	副班长
14	计算机系	软件工程	王丽	男	学生会主席
15	计算机系	软件工程	王小力	女	学生
16	计算机系	软件工程	丁佳其	男	学生
17	计算机系	软件工程	陈小丽	男	学生
18	计算机系	软件工程	李先进	男	学生
19	计算机系	软件工程	赵亮	男	学生
20	计算机系	软件工程	范翔飞	男	学生
21	计算机系	软件工程	郭德	女	生活委员
22	计算机系	软件工程	张大志	男	学生
23	计算机系	软件工程	吴明	男	团支书
24	计算机系	软件工程	杨洋	男	学生
25	计算机系	软件工程	李小琴	女	学生

图 3.58　数据源

图 3.59　选取数据源

4. 插入合并域

将光标定位到主文档中需要插入合并域的地方，打开【邮件】选项卡，在【编写和插入域】功能组中单击【插入合并域】按钮，从弹出的下拉列表中选择一个合并域项目，如图 3.60 所示，选择"系别"，则在主文档中会以《系别》显示。

用同样的方法——插入其他合并域，各个合并域插入后如图 3.61 所示。

图 3.60　【插入合并域】下拉框

图 3.61　插入合并域后效果

5. 合并

打开【邮件】选项卡，在【完成】功能组中单击【完成并合并】按钮，从弹出的下拉列表中选择【编辑单个文档】命令，则打开【合并到新文档】对话框，在对话框中选择【全部】选项，再单击【确定】按钮即可。Word 2010 自动新建一个新文档，为学生信息数据源文件中的每个学生生成一份主文档中的校牌，如图 3.62 所示，邮件合并结束。

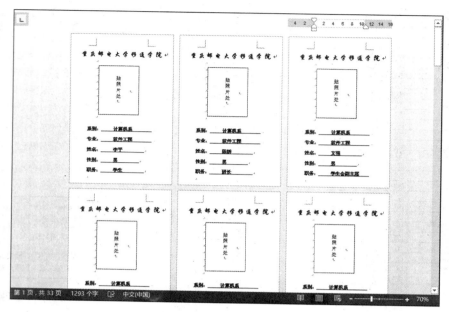

图 3.62　完成合并后效果

习题 3

一、选择题

1. 张经理在对 Word 文档格式的工作报告修改过程中，希望在原始文档显示其修改的内容和状态，最优的操作方法是（　　）。

A. 利用"审阅"选项卡的批注功能，为文档中的每一处需要修改的地方添加批注，将自己的意见写到批注里

B. 利用"插入"选项卡的文本功能，为文档中每一处需要修改的地方添加文档部件，将自己的意见写在文档部件里中

C. 利用"审阅"选项卡的修订功能，选择带"显示标记"的文档修订查看方式，按下"修订"按钮，然后在文档中直接修改内容

D. 利用"插入"选项卡的修订标记功能，为文档中每一处需要修改的地方插入修订符号，然后在文档中直接修改内容

2. 小华利用 Word 编辑一份书稿，出版社要求目录和正文的页码分别采用不同的格式，且均从第 1 页开始，最优的操作方法是（　　）。

A. 将目录和正文分别存在两个文档中，分别设置页码

B. 在目录与正文之间插入分节符，在不同的节中设置不同的页码

C. 在目录与正文之间插入分节符，在分页符前后设置不同的页码

D. 在 Word 中不设置页码，将其转换成 PDF 格式时再增加页码

3. 小明的毕业论文分别请两位老师进行了审阅，每位老师分别通过 Word 的修订功能对该论文

进行了修改。现在，小明需要将两份经过修订的文档合并为一份，最优的操作方法是（ ）。

A. 小明可以在一份修订较多的文档中，将另一份修订较少的文档修改内容手动对照补充进去

B. 请一位老师在另一位老师修订后的文档中再进行一次修订

C. 利用 Word 比较功能，将两位老师的修订合并到一个文档中

D. 将修订较少的那部分舍弃，只保留修订较多的那份论文作为终稿

4. 小王需要在 Word 文档中将应用了“标题 1”样式的所有段落格式调整为“段前、段后各 12 磅，单倍行距”，最优的操作方法是（ ）

A. 将每个段落逐一设置为“段前、段后各 12 磅，单倍行距”

B. 将其中一个段落设置为“段前、段后各 12 磅，单倍行距”，然后利用格式刷功能将格式复制到其他段落

C. 修改“标题 1”样式，将其段落格式设置为“段前、段后各 12 磅，单倍行距”

D. 利用查找替换功能，将“样式：标题 1”替换为“行距：单倍行距，段落间距段前：12 磅，段后：12 磅”

5. 将 Word 文档中的大写英文字母转换为小写，最优的操作方法是（ ）。

A. 执行“开始”选项卡“字体”组中的“更改大小写”命令

B. 执行“审阅”选项卡“格式”组中的“更改大小写”命令

C. 执行“引用”选项卡“格式”组中的“更改大小写”命令

D. 单击鼠标右键，执行右键菜单中的“更改大小写”命令

二、操作题

1. 题目描述：打开“Word.docx”文档，按照要求完成下列操作并保存，完成后的效果如图 3.63 ~ 图 3.65 所示。

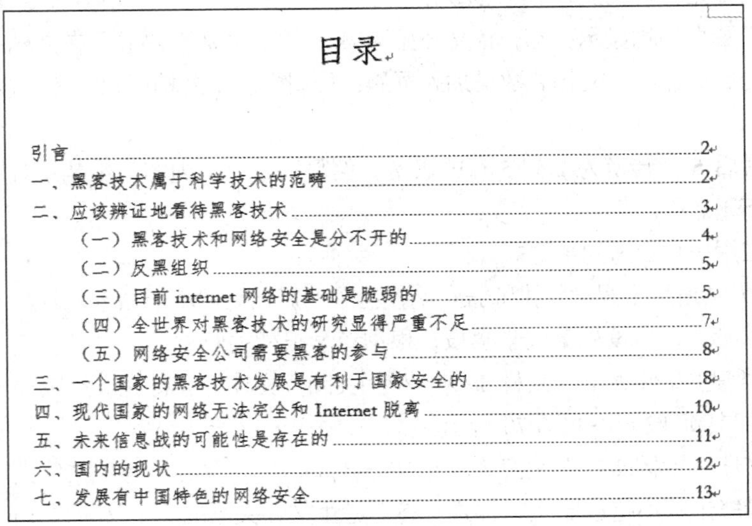
目录

引言 2
一、黑客技术属于科学技术的范畴 2
二、应该辨证地看待黑客技术 3
（一）黑客技术和网络安全是分不开的 4
（二）反黑组织 5
（三）目前 internet 网络的基础是脆弱的 5
（四）全世界对黑客技术的研究显得严重不足 7
（五）网络安全公司需要黑客的参与 8
三、一个国家的黑客技术发展是有利于国家安全的 8
四、现代国家的网络无法完全和 Internet 脱离 10
五、未来信息战的可能性是存在的 11
六、国内的现状 12
七、发展有中国特色的网络安全 13

图 3.63 Word 参考样式 1.docx

（1）调整纸张大小为 B5，页边距左边距为 2 厘米，右边距为 2 厘米，装订线 1 厘米，对称页边距。

·黑客技术

.引言

很显然，黑客技术对网络具有破坏能力，“黑客”一词是由英语 Hacker 音译出来的，近段时间，一个很普通的黑客攻击手段把世界上一些顶级的大网站轮流考验了

图 3.64　Word 参考样式 2.docx

中英文对照

Hacker	黑客
Internet	因特网
Newsweek	新闻周刊
Unix	一种操作系统
Bug	小缺陷

图 3.65　Word 参考样式 3.docx

（2）将文档中的第一行“黑客技术”设为 1 级标题，文档中黑体字的段落设为 2 级标题，斜体字段落设为 3 级标题。

（3）将正文部分内容设为四号字，每个段落设为 1.2 倍行距且首行缩进 2 字符。

（4）将正文第一段落的首字“很”下沉 2 行。

（5）在文档的开始位置插入只显示 2 级和 3 级标题的目录，并用分节方式令其独占一页。

（6）文档除目录页外均显示页码，正文开始为第 1 页，奇数页码显示在文档的底部靠右，偶数页码显示在文档的底部靠左。文档偶数页加入页眉，页眉中显示文档标题“黑客技术”，奇数页页眉没有内容。

（7）将文档最后 5 行转换为 2 列 5 行的表格，倒数第 6 行的内容“中英文对照”作为该表格的标题，将表格及标题居中。

（8）为文档应用一种合适的主题。

2. 北京××大学信息工程学院讲师张东明撰写了一篇名为“基于频率域特性的闭合轮廓描述子对比分析”的学术论文，拟投稿某大学学报，根据该学报相关要求，论文必须遵照该学报论文样式进行排版，请根据考生文件夹下“素材.docx”和相关图片文件等素材完成排版任务，具体要求如下所述，完成后的效果如图 3.66～图 3.70 所示。

（1）将素材文件“素材.docx”另存为“论文正样.docx”，保存于考生文件夹下，并在此文件中完成所有要求，最终排版不超过 5 页，样式可参考考生文件夹下的“论文正样 1.jpg”～“论文正样 5.jpg”。

（2）论文页面设置为 A4 幅面，上下左右边距分别为：3.5 厘米、2.2 厘米、2.5 厘米和 2.5 厘米。论文页面只指定行网格（每页 42 行），页脚距边距 1.4 厘米，在页脚居中位置设置页码。

（3）论文正文以前的内容，段落不设首行缩进，其中论文标题、作者、作者单位的中英文部分

均居中显示，其余为两端对齐。文章编号为黑体小五号字；论文标题（红色字体）大纲级别为 I 级、样式为标题 1，中文为黑体，英文为 Times New Roman，字号为三号；作者姓名的字号为小四，中文为仿宋，西文为 Times New Roman；作者单位、摘要、关键字、中图分类号等中英文部分字号为小五，中文为仿宋，西文为 Times New Roman，其中摘要、关键字、中图分类号等中英文内容的第一个词（冒号前面的部分）设置为黑体。

文章编号：BJDXXB-2010-06-003

基于频率域特性的闭合轮廓描述子对比分析

张东明[1]　李圆圆[1]　陈佳怡[2]

（[1]北京××大学信息工程学院，北京 100080　[2]江西××学院计算机系，南昌，330002）

摘　要：本文将通过实验对两种基于频率域特性的平面闭合轮廓曲线描述方法（Fourier Descriptor, FD 和 Wavelet Descriptor, WD）的描述性、视觉不变性和鲁棒性的对比分析，讨论它们在形状分析及识别过程中的性能。在此基础上提出一种基于小波包分解的轮廓曲线描述方法（Wavelet Packet Descriptor, WPD），通过与 WD 的对比表明其在特定场合具有更强的细节刻画能力。

关键字：Fourier 描述子、Wavelet 描述子、视觉不变性、小波包形状描述

中图分类号：　　　**文献标志码**：A

Comparative Analysis of Closed Contour Descriptor Based on Frequency Domain Feature

ZHANG Dong-ming[1], LI Yuan-yuan[1], CHEN Jia-yi[2]

（[1]College of Information Engineering, Beijing XX University, Beijing 100080, China）

（[2]Department of Computer Science, Jiangxi XX College, Nanchang, 330002, China）

Abstract：This paper provided a comparative method of Analyzing two classes of closed contour description, Fourier Descriptor and Wavelet Descriptor, by discussing their features of description, vision invariance and Robustness and analyzing their performance in shape analysis and recognition. According to the comparison, a contour curve description approach based on wavelet packet decomposition was proposed, and the experiment showed the more abilities in the detail description for some special cases.

Keywords：Fourier Descriptor, Wavelet Descriptor, Vision Invariance, Wavelet Packet Description

轮廓描述是图像目标形状边缘特性的重要表示方法，结合边缘提取的特点，其表示的精确性由以下三个方面的因素[1]决定：(1) 边缘点位置估计的精确度；(2) 曲线拟合算法的性能；(3) 用于轮廓建模的曲线形式。基于几何特性的形状描述方法能够提供较为直接的形象感知，其表现为空间域的特性使得后续的处理变得复杂、代价大[2]。基于 Fourier 变换的形状描述方法将形状变换到频率域来处理，使得形状分析变得更加快捷高效。Wavelet 变换理论是在窗口 Fourier 变换的基础上发展起来的，它更是提供天然的多分辨率表示，基于 Wavelet 变换的形状表示方法则提供了对形状的多尺度描述[3] [4]。围绕第(3)方面因素，本文将通过实验对频率域特性描述子的描述性、视觉不变性和鲁棒性的对比分析，讨论两种基于频率域特性的平面闭合轮廓曲线描述方法（傅立叶描述子，Fourier Descriptor, FD 和小波描述子，Wavelet Descriptor, WD）在形状分析及识别过程中的性能，并提出一种基于小波包分解的轮廓曲线描述方法（Wavelet Packet Descriptor, WPD），通过与 WD 的对比表明其更强的细节刻画能力。

1　FD 和 WD 的描述性对比

对曲线的 Fourier 变换而言，系数的个数是无限的，但是数字图像目标形状的轮廓是有限点集，我们不可能用一个无限的对象来对应一个有限的对象，因此导致了 Fourier 系数的截断问题，系数的截取代表了信息的损失。

— 1 —

图 3.66　论文正样 1.jpg

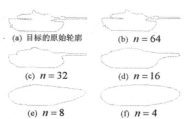

(a) 目标的原始轮廓　　　(b) $n = 64$

(c) $n = 32$　　　(d) $n = 16$

(e) $n = 8$　　　(f) $n = 4$

图 1　FD 不同系数截取对轮廓曲线的重建

实验结果如图 1 所示，对德国豹式 II 主战坦克的原始轮廓的基于等弧长的二次采样点 $S = 512$ 个，对于 Fourier 系数的截取，当 $\frac{S}{4} \le n \le S$ 时，FD 对曲线的重建能够比较有效地反映原始曲线的形状。通常情况下，针对不同的应用，如果目标轮廓曲线比较平滑，则 n 的取值可以小些；如果曲线复杂细致，则 n 的取值应该大些，甚至可以大于 S。

WD 的描述性除了与图像目标形状的采样有关外，还与参数最粗尺度 M 与截断系数 m_0 有关。根据离散小波变换，采样点为 n 的源信号被分解成 n 个高频部分的系数和 n 个低频部分的系数，此时造成信息冗余[5]。采用间隔抽取，即使截断系数 $m_0 = 1$，WD 的系数个数也不会超过原始轮廓的采样点数。

最粗尺度 M 决定小波分解的层数，直接关系着计算量；截断系数 m_0 则决定着舍弃细节的程度，如果 m_0 过大，则会造成细节的过度丢失，如果 m_0 太小，则 WD 系数的个数又太多。因此就有着两方面的权衡问题。

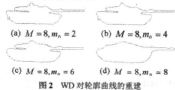

(a) $M = 8, m_n = 2$　　　(b) $M = 8, m_0 = 4$

(c) $M = 8, m_0 = 6$　　　(d) $M = 8, m_0 = 8$

图 2　WD 对轮廓曲线的重建

实验结果如图 2 所示，对德国豹式 II 主战坦克的原始轮廓的二次采样点 $S = 512$ 个，对于 WD 的截断系数 $m_0 \le 6$ 时，WD 对曲线的重建能够比较有效地反映原始曲线的细节部分，而当 $m_0 > 6$ 时，重建后的轮廓变得平滑。Chuang[6]认为分解的层数只需要使最粗尺度的系数个数 4 到 16 个即可；杨[9]认为当 $S > 256$

时，截断系数在 3 到 5 之间。分解层数和截断系数的确定都必须根据应用特点和需求来决定，轮廓采样点越多，分解层数越多并且截断系数也可越大；当轮廓点本身较少，分解层数自然也少，同时也限制着截断系数。

从上述 FD 和 WD 的描述性看，FD 具有计算相对简单，结构单一的特点，但其描述目标形状轮廓的能力相对较弱，并且受如下局限：①Fourier 描绘子要求轮廓曲线必须是闭合的；②要求均匀间隔地选取轮廓上的点；③快速 Fourier 变换要求点序列的长度是 2 的整数次幂。

对于 WD 来讲，其自身的多尺度描述能力更为有利于对目标轮廓描述的准确性，同时 WD 可以用更少的系数来表示 FD 所能表示的轮廓精细程度，换句话说，就是相同数量的系数，WD 具有更强的描述能力。WD 也要求轮廓曲线必须是闭合的，但不受其他条件的约束，具有更简洁的结构。当然，从计算量来看，基于 Wavelet 变换的方法要高于基于 Fourier 变换的方法。

2　闭合轮廓描述方法不变性分析

2.1　FD 的不变性分析

针对形状描述子的不变性要求，Fourier 描述在轮廓发生平移、旋转、尺度和起始点发生变化的结果[7]，如表 1 所示。

表 1 FD 受轮廓变化的影响

变化量		FD $\{a'_n\}$
平移	l_0	$a'_n = \begin{cases} a_n, & n \ne 0 \\ a_n + l_0, & n = 0 \end{cases}$
旋转	θ_0	$a'_n = e^{i\theta_0} \cdot a_n$
尺度	C_0	$a'_n = C_0 \cdot a_n$
起始点	k_0	$a'_n = a_n e^{i\frac{2\pi n}{L}(l+k_0)} = e^{i\frac{2\pi n}{L}k_0} \cdot a_n$

由表 1 可知，平移只改变 a'_0，旋转后新系数等于原系数乘以 $e^{i\theta_0}$，尺度变化后新系数等于原系数乘以尺度变化因子 C_0，起始点沿曲线移动一个距离 k_0 后系数 a_n 的幅值不变，仅相位变化了 nk_0。

由上述分析可知，在对曲线的形状进行描述或识别时，若只考虑 $\{a_n, n > 0\}$，可以消除平移带来的影响；若再对它们取幅值，可以消除起始点位置和旋转的影响；若它们的幅值都除以 $|a_1|$ 来对归一化处理，那么无论轮廓发生何

— 2 —

图 3.67　论文正样 2.jpg

种变换，其 Fourier 系数（除 a_0 外）幅值是相同的。换句话说，经过处理的 $\left\{ a_n \left| \dfrac{a_n}{a_1} \right|, n>0 \right\}$ 具有平移、旋转、刻度改变及起始点位置不变性。

2.2 WD 的不变性分析

基于窗口 Fourier 变换理论发展起来的 Wavelet 变换理论，具有天生的多尺度分析能力。Wavelet 描述在轮廓发生平移、旋转、尺度和起始点发生变化的结果[22]，如表 2 所示。

表 2　WD 受轮廓变化的影响

变化量	$WD\{a_n'^M,\ c_n'^M,\ r_n'^m,\ d_n'^m\}$		
平移	(μ_0, v_0)	$\begin{pmatrix} a_n'^M \\ c_n'^M \end{pmatrix} = \begin{pmatrix} a_n^M + 2^{M/2}\mu_0 \\ c_n^M + 2^{M/2}v_0 \end{pmatrix}$	$\begin{pmatrix} r_n'^m \\ d_n'^m \end{pmatrix} = \begin{pmatrix} r_n^m \\ d_n^m \end{pmatrix}$
旋转	γ	$\begin{pmatrix} a_n'^M \\ c_n'^M \end{pmatrix} = \begin{pmatrix} \cos\gamma & -\sin\gamma \\ \sin\gamma & \cos\gamma \end{pmatrix} \begin{pmatrix} a_n^M \\ c_n^M \end{pmatrix}$ $\begin{pmatrix} r_n'^m \\ d_n'^m \end{pmatrix} = \begin{pmatrix} \cos\gamma & -\sin\gamma \\ \sin\gamma & \cos\gamma \end{pmatrix} \begin{pmatrix} r_n^m \\ d_n^m \end{pmatrix}$		
尺度	β	$\begin{pmatrix} a_n'^M \\ c_n'^M \end{pmatrix} = \beta \cdot \begin{pmatrix} a_n^M \\ c_n^M \end{pmatrix}$	$\begin{pmatrix} r_n'^m \\ d_n'^m \end{pmatrix} = \beta \cdot \begin{pmatrix} r_n^m \\ d_n^m \end{pmatrix}$

由表 2 可知，平移和尺度缩放时，差异均为常量，可通过约简和归一化的方法达到平移和尺度不变。对于旋转不变的实现在平面直角坐标系中仍是困难，γ 导致的变化量与小波系数具有相关性，要达到旋转不变性具有相当的复杂性。虽然在极坐标系中，旋转后的差异体现在相位偏移 γ，而幅值不变，可以将旋转问题相应地简化，但仍需代价。

对于起始点的变化，其造成的影响与旋转问题相似，但更为复杂。对小波描述方法而言，同一轮廓起始点的选取不同通常会得到完全不同的小波描述而造成形状匹配的失效[10]，目前在数学上尚无解决的方法。

3　鲁棒性分析

我们通过图像目标添加系统白噪声和目标轮廓发生局部小形变的方法来对比基于 Fourier 变换和基于 Wavelet 变换的描述方法的稳定性和健壮性，即鲁棒性分析。

3.1 白噪声的影响

针对国产某型自行火箭炮的图像目标的原始轮廓和添加系统白噪声后所提取的目标轮廓（称其为噪扰轮廓，噪声对轮廓的影响是全局性的）。实验结果如图 3，显示了原始轮廓和噪扰轮廓的 FD 和 WD 的系数分布情况。

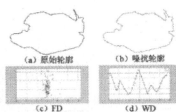

（a）原始轮廓　　　　（b）噪扰轮廓

（c）FD　　　　　　（d）WD

图 3　对原始轮廓和噪扰轮廓的描述
o：原始轮廓的描述子；*：噪扰轮廓的描述子

为了更好地用数值的方法来体现噪扰轮廓与原始轮廓的差异，我们定义模式 A 与 B 的标准化差异函数 $\eta(A,B)$，对于两个模式 $A = \{a_1, a_2, \cdots, a_n\}$ 和 $B = \{b_1, b_2, \cdots, b_n\}$，有

$$\eta(A,B) = \left\{ \frac{1}{n} \sum_{i=1}^{n} \left| \frac{a_i}{\max|a_i|} - \frac{b_i}{\max|b_i|} \right|^W \right\}^{\frac{1}{W}}, \ j=1,2\cdots n \quad (1)$$

定义 1　设 Ω 是一个非空集合，如果对于 Ω 中的任何一个元素 A、B，都给定一个实数 $\eta(A,B)$ 与之对应，且满足以下条件：

(1) $\eta(A,B) \geq 0$

(2) $\eta(A,B) = 0 \Leftrightarrow A = B$

(3) $\forall C \in \Omega,\ \eta(A,C) \leq \eta(A,B) + \eta(B,C)$

则称 $\eta(A,B)$ 是 A、B 间的标准化差异（距离），称集合 Ω 按标准化差异 η 成为赋度量空间或赋距离空间。记为 (X, η)。

通过定义 1 还可以推出标准化差异函数 η 满足对称性：$\eta(A,B) = \eta(B,A)$。因此函数 η 可以作为一个相似性度量的方法。标准化差异度量方法可以消除模式中分量的量纲和个数的影响，使得该方法可以应用于不同描述方法之间的差异比较。

利用标准化差异函数，我们可以得到对目标原始轮廓和噪扰轮廓之间的差异，用 FD 表示时，$\eta_F = 0.1326$；用 WD 表示时，$\eta_W = 0.0461$。由此可以看出，WD 比 FD 具有更强的抗噪能力。

3.2 局部细小形变的影响

图 4 (a)、(b) 显示了某装甲车顶舱门开闭时的轮廓 f_a 和 f_b，其差别局部。(c) ~ (f) 显示了轮廓 f_a 与 f_b 的 FD 和 WD 的系数分布及差异情况。

— 3 —

图 3.68　论文正样 3.jpg

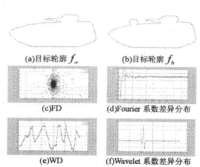

(a)目标轮廓 f_n (b)目标轮廓 f_b

(c)FD   (d)Fourier 系数差异分布

(e)WD   (f)Wavelet 系数差异分布

图 4　对局部细小差别的描述

实验结果如图 4，可知，轮廓的局部细小形变对基于 Fourier 变换的描述方法的影响是全局性的，即所有的 Fourier 系数都会受到影响。而对于 WD 来讲，其影响是局部的，而且正好反映了形变相对位置的小波系数。

利用标准化差异函数，我们可以得到对目标原始轮廓和局部细小形变的轮廓之间的差异，用 FD 表示时，$\eta_F = 0.0866$；用 WD 表示时，$\eta_W = 0.0331$。由此可以看出 WD 更有利于形状的区分和匹配。

从上述 FD 和 WD 的鲁棒性看，FD 容易受到噪声的干扰，也不利于描述形状的细微变化。而 WD 的分层描述方法具有更高的抗噪能力，而且系数的变化也能反映轮廓局部的变化并与之对应起来，因此也比 FD 具有更强的鲁棒性。

4　基于小波包分解的轮廓描述

4.1　小波包（Wavelet Packet）的引入

由小波理论知，$L^2(R)$ 的离散正交小波基 $\{\psi_{j,k}(t)\}_{j,k \in z}$ 的时频窗形成对相平面的一种规则划分，每个小波基对应相平面上的一个矩形窗。对于大多数情况下，小波基对应的时频分布规律是符合信号的时频特性的，即小尺度信号通常包含许多高频成分，对应较大的频窗；而大尺度信号通常只包含低频成分，对应较小的频窗。

但是在有些情况下，我们可能需要某特定频率的大时窗或者某特定时间处的大频窗。对轮廓曲线而言，有一种类型轮廓的局部细节极其丰富，在对其进行描述时，不能简单截断高频部分的信息。如正三角形的 Koch 曲线分形图形，即雪花状，其细节非常丰富，如果采用 WD 来描述，截断的尺度部分必然会造成轮廓信息

的明显缺失。造成这种原因是由于小波对应的多尺度分析只将尺度空间 V_j 进行了分解，而没有对小波子空间 W_j 进行进一步的分解，见图 5(a)。由此可见，Wavelet 描述根据尺度截断系数 m_0，舍去高频部分的信息，属于信息有损描述。若对 W_j 进一步分解，则 W_j 的子空间就会具有更小的频带，从而使当 j 增大时，W_j 较宽的频带进一步细分成小的频带。

$$\begin{cases} \mu_{2k}(t) = 2^{\frac{1}{2}} \sum_{n \in z} h_n \mu_k(2t-n) \\ \mu_{2k+1}(t) = 2^{\frac{1}{2}} \sum_{n \in z} g_n \mu_k(2t-n) \end{cases} \quad (2)$$

由公式 2 所定义的函数集合 $\{\mu_n(t)\}$，$n = 0,1,2,\cdots$ 成为由 $\mu_0(t) = \varphi(t)$ 确定的小波包。

4.2　轮廓曲线的小波包描述

如果我们对轮廓曲线进行小波包分析，不仅对低频部分进行分解，对高频部分也作二次分解[8]。其优点是可以对信号的高频部分做更加细致的刻画，对信号的分析能力更强，当然其代价是计算量将显著上升。

对轮廓曲线的小波包描述，也有系数截断的问题。在离散小波变换的情况下，保留任意一尺度层的小波包描述，得到的小波系数与轮廓点数相同，不能达到信号压缩的目的。根据小波包分解树的特点，尺度系数截断的方式有两种，一种是横向的，即当分解到某一尺度层后，仅保留所以的低频部分，丢弃高频部分，这种方式得到的系数个数为轮廓点数的一半；另一种是纵向的，纵向的截断，其方法类似于轮廓曲线的小波描述的截断方式，通常采用对低频部分的分解子树截断得少，而对高频部分的分解子树截断得多。

4.3　轮廓的小波包描述与小波描述对比

在实际的应用过程中，基于变换的形状描述方法并不需要完整的精度，因此都会对小尺度层的系数进行截断。只要出现系数的截断，系数个数的多少与轮廓的描述能力之间就需要一种权衡机制了。图 5 和图 6 显示了在轮廓采样点数 $S = 256$，保留同样系数个数 $N = 32$ 的情况下，轮廓的小波描述与小波包描述对曲线的重建。

图 3.69　论文正样 4.jpg

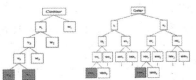

（a）小波分解　　（b）小波包分解
图 5　轮廓曲线的系数保留（阴影部分）

由图 5 可知，对视觉系统和检索系统的形状匹配模块而言，对轮廓的小波包描述，系统需要事先知道系数保留的具体情况，使其在匹配和轮廓恢复过程中知道何时利用系数何时该补偿。

（a）小波描述的重建　　（b）小波包描述的重建
图 6 WD 和 WPD 的曲线重建

针对图 6 的曲线重建情况，利用标准化差异函数，我们可以得到对目标原始轮廓和描述子重建轮廓之间的差异，用 WD 重建时，$\eta_w = 0.0418$；用 WPD 重建时，$\eta_p = 0.0281$。

由此可以看出，相同小波系数个数的情况下，基于小波包分解的轮廓描述方法比基于小波分解的描述方法在刻画轮廓的局部细节上显得更有优势。因此，适于形状边界信息复杂的目标轮廓描述和匹配识别。但是，这同样带来的是计算代价的问题，从图 5 的分解树中可以知道，对于小波分解对轮廓的重建，需要做 4 次的小波逆变换；而对于小波包分解而言，则需要 8 次。

综合以上的分析可以知道，系数保留个数意味着存储空间代价，系数的截断体现了轮廓的描述精度，保留系数的尺度层则体现轮廓重建的计算代价。在实际应用中，需要综合空间代价、描述精度和时间代价三方面因素来决定。对于无损描述的情况，轮廓曲线可以在小波包分解的小波库中选择不同的小波包基来表示，由图 5 所示，轮廓曲线可以表示成不同小波包基的组合。

$$v_{Contour} = vv_3^2 + wvv_3^2 + wv_2^2 + vw_2^2 + ww_2^2$$
$$= vv_2^2 + vww_3^2 + wwv_3^2 + w_1^2 \qquad (3)$$
$$= v_1^2 + vww_3^2 + wwv_3^2 + ww_2^2$$
$$\cdots$$

李[5]提出一种利用信息花费函数与最优基选择方法来选出最合适的基来分解曲线函数。信息花费函数可以体现曲线函数与基之间的某种距离，距离越小越好；或者体现曲线函数在基下的能量集中程度，能量越集中在少数几个

分量上越好。根据不同的花费函数的定义，不同的小波包基的组合可以获得不同的花费值，花费最小的基的组合可以构成最优基。因此，在轮廓曲线的小波包分解的描述过程中，尺度的截断问题只针对最优基，那么就可在空间代价和描述精度一定的情况下，获得最小的时间代价。

5　结论

轮廓作为物体的边界信息，直接反映着人类视觉系统对物体形状的认知，但机器视觉对轮廓的处理却是极其困难的。本文探讨了图像目标轮廓的基于频率域特性的描述和处理方法。通过对轮廓曲线的基于 Fourier 变换和基于 Wavelet 变换的描述方法的分析和对比，评价了这两种方法优缺点。最后，给出了一种基于小波包分解的轮廓描述方法，通过与 WD 的对比，我们发现该方法对于对轮廓局部细节的刻画能力更强，适于形状边界信息复杂的目标识别。

参考文献：

[1] Ramesh Jain, R. Kasturi, and B. G. Schunck. Machine Vision[M]. McGraw-Hill, USA. 1995

[2] Milan Sonka, V. Hlavac, and R. Boyle. Image Processing, Analysis, and Machine Vision[M], 2nd Edition. Thomson Learning and PT Press. 1999

[3] Guangyi Chen and Tien D. Bui. Invariant Fourier-wavelet descriptor for pattern recognition[J]. Pattern Recognition. 1999, 32:1083~1088

[4] H. Drolon, F. Druaux and A. Faure. Particles shape analysis and classification using the wavelet transform[J]. Pattern Recognition Letters. 2000, 21:473~482

[5] Gene C. H. Chuang and C. C. Jay Kuo. Wavelet Descriptor of Planar Curves: Theory and Applications[J]. IEEE Transactions on Image Processing. 1996, 5(1):56-70

[6] 杨翔英, 章毓晋. 小波轮廓描述符及在图象查询中的应用[J]. 计算机学报. 1999, 22(7):752~757

[7] Hui-Min Zhang, et al. Locating The Starting Point Of Closed Contour Based On Half-Axes-Angle[C]. The Third International Conference on Machine Learning and Cybernetics, Shanghai, 2004: 3899-3903

— 5 —

图 3.70　论文正样 5.jpg

（4）参考"论文正样 1.jpg"示例，为作者姓名后面的数字和作者单位前面的数字（含中文、英文两部分），设置正确的格式。

（5）自正文开始到参考文献列表为止，页面布局分为对称 2 栏，正文（不含图、表、独立成行的公式）为五号字（中文为仿宋，西文为 Times New Roman），居中显示，其中正文中的"表 1""表 2"与相关表格有交叉引用关系（注意："表 1""表 2"的"表"字与数字之间没有空格）；参考文献列表为小五号字，中文为仿宋，西文均为 Times New Roman，采用项目编号，编号格式为"[序号]"。

（6）素材中黄色字体部分为论文的第一层标题，大纲级别 2 级，样式为标题 2，多级项目编号格式为"1、2、3、…"，字体为黑体、黑色、四号，段落行距为最小值 30 磅，无段前段后间距；素材中蓝色字体部分为论文的第二层标题，大纲级别 3 级，样式为标题 3，对应的多级项目编号格式为"2.1、2.2、…、3.1、3.2、…"，字体为黑体、黑色、五号，段落行距为最小值 18 磅，段前段后间距为 3 磅，其中参考文献无多级编号。

3. 某高校学生会计划举办一场"大学生网络创业交流会"，拟邀请部分专家和老师给学生做演讲。因此，校学生会外联部需制作一批邀请函，并分别赠送给相关的专家和老师。

请根据上述活动的描述，打开 Word.docx 文档（见图 3.71），完成邀请函的制作，要求如下所述。

大学生网络创业交流会
邀请函
尊敬的　　　　（老师）：
校学生会兹定于 2013 年 10 月 22 日,在本校大礼堂举办"大学生网络创业交流会"的活动,并设立了分会场演讲主题的时间,特邀请您为我校学生进行指导和培训。
谢谢您对我校学生会工作的大力支持。

校学生会 外联部
2013 年 9 月 8 日

图 3.71　Word.docx

（1）调整文档版面，要求页面高度 18 厘米，宽度 30 厘米，页边距（上、下）2 厘米，页边距（左、右）3 厘米。

（2）将图片"背景图片.jpg"（见图 3.73）设置为邀请函的背景。

（3）根据"邀请函参考样式.docx"文件（见图 3.72），调整邀请函中内容文字的字体、字号和颜色。

（4）调整邀请函中内容文字段落对齐方式。

（5）根据页面布局需要，调整邀请函中"大学生网络交流会"和"邀请函"两个段落的间距。

（6）在"尊敬的"和"（老师）"文字之间，插入拟邀请的专家和老师姓名，拟邀请的专家和老师姓名在"通信录.xlsx"文件（见图 3.74）中。每页邀请函只能包含 1 位专家或老师的名字，所有的邀请函页面请另外保存在一个名为"邀请函.docx"的文件中。

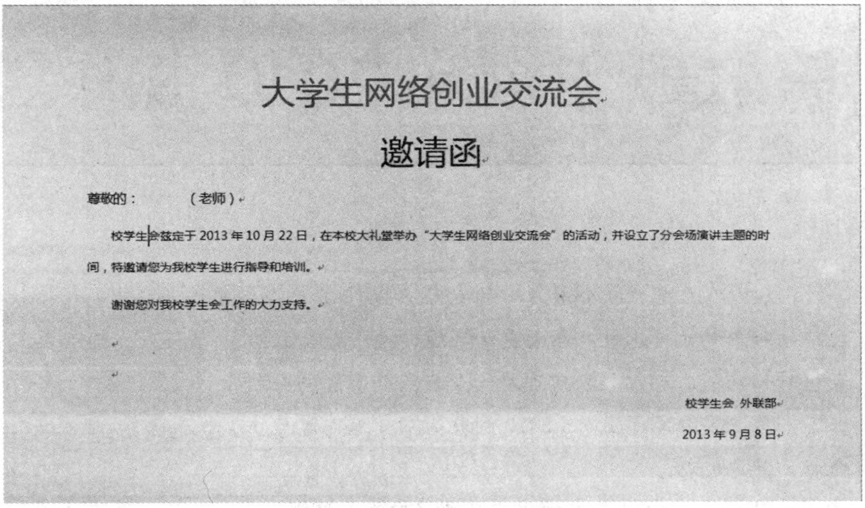

大学生网络创业交流会

邀请函

尊敬的：　　　　（老师）：

　　校学生会兹定于 2013 年 10 月 22 日，在本校大礼堂举办"大学生网络创业交流会"的活动，并设立了分会场演讲主题的时间，特邀请您为我校学生进行指导和培训。

　　谢谢您对我校学生会工作的大力支持。

校学生会 外联部

2013 年 9 月 8 日

图 3.72　邀请函参考样式.docx

图 3.73　背景图片.jpg

	A	B	C	D	E	F
	编号	姓名	性别	公司	地址	邮政编码
	BY001	邓建威	男	电子工业出版社	北京市太平路23号	100036
	BY002	郭小春	男	中国青年出版社	北京市东城区东四十条94号	100007
	BY007	陈岩捷	女	天津广播电视大学	天津市南开区迎水道1号	300191
	BY008	胡光荣	男	正同信息技术发展有限公司	北京市海淀区二里庄	100083
	BY005	李达志	男	清华大学出版社	北京市海淀区知春路西格玛中心	100080

图 3.74　通信录.xlsx

04 第4章 Excel 2010 操作基础

Excel 2010 是微软公司发布的 Office 2010 办公套装软件家族中的核心软件之一，与之前的版本相比，此版本界面更加直观、操作更加简单方便。Excel 2010 具有强大的电子表格制作功能，可以轻松实现对大量数据的管理与分析。

本章主要介绍了 Excel 2010 制表基础、工作簿与多工作表操作、Excel 公式和函数等内容，具体包括：

- Excel 2010 的基本使用、在表格中输入数据、对表格进行基本整理和修饰、格式化工作表技巧、工作表的打印输出；
- 工作簿基本操作、创建和使用工作簿模板、工作簿的隐藏与保护、工作表基本操作、工作表的保护、同时对多张工作表进行操作、工作窗口的视图控制；
- 使用公式的基本方法、名称的定义与引用、认识数组和数组公式、函数的使用。

4.1 Excel 2010 制表基础

4.1.1 Excel 2010 的基本使用

1. 启动 Excel 2010

Excel 2010 的启动方法比较多，本书介绍两种启动方法。

（1）单击【开始】菜单→【程序】→【Microsoft Office】选项→【Microsoft Office Excel 2010】。

（2）双击桌面上【Excel 2010】快捷方式图标。

2. 退出 Excel 2010

完成对 Excel 文档的编辑后需要退出 Excel，可以选择下列方法之一。

（1）使用【关闭】按钮：单击 Excel 2010 窗口右上角的 ✕ 按钮。

（2）使用【文件】菜单：在【文件】菜单中选择【退出】选项，退出并关闭 Excel 2010。

（3）使用快捷键：按 Alt+F4 组合键。

3. Excel 2010 的工作窗口

启动 Excel 2010 后，即可进入其工作窗口，Excel 2010 的工作窗口主要包括标题栏、快速访问工具栏、功能区、状态栏、编辑栏和工作表区等，如图 4.1 所示。

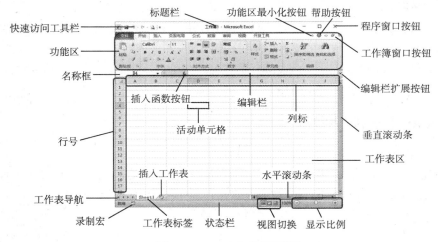

图 4.1　Excel 2010 的工作窗口

4. 常用的基本概念

（1）工作簿：在 Excel 中创建的文件叫做工作簿，以.xlsx 扩展名保存，由若干张工作表组成。新建的工作簿默认只有 3 张工作表，工作表可以根据需要增加和删除，一个工作簿最多有 255 张工作表。

（2）工作表：Excel 界面的主体，由若干行（行号 1~65536）、若干列（列号 A，B，…，Y，Z，AA，AB，…，共 256 列）组成。工作表由工作表标签来区别，如 sheet1、sheet2。

（3）单元格：行和列的交叉为单元格，输入的数据保存在单元格中。

（4）单元格地址：每个单元格由唯一的地址进行标识，即行号和列号，例如，A4 表示第 A 列、第 4 行的单元格。为了区分不同工作表的单元格，在地址前加工作表名称，例如，Sheet2! A3 表示 Sheet2 工作表的 A3 单元格。

（5）单元格区域：在 Excel 中，活动单元格将以加粗的黑色边框显示。当同时选择两个或多个单元格时，这组单元格被称为单元格区域。它的表现形式为"区域左上角单元格：区域右下角单元格"，例如，A2:B3 表示由左上角 A2 单元格到右下角 B3 单元格组成的矩形单元格区域，包括 A2、B2、A3、B3 共 4 个单元格。只包括行号或列号的单元格区域代表整行或整列，如 1:1 表示由第一行全部单元格组成的区域，1:3 表示由第一到第三行全部单元格组成的区域。

（6）编辑栏：用于输入和修改单元格内容。

（7）填充柄：当选定一个单元格或单元格区域，将鼠标移至黑色矩形框的右下角时，会出现一个黑色"＋"，称之为填充柄，通过填充柄可完成单元格格式、公式的复制和序列填充等操作。

5. Excel 中的文件类型

（1）启用宏的工作簿（.xlsm）：该文件格式是用于存储包含 VBA 宏代码或是 Excel 4.0 宏表的工作簿。

（2）模板文件（.xltx 或是.xltm）：通过模板文件，能够使用户创建的工作簿或工作表具有自定义的颜色、文字样式、表格样式以及显示设置等。

（3）加载宏文件（.xlam）：加载宏是一些包含了 Excel 扩展功能的程序，可以包含 Excel 自带的分析工具库、规划求解等加载宏，也可以包含用户创建的自定义函数等加载宏程序。加载宏文件就是包含了这些程序的文件。

（4）工作区文件（.xlw）：在处理较为复杂的 Excel 工作表时，往往会打开多个工作簿文件。如果希望下一次继续该工作时，再次打开之前的这些工作簿，可以通过保存工作区文件的功能来实现。能够保存用户当前打开工作簿状态的文件就是工作区文件。

（5）网页文件（.mht 或是.htm）：Excel 可以将包含数据的表格保存为网页格式发布，分为单个文件的网页（.mht）和普通网页（.htm）两种。

4.1.2 在 Excel 表格中输入数据

1. 直接输入数据

在单元格中输入数据，首先要在单元格上双击鼠标左键激活该单元格，然后输入数据，按 Enter 键确认。在单元格中可以输入的内容包括文本、数值、日期和公式等。

（1）输入数值

数值除了数字 0~9 外，还包括 +、−、E、e、$、/、%以及小数点（.）和千分位符号(,)等特殊字符（如 $50,000）。如果输入数据太长，Excel 会自动以科学计数法表示，如输入 123451234512，会以 1.23E+11 科学计数法显示。

（2）输入文本

Excel 2010 中的文本通常是指字符的组合、数字和字符的组合或者全部由数字构成的组合（如邮政编码、电话号码）等。在默认状态下，单元格中的所有文本都是左对齐，若输入的数据含有字符（如"2010 年"），则 Excel 2010 会自动确认为文本。

若输入的文本只有数字（如 2010），为了与数字信息区别，则需要先输入一个英文状态下的"'"（单引号），再输入 2010，Excel 2010 会自动在该单元格左上角加上绿色三角标记，说明该单元格中的 2010 为文本。

（3）输入日期和时间

用户在输入日期和时间时，需要用正确的格式输入。

在 Windows 中，使用短杠（-）、斜杠（/）和中文"年月日"等间隔格式的为有效的日期格式，例如，2017-11-11 就是能被 Excel 识别的有效日期。

在输入日期时需注意以下几点。

① 输入年份可以使用 4 位年份（如 2017），也可以使用 2 位年份（如 16）。但在 Excel 2010 中，系统默认将 0~29 之间的数字识别为 2000—2029 年，将 30~99 之间的数字识别为 1930—1999 年。

② 当输入的日期数据只包含 4 位年份和月份时，Excel 会自动将该月的 1 日作为日期日。比如，输入"2016-12"，显示结果为"2016-12-1"。

③ 当输入的日期只包含月份和天数时，Excel 会自动识别为系统当前年份的日期。

Excel 所能识别的时间格式如表 4.1 所示。

表 4.1 Excel 所能识别的时间格式

单元格输入	Excel 识别为	单元格输入	Excel 识别为
11:30	上午 11:30	11:30 下午	下午 11:30
13:45	下午 1:45	11:30 PM	下午 11:30
13:30:02	下午 1:30:02	1:30 下午	下午 1:30
11:30 上午	上午 11:30	1:30 PM	下午 1:30
11:30 AM	上午 11:30		

此外，用户也可以将日期和时间结合输入，输入时日期和时间之间用空格作为分割即可。

输入日期和时间有一些快速处理的方法，具体如下。

① 任意日期与时间的输入：数字键与"/"或"-"配合可快速输入日期，而数字键与":"配合可输入时间，如输入"3/25"，然后按 Enter 键即可得到"3 月 25 日"。

② 当前日期与时间的快速输入：选定要插入的单元格，按 Ctrl+；组合键，再按 Enter 键即可插入当前日期；要输入当前时间，按 Ctrl+Shift+；组合键，再按 Enter 键即可。

③ 日期与时间格式的快速设置：如果对日期或时间的格式不满意，可以用鼠标右键单击该单元格，选定【设置单元格格式】→【数字】→【日期】或【时间】，然后在类型框中选择即可。

2. 自动填充数据

所谓的自动填充，指的是使用单元格拖放的方式来快速完成单元格数据的输入。在 Excel 中，数字可以以等值、等差和等比的方式自动填充到单元格中。

下面介绍 Excel 2010 中自动填充数字的具体操作方法。

（1）相同数据的填充

启动 Excel 2010 并打开工作表，在单元格中输入数据，将鼠标指针放置到单元格右下角的填充控制柄上，鼠标指针变成"十"字形，如图 4.2 所示，此时向下拖动鼠标，即可在鼠标拖动经过的单元格中填充相同的数据，如图 4.3 所示。

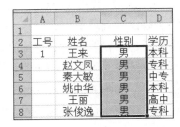

图 4.2　在单元格中输入数据　　　　图 4.3　向单元格中填充相同数据

 注意　这里的填充不仅可以是数字，同样也可以是文本。例如，在一列的连续 3 个单元格中输入文字"你""我""他"，选择这 3 个单元格后向下拖动填充控制柄填充单元格，将按照"你""我""他"的顺序在单元格中重复填充这 3 个字。

（2）等差数列填充

实现等差数列填充有以下两种方法。

① 在一列的连续 2 个单元格中分别输入数字后选择这两个单元格，同时将鼠标指针放置到选择区域右下角的填充控制柄上，如图 4.4 所示。向下拖动鼠标，此时 Excel 将按照这两个数据的差来进行等差填充，如图 4.5 所示。

② 在工作表中选择需要进行等差填充的单元格区域，在【开始】选项卡的【编辑】组中单击【填充】按钮，在打开的下拉列表中选择【序列】选项，打开【序列】对话框，在【类型】栏中选择【等差序列】单选按钮，在【步长值】文本框中输入步长，如图 4.6 所示。单击【确定】按钮关闭该对话框后，所选单元格中即可按照设置的步长填充等差序列，如图 4.7 所示。

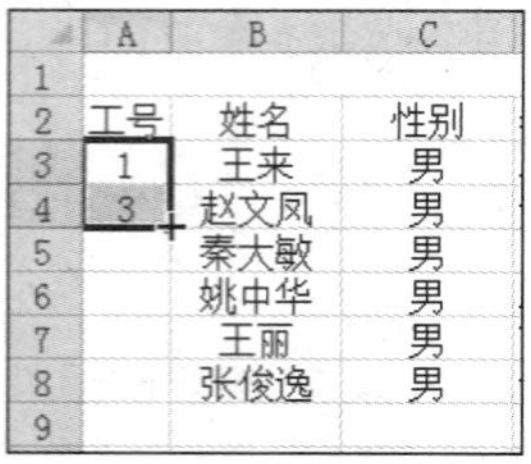

图 4.4 输入数据并选择

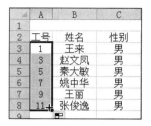

图 4.5 实现等差填充

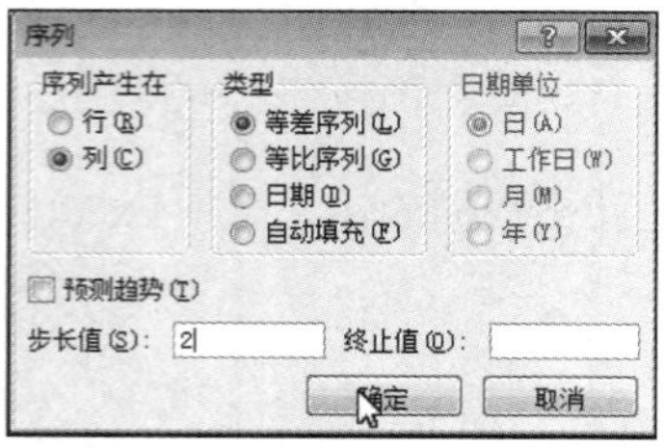

图 4.6 【序列】对话框

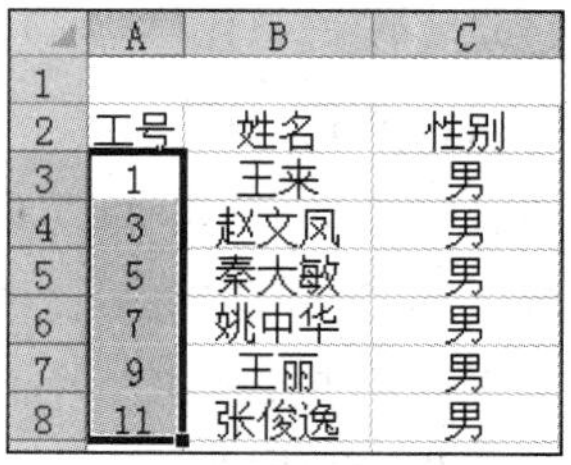

图 4.7 进行等差序列填充

> **注意** 在自动填充数字时，在数字后面加上文本内容，如"1 年"，进行自动填充时，其中的文本内容将重复填充，而数字可以进行等差或等比填充。

（3）等比数列填充

在单元格中输入填充的起始值，如这里的数字"1"。选择需要填充数据的单元格区域（A3:A8）后打开【序列】对话框，在【类型】栏中选择【等比序列】单选按钮，在【步长值】文本框中输入步长值"2"，如图 4.8 所示。

单击【确定】按钮关闭该对话框后，所选单元格区域即可按照步长值进行等比序列填充，如图 4.9 所示。

图 4.8 【序列】对话框

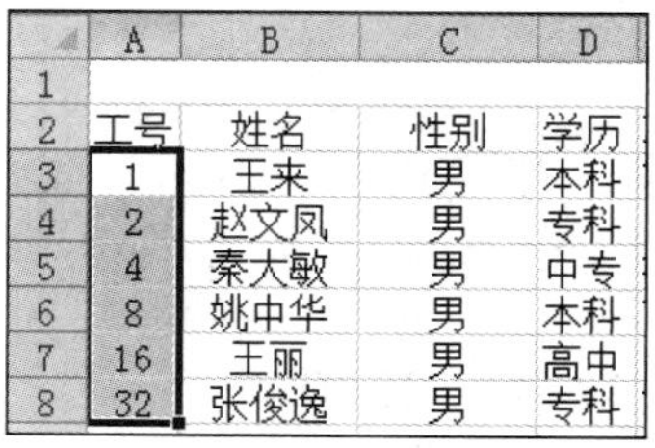

图 4.9 进行等比序列填充

> **注意** 选择一个数据单元格，在【序列】对话框中的【序列产生在】栏中选择【行】单选按钮，在【类型】栏中选择填充类型，设置【步长值】和【终止值】，则 Excel 将根据设置以选择单元格中的数据为起始值按照行向右进行填充。如果选择【列】单选按钮则按列向下进行填充。

3. 控制数据的有效性

在 Excel 2010 中，为了避免在输入数据时出现过多错误，可以通过在单元格中设置数据有效性来进行相关的控制，从而保证数据输入的准确性，提高工作效率。可以使用数据有效性执行下列操作。

（1）将数据限制为列表中的预定义项，例如，可以将部门类型限制为销售、财务、研发和人力资源。

（2）将数字限制在指定范围之内，例如，指定最大值和最小值。

（3）将日期限制在某一时间范围之内，例如，可以指定一个介于当前日期和当前日期之后 3 天之间的时间范围。

（4）将时间限制在某一时间范围之内，例如，可以指定一个供应早餐的时间范围，它介于餐馆开始营业和开始营业后的 5 小时之内。

（5）限制文本字符数，例如，可以将单元格中允许的文本限制为 10 个或更少的字符。

（6）根据其他单元格中的公式或值验证数据有效性，例如，根据计划的工资总额将佣金和提成的上限设置为 ¥3,600，如果用户在单元格中输入的金额超过 ¥3,600，就会看到一条有效性提示消息。

下面，以设置性别这一列只能输入"男"或"女"为例，说明数据有效性的设置方法。

（1）选中需要进行数据有效性控制的单元格区域，如图 4.10 所示。

（2）设置性别，可以不用往里面输入数据，直接单击选择"男"或者"女"。在【数据】选项卡的【数据工具】组中单击【数据有效性】按钮，打开【数据有效性】对话框，如图 4.11 所示。

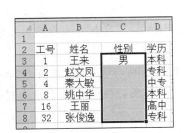

图 4.10　选择控制区域

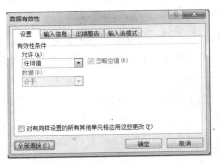

图 4.11　【数据有效性】对话框

（3）在【数据有效性】对话框中设置数据有效性的条件为【序列】，然后在【来源】中输入【男，女】，中间用英文下的逗号分开，如图 4.12 所示。

（4）如果在性别区域输入男或女之外的其他内容，就会弹出提示框，如图 4.13 所示。

图 4.12　设置数据有效性条件

图 4.13　输入非法提示框

（5）此外，现在不需要输入"男"或"女"了，只需要用鼠标操作选择即可，如图 4.14 所示，这样可以节省输入时间。

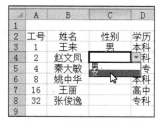

> **注意** 在【数据有效性】设置对话框中，一定要确保选中【提供下拉箭头】复选框，否则将无法看到单元格旁边的下拉箭头。

图 4.14　输入数据提示框

4. 数据修改或删除

修改：双击需要修改的单元格，直接在单元格中进行修改。

删除：选择需要删除数据的单元格或单元格区域，按 Delete 键。

4.1.3　对表格进行基本整理和修饰

数据输入完成后，为了让表格看起来美观大方，需要对表格样式进行设置。

1. 选择单元格区域

（1）选定一个单元格：用鼠标单击相应的单元格。

（2）选择一个区域：用鼠标单击要选区域的第一个单元格，然后按住鼠标左键不放拖动到区域的最后一个单元格；或者选中区域的第一个单元格，然后按住键盘上的 Shift 键不放，用鼠标单击区域的最后一个单元格也可以选定所要的区域。

（3）选择不连续的单元格或单元格区域：按住 Ctrl 键不放，用鼠标去单击所需要的单元格或区域。

（4）选择整行和整列：直接单击要选择的行的行号或者要选择的列的列号即可。如果选择不连续的行或列，首先选中要选择的行的第 1 行或要选择的列的第 1 列，然后按住 Ctrl 键不放，依次进行选择即可。

（5）选定整张工作表：单击第 1 行行号上面的三角形或者按 Ctrl+A 组合键就可以实现全选。

2. 行列操作

行列操作包括调整列宽和行高，插入、删除行和列，隐藏、显示行或列，两行或两列互换。

（1）调整列宽及行高

调整行高，把鼠标放在要调整的行的行号的下边线上，当鼠标变成上下双向箭头时，拖动鼠标，屏幕上显示出行高，前面的数值以磅为单位，括号中的数值以像素为单位，松开鼠标，就改变了行高；调整列宽，把鼠标放在要调整的列的列号的右边线上，鼠标变为水平双向箭头，左、右拖动鼠标，屏幕上显示出列宽，前面的数值以 1/10 英寸为单位，括号中的数值以像素为单位，松开鼠标，就改变了列宽。

精确改变行高，具体步骤如下。

① 选定要改变行高的行；

② 单击鼠标右键，在弹出的菜单里选择【行高】命令，然后在【行高】对话框中输入一个数值；

③ 单击【确定】按钮。

精确改变列宽的步骤和改变行高的操作方法相似，选定要改变的列，单击鼠标右键，选择【列宽】命令进行操作。

（2）隐藏、显示行或列

对于暂时不想看到的行或列可以将其隐藏，例如将图 4.15 中所示的职工工资表中的"性别"一列隐藏，在列标 C 上单击鼠标右键，选择【隐藏】命令，就可以把"性别"一列隐藏了，如图 4.16 所示。

	A	B	C	D	E	F	G	H	I	J	K	L	M
1								职工工资表					
2	工号	姓名	性别	学历	职称	基本工资	津贴	奖金	水电气费	扣发	应发工资	扣税	实发工资
3	1	王来	男	本科	高级	1200	200	350	123.5	0	1,750.00	7.5	¥1,619.00
4	2	赵文凤	男	专科	中级	980	150	210	67.3	50	1,340.00	0	¥1,222.70
5	4	秦大敏	男	中专	初级	650	100	165	56	80	915.00	0	¥779.00
6	8	姚中华	男	本科	高级	1100	200	325	110.8	0	1,625.00	1.25	¥1,512.95
7	16	王丽	男	高中	中级	860	150	238	98	30	1,248.00	0	¥1,120.00
8	32	张俊逸	男	专科	高级	1250	200	300	34	0	1,750.00	7.5	¥1,708.50

图 4.15　职工工资表

	A	B	D	E	F	G	H	I	J	K	L	M
1							职工工资表					
2	工号	姓名	学历	职称	基本工资	津贴	奖金	水电气费	扣发	应发工资	扣税	实发工资
3	1	王来	本科	高级	1200	200	350	123.5	0	1,750.00	7.5	¥1,619.00
4	2	赵文凤	专科	中级	980	150	210	67.3	50	1,340.00	0	¥1,222.70
5	4	秦大敏	中专	初级	650	100	165	56	80	915.00	0	¥779.00
6	8	姚中华	本科	高级	1100	200	325	110.8	0	1,625.00	1.25	¥1,512.95
7	16	王丽	高中	中级	860	150	238	98	30	1,248.00	0	¥1,120.00
8	32	张俊逸	专科	高级	1250	200	300	34	0	1,750.00	7.5	¥1,708.50
9												

图 4.16　职工工资表隐藏"性别"列

要重新显示出"性别"一列，可以选定 B 列和 D 列，跨越被隐藏的列，单击鼠标右键，选择【取消隐藏】命令，就可以重新显示出"性别"一列了。

同理，可以将一行隐藏，例如将"秦大敏"这一行隐藏，在行号 5 上单击鼠标右键，选择【隐藏】命令，就可以隐藏这一行了。要重新显示出"秦大敏"这一行，选定第 4 行和第 6 行，跨越被隐藏的行，单击鼠标右键，选择【取消隐藏】命令，就可以重新显示出"秦大敏"这一行了。

（3）插入、删除行或列

如果在图 4.15 所示的职工工资表输入数据的过程中，发现第 5 行前少输了一行，这时可以在行号 5 上单击鼠标右键，选择【插入】命令，就插入了一行，原来的第 5 行向下移动变成了第 6 行。在编辑数据的时候，发现第 4 行不再需要了，可以在行号 4 上单击鼠标右键，选择【删除】命令，就可以删除一行了，原来的第 5 行向上移动变成了第 4 行。

要在图 4.15 所示的职工工资表中插入一列，例如在"基本工资"前插入"职务"，可以在列标 F 上单击鼠标右键，选择【插入】命令，就插入了一列，原来的 F 列向右移动变成了 G 列。要删除这一列，可以在列标 F 上单击鼠标右键，选择【删除】命令，就删除了这一列，原来的 G 列向左移动变成了 F 列。

一次插入多行，例如在第 6 行前插入两行，可以选定第 6、7 两行，单击鼠标右键，选择【插入】命令，一次就可以插入两行了。一次插入多列，例如在"基本工资"前插入两列，可以选定 F 列和 G 列，单击鼠标右键，选择【插入】命令，一次就可以插入两列了。

（4）两行或两列互换

在使用 Excel 的过程中，还会遇到两行或两列互换的问题。相邻两行的互换，例如第 2 行和第 3 行的互换，单击行号 2，选定第 2 行，把鼠标指在第 2 行的下边线上，按住 Shift 键，向下拖动鼠标到第 3 行的下边线处，此时屏幕上有一条粗的水平虚线，松开鼠标，就实现了两行的互换。

相邻两列的互换，例如 A 列和 B 列的互换，单击列标 A，选定 A 列，把鼠标指在 A 列的右边线上，按住 Shift 键，向右拖动鼠标到 B 列的右边线处，此时屏幕上有一条粗的竖直虚线，松开鼠标，就实现了两列的互换。

不相邻的两行互换，例如第 5 行和第 9 行互换，可以先插入一行，用鼠标右键在行号 9 上单击，选择【插入】命令，在行号 5 上单击鼠标右键，选择【剪切】命令，在行号 9 上单击鼠标右键，选择【粘贴】命令，在行号 10 上单击鼠标右键，选择【剪切】命令，在行号 5 上单击鼠标右键，选择【粘贴】命令，在行号 10 上单击鼠标右键，选择【删除】命令，这样就实现了两行的互换。

不相邻的两列互换，例如 A 列和 C 列的互换，在列标 C 上单击鼠标右键，选择【插入】命令，插入一列，在列标 A 上单击鼠标右键，选择【剪切】命令，在列标 C 上单击鼠标右键，选择【粘贴】命令，在列标 D 上单击鼠标右键，选择【剪切】命令，在列标 A 上单击鼠标右键，选择【粘贴】命令，在列标 D 上单击鼠标右键，选择【删除】命令，这样就实现了两列的互换。

3. 设置文本格式

为了使表格的标题和重要的数据等更加醒目、直观，需要对工作表中的单元格进行格式设置。下面介绍如何对单元格中文本的字体、字号、颜色等进行格式化的操作。

在 Excel 2010 中，可以使用【开始】标签菜单中相应的命令来设置字体、字号和颜色格式，具体步骤如下。

（1）在职工工资表中选定要设置字体的单元格或单元格区域（A2:N2）。

（2）选择【开始】选项卡，在【字体】组里选择想要更改文字样式的参数值。例如在【字体】列表框中选择【宋体】，在【字形】列表框中选择【加粗】，在【字号】列表框中选择"12"，在【颜色】列表框中选择"红色"，在【对齐方式】列表框中的【水平对齐】列表框中选择【居中对齐】。

最终效果如图 4.17 所示。

图 4.17 字符格式设置

另外，用户也可以在选定的单元格上单击鼠标右键，在弹出的快捷菜单中选择【设置单元格格式命令】选项，弹出【单元格格式】对话框，如图 4.18 所示。单击【字体】选项卡，然后进行字体、字形、字号和颜色的设置。

4. 设置数字格式

（1）常规数字格式

在工作表的单元格中输入的数字，通常按常规格式显示，但是这种格式可能无法满足用户的要求，例如财务报表中的数据常用的是货币格式。

为了解决上述问题，Excel 针对常用的数字格式，事先进行了设置并加以分类，它包含了常规、数值、货币、会计专用、日期、时间、百分比、分数、科学计数、文本、特殊以及自定义数字格式。

在【开始】标签工具栏【数字】组里提供了几种工具，可以用来快速格式化数字，具体操作步骤如下。

- 选定需要格式化数字的单元格或单元格区域。
- 单击【开始】标签，在功能区中的【数字】组里单击工具栏中的相应按钮即可。

【数字】组如图 4.19 所示，从左到右各按钮的含义如下所述。

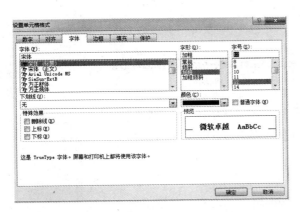

图 4.18　【设置单元格格式】对话框

图 4.19　【数字】选项组

① 【货币样式】按钮：在选定区域的数字前加上货币符号，如图 4.17 中的 N 列添加的是人民币符号"￥"。

② 【百分比】按钮：将数字转化为百分数格式，也就是把原数乘以 100，然后在结尾处加上百分号。

③ 【千位分隔样式】按钮：使数字从小数点向左，每 3 位之间用逗号分隔。

④ 【增加小数位数】按钮：每单击一次该按钮，可使选定区域数字的小数位数增加一位。

⑤ 【减少小数位数】按钮：每单击一次该按钮，可使选定区域数字的小数位数减少一位。

另外，用户也可以在选定的单元格上单击鼠标右键，选择【设置单元格格式命令】选项→【单元格格式】对话框→【数字】选项卡，在【分类】列表框中选择合适的数字格式。

（2）自定义数字格式

虽然 Excel 2010 提供了许多预设的数字格式，但是有时还需要一些特殊的格式，这就需要用户自定义数字格式，具体步骤如下：选定要格式化数字的单元格或单元格区域→单击鼠标右键→【设置单元格格式命令】选项→【单元格格式】对话框→【数字】选项卡→【分类】列表框→【自定义】选项，在类型框中输入自定义类型。

自定义数字格式有其自己的规范，共有 4 部分，依次为正数格式、负数格式、零值格式和文本格式，用户可以根据需要选用这 4 部分中的一个或多个甚至全部，各部分之间用分号隔开，应用时 Excel 会根据数据是正数、负数、零或文本自动套用相应格式，如图 4.20 所示，在类型框中输入：#,###；[红色]-#,###.00；0.000；[绿色]，其中"#"表示只显示有意义的数字而不显示无意义的零。"0"表示显示数字，如果数字位数少于格式中的零的个数，则显示无意义的零。

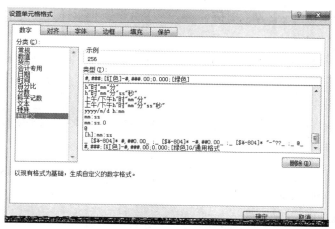

图 4.20　"设置单元格格式"对话框

通过"#,###;[红色]-#,###.00;0.000;[绿色]"的自定义数字格式设置后，负数小数位数有 2 位，颜色变成了红色，0 值小数位数有 3 位，文本信息变成了绿色，如图 4.21 所示。

图 4.21　格式化后的数据

5. 添加边框和底纹

工作表中显示的网格线是为方便用户输入和编辑而预设的，在打印或显示时，可以全部用它作为表格的格线，也可以全部取消。在设置单元格格式时，为了使单元格中的数据显示更清晰，增加工作表的视觉效果，还可以对单元格进行边框和底纹的设置。

（1）隐藏网格线

默认情况下，每个单元格都有围绕其的灰色网格线来标识，可以将这些网格线隐藏起来，具体操作步骤如下。

① 单击【视图】标签，在功能区中的【显示】组里取消选择【网格线】复选框。

② 单击【确定】按钮，结果如图 4.22 所示。

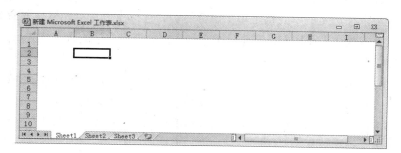

图 4.22　取消网格线的工作表

（2）给单元格添加边框

单击【开始】标签，在功能区中的【单元格】组单击【格式】命令，然后在弹出的菜单里选择【单元格格式】，最后选择对话框中的【边框】选项卡进行相应设置，如图 4.23 所示。

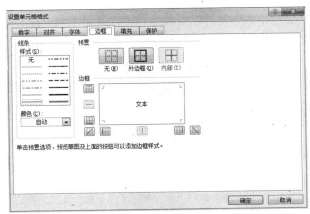

图 4.23　【边框】选项卡

在【边框】选项卡中，根据需要进行以下的操作，设置完成后单击【确定】按钮即可。

① 单击【预置】选项区中的【外边框】或【内部】图标，边框将应用于单元格的外边界或内部。

② 要添加或删除边框，可单击【边框】选项区中相应的边框按钮，然后在预览框中查看边框应用效果。

③ 要为边框应用不同的线条和颜色，可在【线条】选项区的【样式】列表中选择线条样式，在【颜色】下拉列表框中选择边框颜色。

④ 要删除所选单元格的边框，可单击【预置】选项区中的【无】图标。

（3）给单元格添加底纹

用户不仅可以改变文字的颜色，还可以改变单元格的颜色，给单元格添加底纹效果，以突出显示或美化部分单元格，给单元格添加底纹的具体步骤如下。

① 选定要添加底纹的单元格区域。

② 单击【开始】标签，在功能区中的【单元格】组中单击【格式】命令，然后在弹出的菜单里选择【设置单元格格式】，单击【填充】选项卡进行相应设置，在【颜色】选项区中选择合适的底纹颜色。

③ 单击【确定】按钮。

4.1.4　格式化工作表技巧

1. 自动套用格式

（1）自动套用单元格格式

可以对单个单元格设置预定义样式，具体操作方法如下。

① 选择要应用样式的单元格。

② 单击【开始】标签，在功能区中的【样式】组中单击【单元格样式格式】命令，如图 4.24 所示，选择的格式即可应用到当前选定的单元格。

③ 如果需要自定义格式，选择【新建单元格样式】选项，即可自行定义单元格样式。

（2）自动套用表格式

Excel 2010 内置了大量的工作表格式，这些格式中组合了数字、字体、对齐方式、边界、模式、列宽和行高等属性，套用这些格式，既可以美化工作表，又可以大大提高用户的工作效率，具体操作步骤如下。

① 选定需要自动套用格式的单元格区域。

② 单击【开始】标签，在功能区中的【样式】组中单击【套用表格格式】命令。

③ 单击【选项】按钮，可在对话框底部显示【新建表样式】选项区，从中进行相应的设置。

④ 单击【确定】按钮。

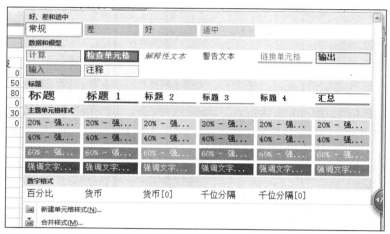

图 4.24　选择单元格套用格式

2. 条件格式

条件格式是指 Excel 将底纹、字体、颜色等格式应用到满足特定条件的单元格中，可用于突出显示公式的计算结果或监视单元格的值。

下面通过一个实例来说明如何设置条件格式。

（1）数值大小超过 60 的单元格，用红色文本突出显示，具体操作步骤如下。

① 选定要设置条件格式的单元格区域。

② 单击【开始】标签，在功能区中的【样式】组中单击【条件格式】命令，弹出图 4.25 所示的条件格式列表。

③ 选择【突出显示条件单元规则】中的【大于】选项，弹出如图 4.26 所示的对话框，在文本框中输入 60。

图 4.25　条件格式列表

图 4.26　设置条件格式

④ 单击【确定】按钮。

（2）对于已经存在的条件格式，可以对其进行修改，具体步骤如下。

① 选定要更改或删除条件格式的单元格区域。

② 单击【开始】标签，在功能区中的【样式】组中单击【条件格式】命令，在弹出的【条件格式】对话框中单击【清除规则】按钮。

4.1.5　工作表的打印输出

在打印 Excel 文件之前，要考虑打印纸张的大小、打印的份数、是否需要页眉页脚等，这些都可以在【页面设置】中完成设置。

1. 【页面】选项卡

选择【页面布局】选项卡，单击【页面设置】功能组右下角的对话框启动器，打开【页面设置】对话框，如图 4.27 所示。

【页面】选项卡里几个常用选项的意义如下。

（1）【方向】选项组：用于设置横向还是纵向地把内容打印在纸上。

（2）【缩放】选项组：若选中【缩放比例】单选按钮，按正常比例的百分之多少进行打印；若选中【调整为】单选按钮，可设置页宽和页高的比例。当打印内容不足一页，显得整张纸的内容很少，又或者只有一两行内容被打印到另一页上时，可通过调整【缩放】解决。

（3）【纸张大小】下拉列表：从下拉列表中可以选择不同的纸张大小。

2. 【页边距】选项卡

【页边距】选项卡如图 4.28 所示，其中各选项的意义如下。

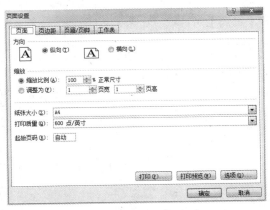

图 4.27　【页面设置】对话框

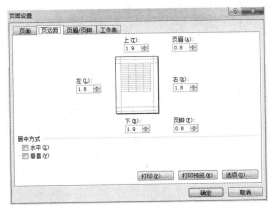

图 4.28　【页边距】选项卡

（1）【上、下、左、右】四选项：这 4 个选项可以设置上、下、左、右 4 个方向的页边距。单击微调按钮或者直接在微调框中输入数值都可以设置页边距，此时在预览框中将出现一条实线，显示当前调整的位置。

（2）【页眉】【页脚】选项：这两个选项可以设置文档中页眉和页脚到页边的距离。页眉和页脚的设置应小于对应的边缘，否则页眉或者页脚可能覆盖打印输出的内容。

（3）【居中方式】选项组：该选项组中有两个复选框，可以根据需要选择【水平】或者【垂直】复选框，也可以同时选中这两个复选框。

3. 添加页眉/页脚

页眉是每一打印页顶部所显示的一行信息，可以用于表明名称和标题等内容；页脚是每一打印页底部所显示的一行信息，可以用于表明页号和打印日期和时间等内容。

页眉和页脚不是实际工作表的一部分，而是打印页上的一部分，打印页单独为其分配空间。设置页眉和页脚的具体操作步骤如下。

（1）在图 4.28 所示的【页面设置】对话框中选中【页眉/页脚】选项卡，如图 4.29 所示。

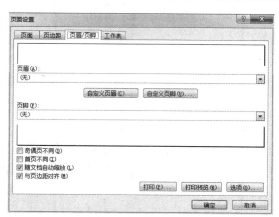

图 4.29 【页眉/页脚】选项卡

（2）在该选项卡中可以添加、删除、更改和编辑页眉和页脚。单击【页眉】和【页脚】下拉列表框右边的下三角按钮，从弹出的下拉列表中可以选择预定义的页眉和页脚格式。

除了使用预定义的页眉和页脚格式之外，还可以创建"自定义页眉"和"自定义页脚"，在【页眉/页脚】选项卡中，单击【自定义页眉】按钮，打开【页眉】对话框，如图 4.30 所示。

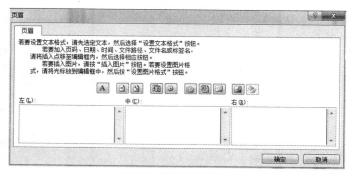

图 4.30 【页眉】对话框

该对话框中各个选项及按钮的作用如下。

- 【左】列表框：在该列表框中可以为每一页的左上角设置页眉注释。
- 【中】列表框：在该列表框中可以为每一页的正上方设置页眉注释。
- 【右】列表框：在该列表框中可以为每一页的右上角设置页眉注释。
- 【字体】按钮：单击该按钮将打开【字体】对话框，从中可以设置字体的格式，包括字体、字形、大小、下画线以及特殊效果等。
- 【页码】按钮：单击该按钮将会在页眉或者页脚中插入页码，并且在添加或者删除工作表时，自动更新页码。
- 【总页数】按钮：单击该按钮可以在当前工作表中插入总页码，并且在添加或者删除工作表时，自动更新总页码。

- 【日期】按钮：单击该按钮可以插入日期。用户可以选择插入当前日期或是制表日期。
- 【文件路径】按钮：单击该按钮可以插入当前工作簿文件所在的路径。
- 【文件名】按钮：单击该按钮可以插入当前工作簿的文件名。
- 【工作表名称】按钮：单击该按钮可以插入当前工作表的名称。
- 【图片】按钮：单击该按钮将打开【插入图片】对话框。
- 【图片属性】按钮：该按钮只有在插入图片时才可用。单击该按钮将打开【设置图片格式】对话框。

在单击按钮插入页眉或者页脚时，在文本框中会出现一个代码符号"&"，该符号不会被打印出来。

4. 打印标题设置

在使用 Excel 制作表格的时候，多数情况下表格都会超过一页，如果直接打印，那么只会在第 1 页显示表格标题，余下的页面不会显示标题，这样的话阅读起来非常不便，可以通过设置使得打印的时候每页都显示相同的表头标题，方法如下。

（1）选择【页面布局】选项卡，单击【页面设置】功能组右下角的对话框启动器，打开【页面设置】对话框。

（2）在页面设置窗口，单击【工作表】选项，找到【打印标题】区域，然后单击【顶端标题行】右边的带红色箭头的按钮，打开【页面设置-顶端标题行】窗口，这个窗口如果影响到做下一步工作时的视线，可以随意拖动它。

（3）把鼠标移到标题行的行号，如果标题只有一行，可以直接单击行号选择，如果标题有多行，可以在行号上拖动选择。选择后标题行会变为虚线边框，如图 4.31 所示，选择了第 1 行和第 2 行。

图 4.31　选择标题行

（4）这时【页面设置-顶端标题行】窗口已变成如图 4.32 所示，"$1:$2"表示第 1 行至第 2 行。

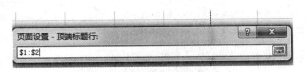

图 4.32　【页面设置-顶端标题行】窗口

（5）单击　　按钮，返回到【页面设置】窗口，最后单击【确定】按钮，完成设置。这样 Excel 表格的每页都会打印相同的表头标题了。

5. 打印范围设置

在进行打印之前，需要先进行打印预览，打印预览是打印稿的屏幕显示，其效果与最终的打印效果没有差别。通过打印预览，可以及早发现问题，避免浪费打印纸张。

单击【文件】菜单，从弹出的列表中选择【打印】按钮，在窗口的右侧可预览打印效果，如图 4.33 所示。

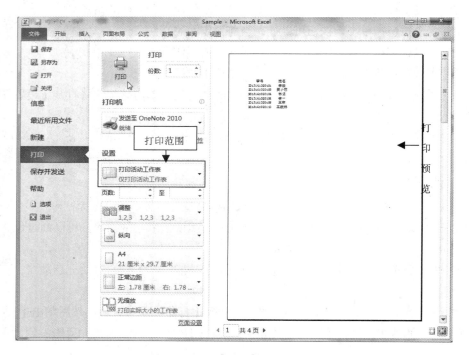

图 4.33 【打印】对话框

可打印整个工作簿，也可打印其中某张工作表，或者工作表中的某个区域，同样在图 4.33 中设置。

4.2 工作簿与多工作表操作

4.2.1 工作簿基本操作

工作簿是 Excel 用来运算和存储数据的文件，每个工作簿都可以包含多个工作表，因此可以在单个工作簿文件中管理各种类型的相关数据。

1. 新建 Excel 工作簿

启动 Excel 2010 时，系统将自动创建一个新的工作簿，并在新建工作簿中创建 3 个空的工作表 Sheet1、Sheet2 和 Sheet3，如果用户要创建新的工作簿，可以用以下方法来实现。

（1）新建空白工作簿

选择【文件】选项卡中的【新建】选项，在弹出的【可用模板】列表中单击【空白工作簿】选项，然后单击【创建按钮】，如图 4.34 所示。还可以通过按 Ctrl+N 组合键来创建空白工作簿。

（2）通过模板新建 Excel 工作簿

Excel 2010 可以根据模板建立工作簿，包括安装 Excel 时安装在本地计算机中的模板、用户自己创建的模板、微软公司网站上的在线模板。利用这些模板，用户可以轻松、方便地创建出诸如个人预算、考勤卡、销售表以及账单等 Excel 表格。

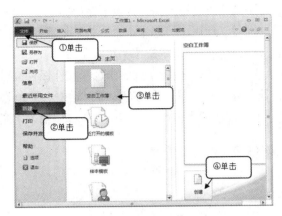

图 4.34　新建工作簿

这里以根据本地计算机中账单模板创建一个账单工作簿为例，具体的操作方法：选择【文件】按钮→【新建】命令→【可用模板】窗口→【样本模板】选项→【账单】→【创建】按钮，创建的账单如图 4.35 所示。

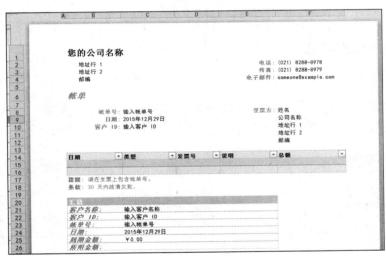

图 4.35　账单工作表

2. 保存 Excel 工作簿并设置密码

创建好文档后，为了以后可以再次打开已经编辑过的 Excel 工作簿，需要将其保存起来。保存文档有两种方式：一种是将工作簿保存在原来位置中，也就是【保存】命令来实现工作簿的保存；另一种是将工作簿保存在其他位置，采用【另存为】命令来实现工作簿的保存。

（1）使用【保存】命令来实现工作簿的保存

使用【保存】命令将工作簿保存在原来位置中，若是第一次保存工作簿，会弹出【另存为】对话框，用户指定文档保存的位置和工作簿名称。

① 单击快速访问工具栏中的【保存】■按钮；或者单击【文件】按钮，在展开的菜单中单击【保存】■命令。

② 通过按 Ctrl+S 组合键保存 Excel 工作簿。

（2）使用【另存为】命令来实现工作簿的保存并设置密码

若要为现有工作簿备份，则可以使用【另存为】命令将工作簿保存在其他位置。

① 单击【文件】按钮，在展开的菜单中单击【另存为】命令。

② 弹出【另存为】对话框，在【保存位置】列表中选择文件保存位置，并在【文件名】和【保存类型】文本框里填写工作簿保存信息。单击【另存为】对话框右下角的【工具】按钮，从下拉列表中选择【常规选项】，打开【常规选项】窗口，在相应文本框中输入密码即可。

4.2.2　创建和使用工作簿模板

1.　创建一个模板

① 打开要用作模板的工作簿，根据自己的实际需要进行调整。

② 单击【文件】选项卡上的【另存为】选项，弹出【另存为】对话框。

③ 选择【保存类型】为【Excel 模板】（鼠标下拉就能看到这个），不要改变文档的存放位置。

2.　使用自定义模板创建新工作簿

需要使用该模板创建文件时，选择【文件】选项卡上的【新建】选项，在【可用模板】中选择【我的模板】，则会弹出这个对话框，刚刚保存过的模板就在这里，双击选中的模板即可。

4.2.3　工作簿的隐藏与保护

1.　隐藏工作簿

打开需要隐藏的工作簿，选择【视图】选项卡，如图 4.36 所示，在【窗口】功能区单击【隐藏】图标，整个工作簿将不可见；同理，再次单击【取消隐藏】，该工作簿重新可见。

图 4.36　【视图】选项卡

2.　保护工作簿

（1）打开需要保护的工作簿，打开功能区的【审阅】选项卡，鼠标单击【更改】组中的【保护工作簿】。此时将打开【保护结构和窗口】对话框，如图 4.37 所示，选择【结构】复选框，在【密码】文本框中输入保护工作簿的密码。完成设置后单击【确定】按钮关闭对话框。

（2）此时，Excel 会弹出【确认密码】对话框，在【重新输入密码】文本框中输入刚才设置的密码。单击【确定】按钮关闭该对话框，此时工作簿处于保护状态，工作表无法实现移动、复制和隐藏等操作。

图 4.37　【保护结构和窗口】对话框

（3）如果要取消对工作簿的保护，只需在【审阅】选项卡中，鼠标单击【更改】组中的【保护工作簿】，弹出【撤销工作簿保护】对话框，在对话框中输入密码，即可撤销保护操作。

4.2.4　工作表基本操作

1. 插入新工作表

在首次创建一个新工作簿时，默认情况下，该工作簿包括了 3 个工作表，但是实际应用中，所需的工作表数目可能各不相同，有时需要向工作簿中添加工作表，具体操作步骤如下。

（1）选定当前工作表（新的工作表将插入在该工作表的前面）。

（2）将鼠标指针指向该工作表标签，单击鼠标右键，在弹出的快捷菜单中选择【插入】选项，如图 4.38 所示。

（3）在弹出的【插入】对话框中选择需要的模板。

（4）单击【确定】按钮，即可根据所选模板新建一个工作表。

另外，还有一种简单的方法：单击工作表标签后的图图案，即可以添加一张新的工作表，如图 4.39 所示。

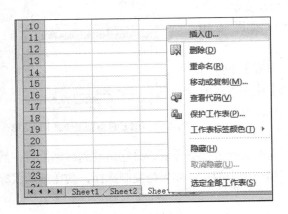

图 4.38　通过快捷菜单新建工作表

图 4.39　通过工作表标签新建工作表

2. 删除工作表

有时需要从工作簿中删除不要的工作表，删除工作表与插入工作表的方法一样，只不过选择的命令不同而已，具体操作步骤如下。

（1）单击工作表标签，使要删除的工作表成为当前工作表。

（2）单击【开始】标签，在功能区中的【单元格】组里选择【删除】命令，在弹出的下拉菜单里单击【删除工作表】命令。此时当前工作表被删除，同时和它相邻的后面的工作表成为当前工作表。

另外，用户也可以在工作表的标签上单击鼠标右键，在弹出的快捷菜单中选择【删除】选项，删除工作表。

3. 重命名工作表

Excel 2010 在创建新的工作簿时，所有的工作表是以 Sheet1、Sheet2、…来命名的，不方便记忆并且不利于对工作表进行管理。用户可以更改这些工作表的名称，例如，将班级的学生成绩表的工作表分别命名为"班级一""班级二""班级三"，以符合一般的工作习惯。可以使用菜单命令重命名工作表，具体操作步骤如下。

（1）单击要更改名称的工作表标签，使其成为当前工作表。

（2）单击【开始】标签，在功能区中的【单元格】组里选择【格式】命令，在弹出的下拉菜单里单击【重命名】命令。此时选定的工作表标签呈高亮度显示，即处于编辑状态，在其中输入新的工作表名称。

（3）在该标签以外的任何位置单击鼠标左键或按 Enter 键结束重命名工作表的操作。

另一种简单的重命名工作表的方法，只需双击工作表标签，这时可以看到工作表标签以高亮度显示，在其中输入新的名称并按 Enter 键即可。

4. 移动和复制工作表

Excel 2010 工作表可以在一个或多个工作簿中移动。如果用户要将一个工作表移动或者复制到不同的工作簿时，两个工作簿必须是打开的，具体操作步骤如下。

（1）选定要移动的工作表。

（2）单击【开始】标签，在功能区中的【单元格】组里选择【格式】命令，在弹出的下拉菜单里单击【移动或复制工作表】命令，将弹出【移动或复制工作表】对话框，如图 4.40 所示。

（3）在【移动或复制工作表】对话框中的【工作簿】下拉列表框中选择目的工作簿，如果只是移动，则不选择【建立副本】复选框，如果要复制，则应选中【建立副本】复选框，单击【确定】按钮。

图 4.40 【移动或复制工作表】对话框

（4）另外，用户也可以用鼠标左键单击需要移动的工作表标签边框，将它拖动到目标位置，然后释放鼠标左键。在拖放过程中鼠标变为一个小表和一个小箭头。如果是复制操作，则在拖动鼠标时按住 Ctrl 键即可。

5. 隐藏或显示工作表

（1）隐藏工作表的具体操作步骤如下。

① 选定需要隐藏的工作表。

② 单击【开始】标签，在功能区中的【单元格】组里选择【格式】命令，在弹出的下拉菜单里单击【隐藏和取消隐藏】命令。

（2）显示工作表的具体操作步骤如下。

① 单击【开始】标签，在功能区中的【单元格】组里选择【格式】命令，在弹出的下拉菜单里单击【隐藏和取消隐藏】命令，将弹出【取消隐藏】对话框。

② 选择要取消隐藏的工作表，单击【确定】按钮即可。

6. 设置工作表标签颜色

通过设置工作表标签颜色可以突出显示某个工作表，具体操作方法如下。

在要改变颜色的工作表标签上单击鼠标右键，选择【工作表标签颜色】，从颜色列表中选择某种喜欢的颜色即可。

4.2.5　工作表的保护

Excel 2010 对工作表的保护功能，可以防止其他人使用工作表，或防止其他人对工作表的内容进行删除、复制、移动和编辑等改变工作表结构的操作。

1.　保护整个工作表

（1）单击【审阅】标签，在功能区中的【更改】组里选择【保护工作表】命令，出现图 4.41 所示的对话框。

（2）在【保护工作表】中，【允许此工作表的所有用户进行】复选框中选择相应的选项，Excel 会对相应的项加以保护，然后在【取消工作表保护时使用的密码】输入框中设置密码，单击【确定】按钮。

如果工作表按图 4.41 的设置来保护，用户将不能对工作表进行【设置单元格格式】【插入列】【删除行】等操作。

2.　取消工作表保护

在【审阅】选项卡的【更改】组中单击【撤销工作表保护】按钮，将打开【撤销工作表保护】对话框，在该对话框中输入工作表的保护密码后单击【确定】按钮，就可以撤销对工作表的保护，工作表将能够进行各种操作。

图 4.41　【保护工作表】对话框

3.　保护部分工作表区域

在 Excel 工作表中，可能有少数或者是多数的数据很重要，若是因为操作失误把这些数据搞丢了，会造成不必要的麻烦。因此，锁定表中的单元格使其无法修改就显得很重要了，具体操作步骤如下。

（1）打开 Excel 表格，选中所有的单元格，单击鼠标右键，然后选择【设置单元格格式】。

（2）弹出【设置单元格格式】对话框，切换至【保护】选项卡，如图 4.42 所示，去掉【锁定】前面的对钩，然后单击【确定】按钮。

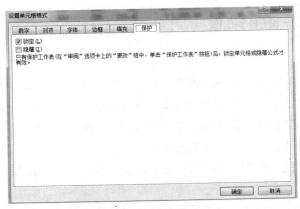

图 4.42　【设置单元格格式】对话框

（3）选中要锁定的单元格，单击鼠标右键，单击【设置单元格格式】。

（4）弹出【设置单元格格式】对话框，切换至【保护】选项卡，在【锁定】前面的方框中打上对钩，然后单击【确定】按钮。

（5）再次选中要设置的单元格，在【审阅】选项卡中单击【保护工作表】。

（6）在弹出的【保护工作表】对话框中，输入保护密码（自己要记得），【锁定选定的单元格】和【选定未锁定的单元格】是默认勾选的，不用管，单击【确定】按钮。

（7）出现【确认密码】对话框，然后再输入一次密码，单击【确定】按钮完成操作。

（8）当修改锁定后的单元格时，会出现图 4.43 所示的提示。

图 4.43　修改锁定单元格的提示

4. 允许特定用户编辑部分区域

当一张 Excel 工作表需要共享时，如果希望工作表中的某一部分内容被保护，而另一部分内容可以让查看者更改，那可以为这张表格设置可更改的可编辑区域，具体操作步骤如下。

（1）选中可以让别人修改编辑的区域，切换到【审阅】选项卡，在【更改】栏中选择【允许用户编辑区域】。

（2）在弹出的【允许用户编辑】页面框中，单击【新建】按钮。

（3）在弹出的【新区域】页面框中单击【权限】按钮。

（4）在弹出的权限窗口中，添加可以访问该区域的用户，单击【确定】按钮返回新区域窗口，再次单击【确定】按钮，页面又回到了【允许用户编辑】页面，打开【保护工作表】页面。

（5）在【保护工作表】页面框中输入取消工作表保护时的密码（这样就不会随意被别人取消保护）。

（6）在【确认密码】页面框中【重新输入密码】下面的文本框中再次输入密码。

（7）此时，选中的用户就可以共享编辑选中的区域内容了。

4.2.6　同时对多张工作表进行操作

1. 选择多张工作表

对工作表进行编辑之前，应先选择工作表，选择工作表主要有以下几种方法。

（1）选择单张工作表：直接单击工作表标签，即可选择一张工作表。

（2）选择多张连续的工作表：选择第一张工作表，然后按住 Shift 键，单击最后一张目标工作表标签，可选择这两张工作表标签之间的所有工作表。

（3）选择多张不连续的工作表：选择第一张工作表，然后按住 Ctrl 键，依次选择其他需要选择的工作表标签。

（4）选择所有工作表：在任意一张工作表的工作表标签上单击鼠标右键，在弹出的快捷菜单中选择【选定全部工作表】选项。

同时选定了多张工作表之后，在工作簿的标题栏中会增加工作组字样，如图 4.44 所示。

Excel数据填充例子　[工作组] - Microsoft Excel

图 4.44　工作组标题栏

2. 同时对多张工作表进行操作

在 Excel 工作簿中创建了工作表后，有时需要对多个工作表进行相同的操作，如对多个工作表的行列进行相同的格式设置、在多个单元格的某个单元格中输入相同的数据或进行相同的页面设置等。

下面以在多个工作表的相同单元格中输入相同数据为例来介绍同时对多个 Excel 工作表进行相同操作的具体操作方法。

（1）启动 Excel 2010 并打开需要处理的工作簿，在工作簿中同时选择需要进行操作的工作表，此时所选择的工作表成为一个工作表组。对工作表组中的一个工作表进行操作，如输入数据。

（2）操作完成后，单击任意一个工作表标签取消工作表组。此时，在其他工作表的相同位置已经输入了相同的数据。

3. 填充成组工作表

可以在一张工作表中输入数据并进行格式化操作，然后将这张工作表中的数据填充到同组的其他工作表中。通过这种操作，可以快速生成一组结构相同的工作表。本文以职工工资表为例说明如何快速填充成组工作表。

（1）在职工工资表中，输入相应的数据，完成基本的操作，如图 4.45 所示，插入多张空表。

	A	B	C	D	E	F	G	H	I	J	K	L	M	N
1								职工工资表						
2	工号	姓名	性别	学历	职称	职务	基本工资	津贴	奖金	水电气费	扣发	应发工资	扣税	实发工资
3	1	王来	男	本科	高级		1200	200	350	123.5	0	1750	7.5	1619
4	2	赵文凤	男	专科	中级		980	150	210	67.3	50	1340	0	1222.7
5	4	秦大敏	男	中专	初级		650	100	165	56	80	915	0	779
6	8	姚中华	男	本科	高级		1100	200	325	110.8	0	1625	1.25	1512.95
7	16	王丽	男	高中	中级		860	150	238	98	30	1248	0	1120
8	32	张俊逸	男	专科	高级		1250	200	300	34	0	1750	7.5	1708.5
9														
10														

图 4.45 职工工资表

（2）对工作表中的数据进行格式化操作。

（3）选择包含填充内容及格式的单元格区域，同时选择其他需要填充数据的工作表。本例中选择单元格区域 A1:N8，在【职工工资表标签】上单击鼠标右键，从快捷菜单中选择【选定全部工作表】。

（4）在功能区选择【开始】选项卡，在【编辑】功能区选择填充，在下拉菜单中选择【成组工作表】，打开【填充成组工作表】对话框，选择【全部】，即可把职工工作表中 A1:N8 区域的所有数据及样式复制到当前工作簿的所有的工作表中的 A1:N8 区域。

（5）查看每张工作表，均已完成内容及样式的复制工作。

4.2.7 工作窗口的视图控制

1. 调整显示比例

在 Excel 2010 中，可以按任何显示比例查看工作表数据。具体方法为：选择【视图】选项卡→【显示比例】功能组→【显示比例】按钮，将弹出【显示比例】对话框，可通过它设置工作表的显示比例。

2. 多窗口查看

Excel 2010 是一个支持多文档界面的标准应用程序，在其中可以打开多个工作簿，对于打开的每一个工作簿可以单独设置显示方式（最大化、最小化和正常窗口）。如果所有工作簿窗口均处于正常状态，则可以将这些窗口以水平排列、垂直排列或层叠式排列的不同方式进行查看。

（1）并排工作表

在 Excel 2010 中，并排查看功能可以实现在主窗口中同时显示多张工作表的内容。操作方法：【视图】→【窗口】→【并排查看】。职工工资表的并排显示效果如图 4.46 所示。

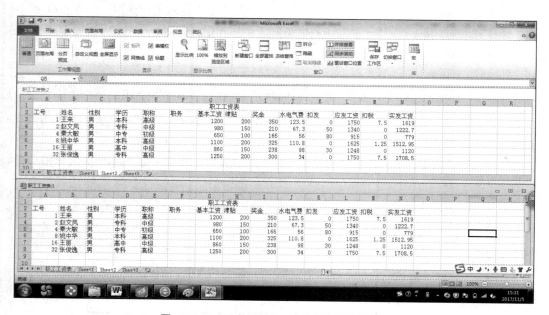

图 4.46　同工作簿多张工作表【并排查看】效果

（2）重排窗口

可以在 Excel 2010 的主窗口中同时显示多个工作簿。

首先要把需要同时显示的多个工作簿全部打开，然后在【视图】选项卡的【窗口】组中单击【全部重排】按钮，即可打开图 4.47 所示的【重排窗口】对话框。

在该对话框中选择【垂直并排】，则 3 个工作簿的显示效果如图 4.48 所示。

图 4.47　【重排窗口】对话框

（3）隐藏窗口

切换到要隐藏的窗口，然后在【视图】选项卡的【窗口】组中单击【隐藏】按钮即可。如果要取消隐藏，单击【取消隐藏】按钮，在打开的对话框中选择需要显示的工作表窗口名称。

3. 拆分与冻结窗口

如果要独立显示并滚动工作表中的不同部分，可以使用拆分窗口功能。拆分窗口时，选定要拆分的某一单元格位置，然后在【视图】选项卡的【窗口】组中单击【拆分】按钮，这时 Excel 自动在选定单元格处将工作表拆分为 4 个独立的窗格，如图 4.49 所示。可以通过鼠标移动工作表上出现的拆分框，以调整各窗格的大小。

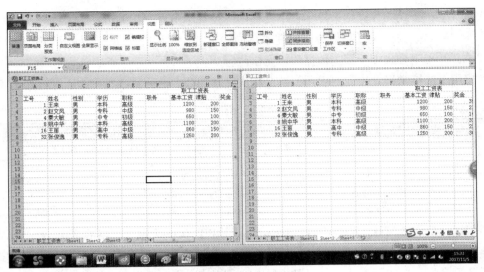

图 4.48　垂直并排效果

如果要在工作表滚动时保持行列标志或其他数据可见，可以通过冻结窗口功能来固定显示窗口的顶部和左侧区域。选定某一单元格位置，执行图 4.50 所示的【冻结拆分窗格】命令，则该选定单元格上方和左侧被冻结，在滚动条或鼠标操作时，此部分位置保持固定。

图 4.49　拆分窗口

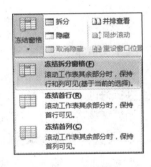

图 4.50　冻结窗口

4.3　Excel 公式和函数

在 Excel 2010 中，用户不仅可以输入文本、数值，还可以输入公式对工作表中的数据进行计算。Excel 2010 的强大功能正是体现在计算上。通过在单元格中输入公式和函数，可以对表进行统计、平均、汇总以及其他更为复杂的运算，从而避免用户手工计算导致失误。单元格的数据修改后，引用该单元的公式的计算结果也会自动更新。

4.3.1　使用公式基本方法

1. 认识公式

在 Excel 中，公式是以 "=" 开头，由常量、单元格引用、括号、函数和运算符组成的一组表达式。默认情况下，公式的计算结果显示在单元格中，公式本身显示在编辑栏中。

单元格引用：公式中用到其他单元格在表格中的位置，引用的作用在于标识工作表中单元格或单元格区域，并指明公式中所用的数据的单元格位置。

运算符用于连接常量、单元格引用，从而构成完整的公式。公式中常用的运算符如表 4.2 所示。

表 4.2　运算符

运算符名称	表 示 形 式
算术运算符	加（+）、减（-）、乘（*）、除（/）、百分号（%）和乘方（^）
关系运算符	=、>、<、>=、<=、<>
文字运算符	&
区域运算符	:

当多个运算符同时出现在公式中时，Excel 对运算符的优先级做了严格的规定，数学运算符中从高到低分的 3 个级别为：百分号和乘方、乘和除、加和减；比较运算符优先级相同。三类运算符又以数学运算符最高，文字运算符次之，最后是比较运算符。优先级相同，按从左到右的顺序计算。

2. 公式的输入与编辑

（1）公式的输入

① 选中需要显示计算结果的单元格，首先输入"="，表示正在输入公式，否则系统会将其判定为文本数据，不进行运算。

② 据实际的计算要求，输入常量或单元格地址，也可以通过鼠标单击的方法选择要引用的单元格区域。

③ 公式输入完成后，按 Enter 键，计算结果就会显示在相应单元格里。

（2）公式的编辑

双击公式所在的单元格，进入编辑状态，单元格和编辑栏均会显示公式，在单元格或编辑栏对公式进行修改，修改完毕，按 Enter 键确认即可。

如果要删除公式，只需选中公式所在单元格，按 Delete 键即可完成。

3. 公式的复制与填充

在 Excel 中，输入单元格的公式，可以像普通数据一样，通过拖动单元格右下角的填充柄进行单元格填充，此时自动填充的是公式，而不是数据本身，填充时采用相对引用的方式来引用单元格。

4. 单元格引用

在输入公式时，单元格引用是最常用到的一种形式。

单元格引用有以下 3 种类型。

① 绝对引用：指总在指定位置引用单元格，如果公式所在的单元格位置改变，绝对引用保持不变。单元格地址的行号和列号前加"$"符号，例如$A$1。

② 相对引用：指在一个公式中直接用单元格的列标与行号来取用某个单元格中的内容。例如 A1。

③ 混合引用：绝对列和相对行，例如$A1；绝对行和相对列，例如 A$1。

4.3.2　名称的定义与引用

顾名思义，名称就是名字。在 Excel 中可以给单元格、单元格区域、公式或常量定义名称。通过定义名称，可以在公式中实现绝对引用。

1. Excel 定义名称的规则

（1）名称可以是任意字符与数字组合在一起，但不能以数字开头，不能以数字作为名称，名称不能与单元格地址相同。如果要以数字开头，可在前面加下划线，如_1blwbbs。

（2）不能以字母 R、C、r、c 作为名称，因为 R、C 在 RIC1 引用样式中表示工作表的行、列。

（3）名称中不能包含空格。

（4）不能使用除下划线、点号和反斜线（/）以外的其他符号；允许用问号（?），但不能作为名称的开头，如“name?”可以，但“?name”就不可以。

（5）名称不能超过 255 个字符。一般情况下定义的名称应该简短、易记，否则就违背了定义名称的初衷。

（6）名称中的字母不区分大小写。

（7）定义名称中可以使用常量或函数进行运算。

（8）定义的名称默认的作用域是整个工作簿。如果要定义工作表级的名称可以名称前加“工作表名称+!+名称”。在引用本工作表的名称时，可以不加工作表名。

（9）工作簿级的名称不能重名，工作表级的名称允许重名。

2. 定义名称

Excel 定义名称的方法有 3 种：一是使用编辑栏左端的名称框；二是使用【定义名称】对话框；三是用行或列标志创建名称。

（1）使用编辑栏左端的名称框快速定义名称

选择要命名的单元格、单元格区域或不相邻的内容，单击编辑栏左端的名称框，键入引用选定内容时要使用的名称，按 Enter 确认。

例如，把图 4.51 所示的职工工资表中所有职工的姓名单元格区域命名为“姓名”。

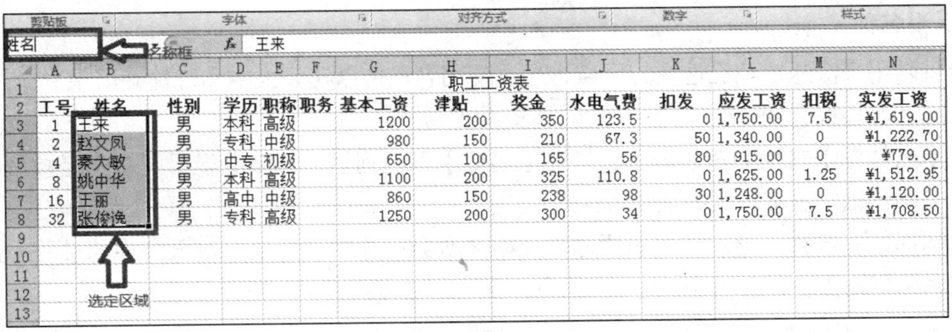

	A	B	C	D	E	F	G	H	I	J	K	L	M	N
1								职工工资表						
2	工号	姓名	性别	学历	职称	职务	基本工资	津贴	奖金	水电气费	扣发	应发工资	扣税	实发工资
3	1	王来	男	本科	高级		1200	200	350	123.5	0	1,750.00	7.5	¥1,619.00
4	2	赵文凤	男	专科	中级		980	150	210	67.3	50	1,340.00	0	¥1,222.70
5	4	秦大敏	男	中专	初级		650	100	165	56	80	915.00	0	¥779.00
6	8	姚中华	男	本科	高级		1100	200	325	110.8	0	1,625.00	1.25	¥1,512.95
7	16	王丽	男	高中	中级		860	150	238	98	30	1,248.00	0	¥1,120.00
8	32	张俊逸	男	专科	高级		1250	200	300	34	0	1,750.00	7.5	¥1,708.50

图 4.51 职工工资表

（2）使用【定义名称】对话框定义名称

在【公式】选项卡上的【定义的名称】组中，单击【定义名称】。在【新建名称】对话框的【名称】框中，键入要用于使用的名称。在【引用】框中，默认情况下输入当前所选内容。要输入其他单元格引用作为参数，单击【折叠对话框】按钮（暂时隐藏对话框），接着选择工作表中的单元格，然后按【展开对话框】按钮。要完成并返回工作表，单击【确定】按钮。

例如，把图 4.52 所示的表中所有的姓名单元格区域命名为“姓名”，如图 4.52 所示。

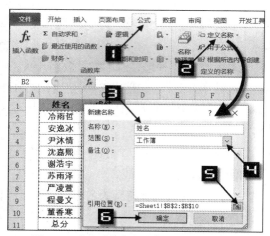

图 4.52　使用【定义名称】对话框定义名称

（3）用行或列标志创建名称

选择要命名的区域，包括行或列标签。在【公式】选项卡上的【定义的名称】组中，单击【从所选内容创建】。在【基于选定区域创建名称】对话框中，通过选中【首行】【左列】【末行】或【右列】复选框来指定包含标签的位置。

注意　使用此过程创建的名称仅引用包含值的单元格，并且不包括现有行和列标签。

根据作用范围的不同，Excel 的名称可分为工作簿级名称和工作表级名称。

默认情况下，新建的名称作用范围均为工作簿级，作用范围涵盖整个工作簿。

如果要创建作用于某个工作表的局部名称，可以在新建名称时，在【新建名称】对话框的【范围】下拉菜单中选择指定的工作表。

3. 引用名称

名称可以用来快速定位已选定的区域，通过使用名称可以在公式中实现精确引用。

（1）通过名称框引用

单击【名称框】右侧的黑色箭头，打开【名称】下拉列表，其中会显示所有已经被命名的单元格名称，但不包括常量和公式的名称。

单击选择某一名称，该名称所引用的单元格区域会被选中，如果在输入公式的过程中选中某个名称，该名称将会出现在公式中。

（2）在公式中引用

① 选中要输入公式的单元格。

② 在【公式】选项卡上的【定义的名称】组中，单击【用于公式】，打开名称下拉列表。

③ 从中选择需要引用的名称，该名称就出现在当前单元格的公式中。

4. 修改或删除名称

（1）修改名称

① 在【公式】选项卡上的【定义的名称】组中，单击【名称管理器】。

② 在弹出的【名称管理器】对话框中，单击要更改的名称。

③ 单击【编辑】按钮。在【编辑名称】对话框的【名称】框中，为引用键入新名称。在【引用位置】框中，更改引用，

④ 单击【确定】按钮即可完成修改操作。

（2）删除名称

① 在【公式】选项卡上的【定义的名称】组中，单击【名称管理器】。

② 在弹出的【名称管理器】对话框中，选择要删除的名称，若要选择某个名称，单击该名称；若要选择连续组内的多个名称，单击并拖动这些名称，或者按住 Shift 键单击该组内的每个名称；若要选择非连续组内的多个名称，按住 Ctrl 键单击该组内的每个名称。

③ 然后单击【删除】按钮，单击【确定】按钮即可完成删除操作。

4.3.3　认识数组和数组公式

1. 数组简介

在 Excel 中，数组是指按一行、一列或多行多列排列的一组数据元素的集合。数组元素可以是数值、文本、日期、逻辑值和错误值等。

数组的维度是指数组的行列方向，一行多列的数组为横向数组，一列多行的数组为纵向数组，多行多列的数组同时拥有横向和纵向两个维度。

数组的维数是指数组中不同维度的个数，只有一行或一列的数组统称为一维数组，多行多列拥有多个维度的数组称为二维数组。

数组的尺寸是以数组各行各列上的元素个数来表示的，一行 N 列的数组的尺寸为 $1 \times N$，N 行一列的数组的尺寸为 $N \times 1$，M 行 N 列的数组的尺寸为 $M \times N$。

2. 数组的存在形式

按照存在形式，Excel 中的数组可以分为以下 3 类。

（1）区域数组是通过对一组连续的单元格区域进行引用而得到的数组。例如"A1:A5"或"A1:C1"都是区域数组。

（2）内存数组是指通过公式计算返回的结果在内存中临时构成的数组。内存数组不必存储到单元格区域中也能作为一个整体直接嵌套入其他的公式中继续参与计算，在公式编辑栏中使用 F9 键查看运算结果，以{}形式显示的部分可以判定为内存数组。例如：使用公式=SUM(SMALL(A1:A6,(1，2，3)))计算 A1:A6 单元格区域中最小的 3 个数值之和。该公式中，SMALL 函数的参数 (1，2，3)是常量数组，计算结果为 A1:A6 单元格区域中最小的 3 个值构成的内存数组，SMALL 函数的计算结果再作为 SUM 函数的参数。

（3）常量数组是指直接在公式中写入的数组元素，可以同时包含数字、文本、逻辑值和错误值等，用一对大括号（{}）将构成数组的常量包括起来，各个常量之间用半角分号（;）和半角逗号（,）来间隔行和列。常量数组不依赖单元格区域，可直接参与公式的运算。例如: {0,"不及格";60,"及格";70,"中";80,"良";90,"优"}，这是一个 5 行 2 列的常量数组，由数值和文本组成，其第 4 行第 2 列位置的元素为文本"良"。

3. 数组公式简介

数组公式和一般的公式不同，它是通过按 Ctrl+Shift+Enter 组合键完成编辑的特殊公式。作为数

组公式的标识，Excel 会自动在数组公式的首尾添加“{}”符号标记。数组公式实质是单元格公式的一种书写形式，用来显式地通知 Excel 计算引擎对其执行多项计算。

多项计算是对公式中有对应关系的数组元素同时分别执行相关计算的过程。

（1）多单元格数组公式

在单个单元格中输入数组公式进行多项计算后，有时可以返回一组运算结果，但单元格只能显示单个值（通常是结果数组的首个元素），而无法显示全部结果。使用多单元格数组公式，可以将结果数组中的每个元素分别显示在不同的单元格中。

例如，打开“多单元格数组公式计算销售额”表，计算各商品的销售额，具体操作步骤如下。

同时选中 F2:F9 单元格区域，在编辑栏输入公式“=D2:D9*E2:E9”，然后按 Ctrl+Shift+Enter 组合键。这种在多个单元格中使用同一公式，并以 Ctrl+Shift+Enter 组合键结束编辑的公式就称为多单元格数组公式。该实例的运算结果如图 4.53 所示。

F2　fx {=D2:D9*E2:E9}

	A	B	C	D	E	F
1	序号	日期	商品	单价	数量	销售额
2	1	2016/8/22	橡皮糖	2.5	17	42.50
3	6	2016/9/3	恒大冰泉	5	39	195.00
4	8	2016/9/10	画笔	5	29	145.00
5	4	2016/9/25	鲜橙多	3.5	6	21.00
6	7	2016/9/27	营养快线	5	26	130.00
7	5	2016/9/28	美年达	3	25	75.00
8	2	2016/10/2	可口可乐	2.5	35	87.50
9	3	2016/10/7	冰红茶	2	8	16.00
10						

图 4.53　多单元格数组公式示例

（2）单单元格数组公式

单单元格数组公式是指在单个单元格中进行多项计算并返回单一值的数组公式，在实际应用中最为常见。

打开“多单元格数组公式计算销售额”表，计算所有商品的销售总额。

选中 F11 单元格，在编辑栏输入公式“=SUM(D2:D9*E2:E9)，然后按 Ctrl+Shift+Enter 组合键，计算结果如图 4.54 所示。

	A	B	C	D	E	F
1	序号	销售员	饮品	单价	数量	销售额
2	1	任继先	可乐	2.5	85	212.5
3	2	陈尚武	雪碧	2.5	35	87.5
4	3	李光明	冰红茶	2	60	120
5	4	李厚辉	鲜橙多	3.5	45	157.5
6	5	毕淑华	美年达	3	40	120
7	6	赵会芳	农夫山泉	2	80	160
8	7	赖群毅	营养快线	5	25	125
9	8	李从林	原味绿茶	3	35	105
10						
11					销售额合计	1087.5

图 4.54　单单元格数组公式示例

4.3.4　函数的使用

1. 函数简介

函数可以简化公式，提高编辑效率，可以执行使用其他方式无法完成的数据汇总任务。

在 Excel 中，根据函数的来源不同，可以分为以下 4 类。

（1）内置函数：只要启动了 Excel 就可以使用的函数。

（2）扩展函数：必须通过加载宏才能正常使用的函数。

（3）自定义函数：使用 VBA 代码进行编制并实现特定功能的函数。

（4）宏表函数：该类函数是 Excel 4.0 版函数，需要通过定义名称或在宏表中使用。

一些复杂的运算如果由用户自己来设计公式计算将会很麻烦，Excel 2010 提供了许多内置函数，为用户对数据进行运算和分析带来极大方便。内置函数可以理解为预定义的公式。

根据函数的功能和应用领域，这些内置函数可以分为：兼容性函数、多维数据集函数、数据库函数、日期和时间函数、工程函数、财务函数、信息函数、逻辑函数、查找和引用函数、数学和三角函数、统计函数、文本函数、与加载项一起安装的用户定义的函数，共计 13 大类。具体每类函数的详细内容可以参考 Excel 的帮助手册。

2. 函数分类及常用函数简介

Excel 2010 中常用的函数名称、功能和使用格式如表 4.3 所示。

表 4.3　常用函数

函数名称	功　　能	使用格式（举例）
AVERAGE	求出所有参数的算术平均值	AVERAGE(number1,number2,…)
AVERAGEIF	返回某个区域内满足给定条件的所有单元格的平均值（算术平均值）	AVERAGEIF(range, criteria, [average_range])
AVERAGEIFS	返回满足多重条件的所有单元格的平均值（算术平均值）	AVERAGEIFS(average_range, criteria_range1, criteria1, [criteria_range2, criteria2], ...)
COUNT	计算包含数字的单元格以及参数列表中数字的个数	COUNT(Range)
COUNTA	计算区域中不为空的单元格的个数	COUNTA(Range)
COUNTIF	统计某个单元格区域中符合指定条件的单元格数目	COUNTIF(Range,Criteria) Range 代表要统计的单元格区域；Criteria 表示指定的条件表达式
COUNTIFS	统计某个单元格区域中符合多个指定条件的数目	COUNTIF(Range,Criteria) Range 代表要统计的单元格区域；Criteria 表示指定的条件表达式
DATE	给出指定数值的日期	DATE(year,month,day)
EDATE	返回表示某个日期的序列号，该日期与指定日期 (start_date) 相隔(之前或之后) 指示的月份数	EDATE(start_date, months)
NOW	返回当前日期和时间的序列号	NOW()
TODAY	返回当前日期	TODAY()
YEAR	返回某日期对应的年份	YEAR(serial_number)
IF	根据对指定条件的逻辑判断的真假结果，返回相对应的内容	IF(Logical,Value_if_true,Value_if_false) Logical 代表逻辑判断表达式；Value_if_true 表示当判断条件为逻辑"真（TRUE）"时的显示内容，如果忽略返回"TRUE"；Value_if_false 表示当判断条件为逻辑"假（FALSE）"时的显示内容，如果忽略返回"FALSE"

函数名称	功　能	使用格式（举例）
MAX	求出一组数中的最大值	MAX(number1,number2, …)
MIN	返回一组值中的最小值	MIN(number1, number2, ...)
SUM	计算所有参数数值的和	SUM（Number1,Number2, …）
SUMIF	对区域中符合指定条件的值求和	SUMIF(Range, Logical)
SUMIFS	对区域中满足多个条件的单元格求和	SUMIFS(sum_range, criteria_range1, criteria1, criteria_range2, criteria2, ...)
ROUND	按指定的位数 Num_digits 对参数 Number 进行四舍五入	ROUND(Number，Num_digits)
INT	将参数 Number 向下舍入到最接近的整数，Number 为必需的参数	INT(Number)
ABS	求出参数的绝对值	ABS(Number)
TRUNC	将数字的小数部分截去，返回整数	TRUNC(number, [num_digits])
VLOOKUP	搜索某个单元格区域 table_array 的第一列，然后返回该区域取值为 lookup_value 的行上列号为 col_index 的单元格中的值	VLOOKUP(lookup_value, table_array, col_index_num, [range_lookup])
CONCATENATE	将字符串联接成一个文本字符串	CONCATENATE(text1, [text2], ...)
MID	返回文本字符串中从指定位置开始的特定数目的字符，该数目由用户指定	MID(text, start_num, num_chars)
LEFT	根据所指定的字符数，返回文本字符串中第一个字符或前几个字符	LEFT(text, [num_chars])
RIGHT	根据所指定的字符数，返回文本字符串中最后一个或多个字符	RIGHT (text, [num_chars])
TRIM	除了单词之间的单个空格外，清除文本中所有的空格	TRIM(text)
LEN	返回文本字符串中的字符数	LEN(text)

3. Excel 函数的输入与编辑

在工作表中，对于函数的输入可以采取以下几种方法，下面分别给予介绍。

（1）手工输入函数

如果知道函数的格式，可以像使用公式一样在编辑区直接输入函数，具体方法同在单元格中输入一个公式一样。首先在输入框中输入一个等号"="，然后输入函数本身即可。

（2）利用插入函数对话框插入函数

选中要存放结果的单元格，在【公式】选项卡的【函数库】区，单击最左边的【插入函数按钮】f_x，打开插入函数对话框，在【或选择类别】下拉列表框中选择【函数类别】，在【选择函数】列表框中选择需要的函数，单击【确定】按钮，在随后弹出的【函数参数】对话框中输入参数，即可完成函数的插入操作。

4. Excel 中常用函数的应用举例

在本部分中，我们以具体的函数为例，介绍函数的具体使用方法。

（1）AVERAGE 函数

在职工工资表中选定单元格 G10 计算所有职工的平均基本工资。在 G10 单元格中使用函数 AVERAGE(G3:G8)，其中 G3:G8 表示 G3 到 G8 单元格中的数据。计算结果如图 4.55 所示。

	A	B	C	D	E	F	G	H	I	J	K	L	M	N
1							职工工资表							
2	工号	姓名	性别	学历	职称	职务	基本工资	津贴	奖金	水电气费	扣发	应发工资	扣税	实发工资
3	1	王来	男	本科	高级		1200	200	350	123.5	0	1750	7.5	1619
4	3	赵文凤	男	专科	中级		980	150	210	67.3	50	1340	0	1222.7
5	5	秦大敏	男	中专	初级		650	100	165	56	80	915	0	779
6	7	姚中华	男	本科	高级		1100	200	325	110.8	0	1625	1.25	1512.95
7	9	王丽	女	高中	中级		860	150	238	98	30	1248	0	1120
8	11	张俊逸	男	专科	高级		1250	200	300	34	0	1750	7.5	1708.5
9														
10							1006.667							
11														

图 4.55 AVERAGE 函数的使用

（2）IF 函数

根据职工工资表每个员工的实发工资，在 O 这一列对应位置，如果实发工资<1000，显示“低工资”，如果实发工资>=1000，显示“高工资”。选定 O3 输入函数=IF(N3>=1000,"高工资","低工资")，N3 表示实发工资单元格。选中 O3 单元格，显示填充柄后，往下依次拖动，就可求出每个员工的判定结果，最终结果如图 4.56 所示。

	A	B	C	D	E	F	G	H	I	J	K	L	M	N	O
1							职工工资表								
2	工号	姓名	性别	学历	职称	职务	基本工资	津贴	奖金	水电气费	扣发	应发工资	扣税	实发工资	
3	1	王来	男	本科	高级		1200	200	350	123.5	0	1750	7.5	1619	高工资
4	3	赵文凤	男	专科	中级		980	150	210	67.3	50	1340	0	1222.7	高工资
5	5	秦大敏	男	中专	初级		650	100	165	56	80	915	0	779	低工资
6	7	姚中华	男	本科	高级		1100	200	325	110.8	0	1625	1.25	1512.95	高工资
7	9	王丽	女	高中	中级		860	150	238	98	30	1248	0	1120	高工资
8	11	张俊逸	男	专科	高级		1250	200	300	34	0	1750	7.5	1708.5	高工资
9															

图 4.56 IF 函数的使用

（3）COUNTIF 函数

统计职工工资表中基本工资高于 1000 元的人数。选定单元格 D11，输入函数=COUNTIF (G3:G8, ">1000")，如图 4.57 所示，其中 G3:G8 表示要在 G3 到 G8 单元格区域上进行统计，条件为大于 1000。

D11 fx =COUNTIF(G3:G8, ">1000")

	A	B	C	D	E	F	G	H	I	J	K	L	M	N
1							职工工资表							
2	工号	姓名	性别	学历	职称	职务	基本工资	津贴	奖金	水电气费	扣发	应发工资	扣税	实发工资
3	1	王来	男	本科	高级		1200	200	350	123.5	0	1750	7.5	1619
4	3	赵文凤	男	专科	中级		980	150	210	67.3	50	1340	0	1222.7
5	5	秦大敏	男	中专	初级		650	100	165	56	80	915	0	779
6	7	姚中华	男	本科	高级		1100	200	325	110.8	0	1625	1.25	1512.95
7	9	王丽	男	高中	中级		860	150	238	98	30	1248	0	1120
8	11	张俊逸	男	专科	高级		1250	200	300	34	0	1750	7.5	1708.5
9														
10														
11				3										
12														

图 4.57 COUNTIF 函数的使用

（4）SUMIF 函数

求职工工资表中男员工的奖金总和，选定 D11 输入函数=SUMIF(C3:C8,"男",I3:I8)，C3:C8 表示性别区域，I3:I8 表示奖金区域，该函数统计性别区域中“男”所对应的奖金的和，结果如图 4.58 所示。

	A	B	C	D	E	F	G	H	I	J	K	L	M	N
1								职工工资表						
2	工号	姓名	性别	学历	职称	职务	基本工资	津贴	奖金	水电气费	扣发	应发工资	扣税	实发工资
3	1	王来	男	本科	高级		1200	200	350	123.5	0	1750	7.5	1619
4	3	赵文凤	男	专科	中级		980	150	210	67.3	50	1340	0	1222.7
5	5	秦大敏	男	中专	初级		650	100	165	56	80	915	0	779
6	7	姚中华	男	本科	高级		1100	200	325	110.8	0	1625	1.25	1512.95
7	9	王丽	女	高中	中级		860	150	238	98	30	1248	0	1120
8	11	张俊逸	男	专科	高级		1250	200	300	34	0	1750	7.5	1708.5
9														
10														
11			男员工奖金	1350										
12														

图 4.58　SUMIF 函数的使用

> **注意** 使用函数时一定要按照它的格式要求来写，例如条件求和中 SUMIF(C3:C8,"男",I3:I8)，条件“男”的双引号是不能省略的，而且必须是英文的引号。在 Excel 2010 函数中只要使用文本信息都要加双引号。

（5）SUMIFS 函数

求职工工资表中高职称男员工的奖金总和，选定 D11 输入函数=SUMIFS(I3:I8, C3:C8, "男", E3:E8, "高级")，I3:I8 表示奖金区域，C3:C8 表示性别区域，E3:E8 表示职称区域，该函数统计性别区域中“男”、职称区域中“高级”所对应的奖金的和，结果如图 4.59 所示。

	A	B	C	D	E	F	G	H	I	J	K	L	M	N
1								职工工资表						
2	工号	姓名	性别	学历	职称	职务	基本工资	津贴	奖金	水电气费	扣发	应发工资	扣税	实发工资
3	1	王来	男	本科	高级		1200	200	350	123.5	0	1750	7.5	1619
4	3	赵文凤	男	专科	中级		980	150	210	67.3	50	1340	0	1222.7
5	5	秦大敏	男	中专	初级		650	100	165	56	80	915	0	779
6	7	姚中华	男	本科	高级		1100	200	325	110.8	0	1625	1.25	1512.95
7	9	王丽	女	高中	中级		860	150	238	98	30	1248	0	1120
8	11	张俊逸	男	专科	高级		1250	200	300	34	0	1750	7.5	1708.5
9														
10														
11			高级职称的男员	975										
12														
13														
14														
15														
16														

图 4.59　SUMIFS 函数的使用

（6）VLOOKUP 函数

在职工工资表中查找工号为 7 的员工的姓名，选定 D11 输入函数=VLOOKUP(7, A3:N8, 2, FALSE)，7 表示第 1 列工号上取值为 7，A3:N8 表示存放职工信息的数据区域，2 表示返回的是查找结果中第 2 列的数据，该函数查找工号为 7 的员工的姓名，结果如图 4.60 所示。

剪贴板　字体　对齐方式　数字　样式　单元格

C15　*fx*

	A	B	C	D	E	F	G	H	I	J	K	L	M	N
1								职工工资表						
2	工号	姓名	性别	学历	职称	职务	基本工资	津贴	奖金	水电气费	扣发	应发工资	扣税	实发工资
3	1	王来	男	本科	高级		1200	200	350	123.5	0	1750	7.5	1619
4	3	赵文凤	男	专科	中级		980	150	210	67.3	50	1340	0	1222.7
5	5	秦大敏	男	中专	初级		650	100	165	56	80	915	0	779
6	7	姚中华	男	本科	高级		1100	200	325	110.8	0	1625	1.25	1512.95
7	9	王丽	女	高中	中级		860	150	238	98	30	1248	0	1120
8	11	张俊逸	男	专科	高级		1250	200	300	34	0	1750	7.5	1708.5
9														
10														
11			工号为7的员工的姓名	姚中华										
12														

图 4.60　VLOOKUP 函数的使用

（7）MID 函数

我国现行的居民身份证号码由 18 位组成，其中第 7～10 位为出生年份，第 11、12 位为出生月份，第 13、14 位为出生日期；第 17 位是性别标识码，奇数为男，偶数为女。

在图 4.61 所示表中，从身份证号码中提取出生日期的信息，选定 C2 单元格输入公式 =MID(B2,7,8)，B2 表示从 B2 单元格提取数据，7 表示从第 7 位开始提取数据，8 表示提取的字符串长度为 8，该函数返回 B2 单元格提取的出生日期信息，向下把公式复制到 C9 单元格，结果如图 4.61 所示。

（8）EDATE 函数

在图 4.62 所示表中，根据员工的入职日期和试用期月数，计算试用期到期日。选定 D2 单元格输入公式=EDATE(B2,C2)，B2 表示起始日期，C2 表示月份数，向下把公式复制到 D9 单元格，结果如图 4.62 所示。

	A	B	C
1	姓名	身份证号码	提取出生日期
2	李梦颜	330183199501204335	19950120
3	庄梦蝶	330183199511182426	19951118
4	夏若冰	330183198511234319	19851123
5	文静婷	341024199306184129	19930618
6	白茹云	330123199210104387	19921010
7	许柯华	330123199405174332	19940517
8	孟丽洁	330123199502214362	19950221
9	江晟涵	330123199509134319	19950913

图 4.61　MID 函数的使用

	A	B	C	D	E
1	姓名	入职时间	试用期（月）	到期日	
2	苏安希	2017-2-11	3	2017-5-11	
3	冷夕颜	2016-12-2	1	2017-1-2	
4	舒惜墨	2017-3-5	3	2017-6-5	
5	宇文冠	2017-2-1	6	2017-8-1	
6	郭默青	2017-12-31	2	2018-2-28	
7	伊涵诺	2016-11-26	3	2017-2-26	
8	言书雅	2016-12-1	6	2017-6-1	
9	陌倾城	2017-3-28	2	2017-5-28	

图 4.62　EDATE 函数的使用

习题 4

一、选择题

1. 在 Excel 工作表中存放了第一中学和第二中学所有班级总计 300 个学生的考试成绩，A 列到 D 列分别对应"学校""班级""学号""成绩"，利用公式计算第一中学 3 班的平均分，最优的操作方法是（　　）。

A．=SUMIFS(D2:D301,A2:A301,"第一中学",B2:B301,"3 班")/ COUNTIFS (A2:A301,"第一中学",B2:B301,"3 班")

B．=SUMIFS(D2:D301,B2:B301,"3 班")/COUNTIFS(B2:B301,"3 班")

C．=AVERAGEIFS(D2:D301,A2:A301,"第一中学",B2:B301,"3 班")

D．=AVERAGEIF(D2:D301,A2:A301,"第一中学",B2:B301,"3 班")

2. Excel 工作表 D 列保存了 18 位身份证号码信息，为了保护个人隐私，需将身份证信息的第 9 到 12 位用"*"表示，以 D2 单元格为例，最优的操作方法是（　　）。

A．=MID(D2,1,8)+"****"+MID(D2,13,6)

B．=CONCATENATE(MID(D2,1,8),"****",MID(D2,13,6))

C．=REPLACE(D2,9,4,"****")

D．=MID(D2,9,4,"****")

3. 小胡利用 Excel 对销售人员的销售额进行统计，销售工作表中已包含每位销售人员对应的产品销量，且产品销售单价为 308 元，计算每位销售人员销售额的最优操作方法是（ ）。

A. 直接通过公式"=销量×308"计算销售额

B. 将单价 308 定义名称为"单价"，然后在计算销售额的公式中引用该名称

C. 将单价 308 输入某个单元格中，然后在计算销售额的公式中绝对引用该单元格

D. 将单价 308 输入某个单元格中，然后在计算销售额的公式中相对引用该单元格

4. 在 Excel 某列单元格中，快速填充 2011—2013 年每月最后一天日期的最优操作方法是（ ）。

A. 在第一个单元格中输入"2011-1-31"，然后使用 EOMONTH 函数填充其余 35 个单元格

B. 在第一个单元格中输入"2011-1-31"，拖动填充柄，然后使用智能标记自动填充其余 35 个单元格

C. 在第一个单元格中输入"2011-1-31"，然后使用格式刷直接填充其余 35 个单元格

D. 在第一个单元格中输入"2011-1-31"，然后执行"开始"选项卡中的"填充"命令

5. 如果 Excel 单元格值大于 0，则在本单元格中显示"已完成"；单元格值小于 0，则在本单元格中显示"还未开始"；单元格值等于 0，则在本单元格中显示"正在进行中"，最优的操作方法是（ ）。

A. 使用 IF 函数

B. 通过自定义单元格格式，设置数据的显示方式

C. 使用条件格式命令

D. 使用自定义函数

6. 小李正在 Excel 中编辑一个包含上千人的工资表，他希望在编辑过程中总能看到表名，每列数据性质的标题行，最优的操作方法是（ ）。

A. 通过 Excel 的拆分窗口功能，使得上方窗口显示标题行，同时在下方窗口中编辑内容

B. 通过 Excel 的冻结窗格功能将标题行固定

C. 通过 Excel 的新建窗口功能，创建一个新窗口，并将两个窗口水平并排显示，其中上方窗口显示标题行

D. 通过 Excel 的打印标题功能设置标题行重复出现

二、操作题

1. 小李今年毕业后，在一家计算机图书销售公司担任市场部助理，主要的工作职责是为部门经理提供销售信息的分析和汇总。请根据销售数据报表（"Excel.xlsx"文件），按照如下要求完成统计和分析工作。

（1）请对"订单明细"工作表进行格式调整，通过套用表格格式的方法将所有的销售记录调整为一致的外观格式，并将"单价"列和"小计"列所包含的单元格调整为"会计专用"（人民币）数字格式。

（2）根据图书编号，在"订单明细"工作表的"图书名称"列中，使用 VLOOKUP 函数完成图书名称的自动填充。"图书名称"和"图书编号"的对应关系在"编号对照"工作表中。

（3）根据图书编号，在"订单明细"工作表的"单价"列中，使用 VLOOKUP 函数完成图书单价的自动填充。"单价"和"图书编号"的对应关系在"编号对照"工作表中。

（4）在"订单明细"工作表的"小计"列中，计算每笔订单的销售额。

（5）根据"订单明细"工作表中的销售数据，统计所有订单的总销售金额，并将其填写在"统计报告"工作表的 B3 单元格中。

（6）根据"订单明细"工作表中的销售数据，统计《MS Office 高级应用》图书在 2012 年的总销售额，并将其填写在"统计报告"工作表的 B4 单元格中。

（7）根据"订单明细"工作表中的销售数据，统计隆华书店在 2011 年第 3 季度的总销售额，并将其填写在"统计报告"工作表的 B5 单元格中。

（8）根据"订单明细"工作表中的销售数据，统计隆华书店在 2011 年的每月平均销售额（保留 2 位小数），并将其填写在"统计报告"工作表的 B6 单元格中。

（9）保存"Excel.xlsx"文件。

2．财务部助理小王需要向主管汇报 2013 年度公司差旅报销情况，现在请按照如下需求，在 Excel.xlsx 文档中完成以下工作。

（1）在"费用报销管理"工作表"日期"列的所有单元格中，标注每个报销日期属于星期几，例如日期为"2013 年 1 月 20 日"的单元格应显示为"2013 年 1 月 20 日星期日"，日期为"2013 年 1 月 21 日"的单元格应显示为"2013 年 1 月 21 日星期一"

（2）如果"日期"列中的日期为星期六或星期日，则在"是否加班"列的单元格中显示"是"，否则显示"否"（必须使用公式）。

（3）使用公式统计每个活动地点所在的省份或直辖市，并将其填写在"地区"列所对应的单元格中，例如"北京市""浙江省"。

（4）依据"费用类别编号"列内容，使用 VLOOKUP 函数，生成"费用类别"列内容。对照关系参考"费用"。

（5）在"差旅成本分析报告"工作表 B3 单元格中，统计 2013 年第 2 季度发生在北京市的差旅费用总金额。

（6）在"差旅成本分析报告"工作表 B4 单元格中，统计 2013 年员工钱顺卓报销的火车票费用总额。

（7）在"差旅成本分析报告"工作表 B5 单元格中，统计 2013 年差旅费用中，飞机票费用占所有报销费用的比例，并保留 2 位小数。

（8）在"差旅成本分析报告"工作表 B6 单元格中，统计 2013 年发生在周末（星期六和星期日）的通信补助总金额。

3．小李是东方公司的会计，利用自己所学的办公软件进行记账管理，为节省时间，同时又确保记账的准确性，她使用 Excel 编制了 2014 年 3 月员工工资表"Excel.xlsx"。

请根据下列要求帮助小李对该工资表进行整理和分析（提示：本题中若出现排序问题则采用升序方式）。

（1）通过合并单元格，将表名"东方公司 2014 年 3 月员工工资表"放于整个表的上端、居中，并调整字体、字号。

（2）在"序号"列中分别填入 1 到 15，将其数据格式设置为数值、保留 0 位小数、居中。

（3）将"基础工资"（含）往右各列设置为会计专用格式、保留 2 位小数、无货币符号。

（4）调整表格各列宽度、对齐方式，使得显示更加美观。设置纸张大小为 A4、横向，整个工作表需调整在 1 个打印页内。

（5）参考考生文件夹下的"工资薪金所得税率.xlsx"，利用 IF 函数计算"应交个人所得税"列。（提示：应交个人所得税=应纳税所得额*对应税率–对应速算扣除数）

（6）利用公式计算"实发工资"列，公式为：实发工资=应付工资合计–扣除社保–应交个人所得税。

（7）复制工作表"2014 年 3 月"，将副本放置到原表的右侧，并命名为"分类汇总"。

（8）在"分类汇总"工作表中通过分类汇总功能求出各部门"应付工资合计""实发工资"的和，每组数据不分页。

第5章 Excel 2010数据处理与图表

Excel 2010 是一款功能非常强大的数据处理软件，可以轻松实现对大量数据的管理与分析。

本章主要介绍了在 Excel 中创建图表、Excel 数据分析与处理、Excel 中的超级表格和 Excel 与其他程序的协同与共享等内容，具体包括：

- 创建图表、修饰与编辑图表、打印图表、创建并编辑迷你图；
- 合并计算、对数据进行排序、从数据中筛选、数据分类汇总与分级显示、数据透视表与数据透视图、模拟分析和运算；
- 超级表格的创建和转换、超级表格的特征和功能；
- 共享、修订、批注工作簿、与其他应用程序共享数据。

5.1 在 Excel 中创建图表

Excel 2010 强大的图表功能能够更加直观地将工作表中的数据表现出来，使原本枯燥无味的数据信息变得生动形象起来。有时用许多文字也无法表达的问题，可以用图表轻松地解决，并能够做到层次分明、条理清楚、易于理解。用户还可以对图表进行适当的美化，使其更加赏心悦目。

5.1.1 创建图表

1. 图表类型

Excel 中常用的图表类型包括：柱形图、折线图、饼图、条形图、面积图、散点图、股价图、曲面图、圆环图、气泡图和雷达图等，每种图表类型还包含多种子图表类型。

（1）柱形图用于显示一段时间内的数据变化或说明各项之间的比较情况。在柱形图中，通常沿横坐标轴组织类别，沿纵坐标轴组织值。

（2）折线图可以显示随时间而变化的连续数据（根据常用比例设置），因此非常适用于显示在相等时间间隔下数据的趋势。在折线图中，类别数据沿水平轴均匀分布，所有的值沿垂直轴均匀分布。

（3）饼图显示一个数据系列中各项的大小，与各项总和成比例。饼图中的数据点（数据点：在图表中绘制的单个值，这些值由条形、柱形、折线、饼图或圆环图的扇面、圆点和其他被称为数据标记的图形表示。相同颜色的数据标记组成一个数据系列）显示为整个饼图的百分比。

（4）排列在工作表的列或行中的数据可以绘制到条形图中。条形图显示各项之间的比较情况。

（5）面积图强调数量随时间而变化的程度，可用于引起人们对总值趋势的注意。例如，表示随时间而变化的利润的数据可以绘制到面积图中以强调总利润。通过显示所绘制的值的总和，面积图还可以显示部分与整体的关系。

（6）散点图有两个数值轴，沿横坐标轴（x轴）方向显示一组数值数据，沿纵坐标轴（y轴）方向显示另一组数值数据。散点图将这些数值合并到单一数据点并按不均匀的间隔或簇来显示它们。散点图通常用于显示和比较数值，例如科学数据、统计数据和工程数据。

（7）顾名思义，股价图通常用来显示股价的波动。这种图表也可用于科学数据，例如，可以使用股价图来说明每天或每年温度的波动。必须按正确的顺序来组织数据才能创建股价图。

（8）排列在工作表的列或行中的数据可以绘制到曲面图中。如果您要找到两组数据之间的最佳组合，可以使用曲面图。就像在地形图中一样，颜色和图案表示处于相同数值范围内的区域。当类别和数据系列都是数值时，可以使用曲面图。

（9）仅排列在工作表的列或行中的数据可以绘制到圆环图中。像饼图一样，圆环图显示各个部分与整体之间的关系，但是它可以包含多个数据系列（数据系列：在图表中绘制的相关数据点，这些数据源自数据表的行或列。图表中的每个数据系列具有唯一的颜色或图案并且在图表的图例中表示。可以在图表中绘制一个或多个数据系列。饼图只有一个数据系列）。

（10）列在工作表的列中的数据（第一列中列出 x 值，在相邻列中列出相应的 y 值和气泡大小的值）可以绘制到气泡图中。

（11）排列在工作表的列或行中的数据可以绘制到雷达图中。雷达图可以用来比较几个数据系列的聚合值。

2. 创建基本的图表

使用图表向导创建图表的具体操作步骤如下。

（1）打开一个工作表文件，选定需要创建图表的单元格区域，本部分以图 5.1 所示的月平均降水量表为例来具体说明图表的创建过程，本部分选定的单元格区域是 A1:B7。

（2）单击【插入】标签，单击功能区中的【图表】组右下角的创建图表按钮，弹出【插入图表】窗口。

（3）用户可以根据需要选择相应的图表类型，本例中选择的是柱形图中的第一个"簇状柱形图"。

（4）设置图表类型后，将弹出图 5.2 所示的图表。

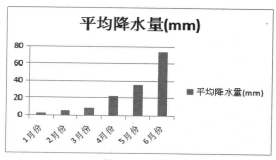

	A	B
1	月份	平均降水量(mm)
2	1月份	3
3	2月份	6
4	3月份	9
5	4月份	22
6	5月份	36
7	6月份	74
8	7月份	179
9	8月份	177
10	9月份	53
11	10月份	23
12	11月份	8
13	12月份	2

图 5.1　月平均降水量表

图 5.2　柱状图

3. 编辑图表

如果用户对已完成的图表不太满意，可以对图表进行编辑或修饰，例如，增加一些数据、标题，为图表设置颜色、边框等。

（1）选定图表：对图表进行编辑之前，必须选定图表，对于嵌入式图表，只需在图表上单击鼠标左键即可；对于图表工作表，只需切换到图表所在的工作表即可。

（2）调整图表：当用户选定图表后，图表周围会出现一个边框，且边框上带有 8 个黑色的尺寸控制点，在尺寸控制点上按住鼠标左键并拖动，可以调整图表的大小，在图表上按住鼠标左键并拖动，可以将图表移动到新的位置。

（3）修改文本：文本的编辑是指对图表增加说明性文字，包括标题、坐标轴、网格线、图例、数据标志、数据表等，通过【图表工具】里的命令来实现。

4. 将图表移动到单独的工作表中

默认情况下，图表作为嵌入图表放在基础数据对应的工作表上。如果要将图表放在单独的图表工作表中，可以通过执行下列操作来实现。

（1）单击嵌入图表的任意位置将其激活。此时菜单区将在【团队】选项卡后显示【图表工具】，增加了【设计】【布局】和【格式】3 个选项卡，如图 5.3 所示。

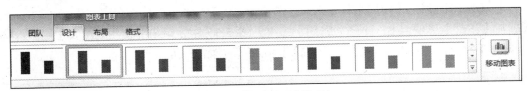

图 5.3　【图表工具】选项卡

（2）在【设计】选项卡上的【位置】组中，单击【移动图表】。

（3）弹出的【移动图表】对话框中，在【选择放置图表的位置】下，单击【新工作表】。如果要替换存放图表的工作表的建议名称，就在【新工作表】框中键入新的名称。

（4）单击【确定】按钮，图片就插入在新的工作表中了。

5. 图表的结构

Excel 图表由图表区、绘图区、图表标题、数据系列、图例和网格线等基本元素构成，如图 5.4 所示，各个元素能够根据需要设置显示或隐藏。

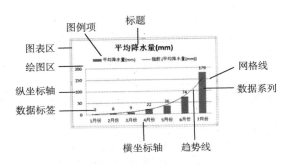

图 5.4　Excel 图表的结构

图表区：图表区是承载整个图表元素的区域，除了自定义添加的辅助形状，图表中的各个元素都在图表区中，图表区可以任意更改大小。

绘图区：位于图表区靠中间位置的较大区域，它主要承载图表的数据系列和坐标轴，可自定义颜色和效果。

图表标题：即整个图表的标题，通常很直白，直接表明图表的主要内容。

坐标轴：主要包括横坐标轴和纵坐标轴，若有需要，还可能存在次要坐标轴，用来表明数据系列的一些维度，使数据系列有意义。

图例项：各个数据系列的说明。

数据系列：图表中最显眼的一个部分，数据的"化身"，它将单纯的数据图形化表达，在图表中分析数据主要是分析数据系列。

5.1.2 修饰与编辑图表

1. 更改图表的布局和样式

（1）应用预定义图表布局

① 单击要使用预定义图表布局来设置其格式的图表的任意位置。此时菜单栏将显示【图表工具】，其上增加了【设计】【布局】和【格式】选项卡。

② 在【设计】选项卡上的【图表布局】组（见图 5.5）中，单击要使用的图表布局。本文中，将平均降水量柱状图的图表布局改为【布局 6】。显示效果如图 5.6 所示。

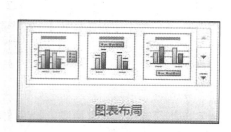

图 5.5 【图表布局】组

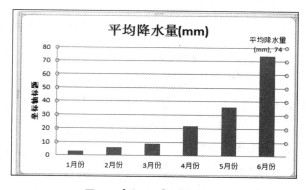

图 5.6 【布局 6】的显示效果

（2）手动更改图表元素的布局

本部分以修改采用了【布局 6】的平均降水量图表（见图 5.6）标题的位置为例，说明如何修改图表元素的布局。

① 单击图表内的任意位置以显示【图表工具】。

② 在【格式】选项卡上的【当前所选内容】组中，单击最上面的【图表元素】框中的箭头，然后单击所需的图表元素，这里选择【图表标题】。

③ 在【布局】选项卡上的【标签】【坐标轴】或【背景】组中，单击与所选图表元素相对应的图表元素按钮，然后单击所需的布局选项。此处，在【标签】组单击【图表标题】，在弹出的菜单中选择【居中覆盖标题】，修改后的显示效果如图 5.7 所示。

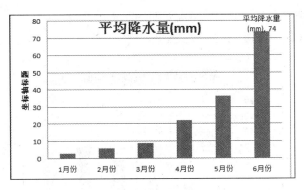

图 5.7　手动更改图表标题的布局

（3）应用预定义图表样式

① 单击要使用预定义图表样式来设置其格式的图表中的任意位置。此时将显示【图表工具】，其上增加了【设计】【布局】和【格式】选项卡。

② 在【设计】选项卡上的【图表样式】组中，单击要使用的图表样式（见图 5.8）。

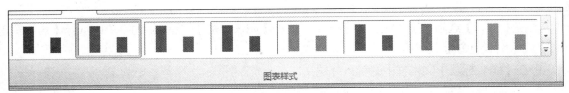

图 5.8　【图表样式】组

（4）手动更改图表元素的格式

① 单击图表内的任意位置以显示【图表工具】。

② 在【格式】选项卡上的【当前选择】组中，单击【图表元素】框中的箭头，然后单击所需的图表元素。

③ 在【格式】选项卡上，执行下列一项或多项操作：若要为选择的任意图表元素设置格式，在【当前所选内容】组中单击【设置所选内容格式】，然后选择所需的格式设置选项；若要为所选图表元素的形状设置格式，在【形状样式】组中单击需要的样式，或者单击【形状填充】【形状轮廓】或【形状效果】，然后选择需要的格式选项；若要使用艺术字设置所选图表元素中文本的格式，在【艺术字样式】组中单击相应样式，还可以单击【文本填充】【文本轮廓】或【文本效果】，然后选择所需的格式设置选项。图 5.9 所示为标题设置了艺术字显示效果的图表。

2．更改图表类型

（1）选择要更改类型的图表或要更改的数据系列。此操作将显示【图表工具】，其中包含【设计】【布局】和【格式】选项卡。

（2）在【设计】选项卡上的【类型】组中，单击【更改图表类型】。

Office 高级应用教程

（3）在【更改图表类型】对话框中，单击要使用的图表类型。

（4）单击【确定】按钮，即可完成图表类型的更改。

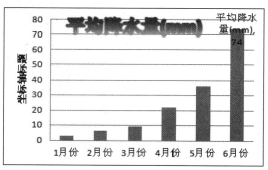

图 5.9　手动为标题设置格式

 注意 一次只能更改一个数据系列的图表类型。若要更改图表中多个数据系列的图表类型，需针对要更改的每个数据系列重复此过程的各个步骤。

3. 添加标题

（1）添加图表标题

① 选择要更改标题的图表。此操作将显示【图表工具】，其中包含【设计】【布局】和【格式】选项卡。

② 在【布局】选项卡上的【标签】组中，单击【图表标题】，在弹出的菜单中选择【居中覆盖标题】或【图表上方】。

③ 在【图表标题】文本框中，输入标题文字。

（2）添加坐标轴标题

① 选择要更改标题的图表。此操作将显示【图表工具】，其中包含【设计】【布局】和【格式】选项卡。

② 在【布局】选项卡上的【标签】组中，单击【坐标轴标题】。若要向主要横（分类）坐标轴添加标题，单击【主要横坐标轴标题】，然后单击所需的选项；若要向主要纵（值）坐标轴添加标题，单击【主要纵坐标轴标题】，然后单击所需的选项；若要向竖（系列）坐标轴添加标题，单击【竖坐标轴标题】，然后单击所需的选项（此选项仅在所选图表是真正的三维图表时才可用）。

③ 在图表中显示的【坐标轴标题】文本框中，键入所需的文本。

④ 若要设置文本的格式，先选择文本，然后在【浮动工具栏】上单击所需的格式选项。

（3）把标题链接到工作表单元格

① 在图表上，单击要链接到工作表单元格的图表或坐标轴标题。

② 单击工作表上的编辑栏，然后键入一个等号（＝）。

③ 选择包含要在图表中显示的数据或文本的工作表单元格。

④ 按 Enter 键。

4. 添加数据标签

（1）首先，选择要添加数据标签的数据点，根据需要添加数据标签的数据点的不同，采用不同的操作方法。

若要向所有数据系列的所有数据点添加数据标签，单击图表区；若要向一个数据系列的所有数据点添加数据标签，单击该数据系列中需要标签的任意位置；若要向一个数据系列中的单个数据点添加数据标签，单击包含要标记的数据点的数据系列，然后单击要标记的数据点。

（2）此时将显示【图表工具】，其上增加了【设计】【布局】和【格式】选项卡。

（3）在【布局】选项卡上的【标签】组中，单击【数据标签】，然后单击所需的显示选项。

5. 设置图例和坐标轴

（1）设置图例

创建图表时会显示图例，可以在图表创建完毕后隐藏图例或更改图例的位置。

① 单击要在其中显示或隐藏图例的图表。此时将显示【图表工具】，其上增加了【设计】【布局】和【格式】选项卡。

② 在【布局】选项卡上的【标签】组中，单击【图例】，执行下列操作之一：若要隐藏图例，单击【无】按钮；若要显示图例，单击所需的显示选项；若要查看其他选项，单击【其他图例选项】，然后选择所需的显示选项。根据需要进行更改后即可完成对图例的修改。

（2）设置坐标轴

在创建图表时，会为大多数图表类型显示主要坐标轴。创建三维图表时会显示竖坐标轴。用户可以根据需要启用或禁用坐标轴。添加坐标轴时，可以指定让坐标轴显示的信息的详细程度。

设置坐标轴主要步骤如下。

① 单击要显示或隐藏其坐标轴的图表。此时将显示【图表工具】，其上增加了【设计】【布局】和【格式】选项卡。

② 在【布局】选项卡上的【坐标轴】组中，单击【坐标轴】，打开下拉列表。

③ 根据需要分别设置横纵坐标轴是否显示以及相应的显示方式。

④ 若要指定详细的坐标轴显示和刻度选项，单击【主要横坐标轴】【主要纵坐标轴】或【竖坐标轴】（在三维图表中），然后单击【其他主要横坐标轴选项】【其他主要纵坐标轴选项】或【其他竖坐标轴选项】。

⑤ 在打开的对话框中，对坐标轴显示的详细信息进行设置。

（3）显示或隐藏网格线

显示或隐藏网格线的具体操作步骤如下。

① 单击要为其显示或隐藏图表网格线的图表。此时将显示【图表工具】，其上增加了【设计】【布局】和【格式】选项卡。

② 在【布局】选项卡上的【坐标轴】组中，单击【网格线】，打开下拉列表。

③ 若要向图表中添加横网格线，指向【主要横网格线】，然后单击所需的选项，如果图表有次要水平轴，还可以单击【次要网格线】；若要向图表中添加纵网格线，指向【主要纵网格线】，然后单击所需的选项，如果图表有次要垂直轴，还可以单击【次要网格线】；若要将竖网格线添加到三维图表中，指向【竖网格线】，然后单击所需选项，此选项仅在所选图表是真正的三维图表（如三维柱形图）时才可用。

④ 要隐藏图表网格线，指向【主要横网格线】【主要纵网格线】或【竖网格线】（三维图表上），然后单击【无】按钮，如果图表有次要坐标轴，还可以单击【次要横网格线】或【次要纵网格线】，

然后单击【无】按钮。

⑤ 若要快速删除图表网格线，可以选中它们，然后按 Delete 键。

5.1.3 打印图表

1. 只打印图表

如果图表放置在单独的工作表中，直接打印工作表即可单独把图表打印出来。

如果图表以嵌入的方式和数据列表位于同一张工作表中，要单独打印图表，选中需要打印的图表，通过【文件】菜单中的【打印】命令即可直接打印。

2. 作为表格的一部分打印图表

选中工作表的任意位置（不能选中图表），通过【文件】菜单中的【打印】命令可直接把图表作为表格的一部分打印出来。

3. 只打印工作表中的数据，而不打印图表

（1）在不想打印的图表上单击鼠标右键，然后从弹出菜单中选择【图表区格式】命令。

（2）在【图表区格式】对话框中单击【属性】选项卡，然后取消选择复选框【打印对象】。

（3）单击【确定】按钮。通过【文件】菜单中的【打印】命令可只打印工作表中的数据，而不打印图表。

5.1.4 创建并编辑迷你图

在 Excel 2010 中，可以利用【迷你图】在一个单元格中创建简单的小型图表，从而清晰地显示数据的变化趋势。

迷你图的图形简洁，没有坐标轴、图表标题、图例、网格线等图表元素，主要体现数据的变化趋势或对比。

迷你图包括折线图、柱形图和盈亏图 3 种图表类型，创建一个迷你图之后，可以通过填充功能，快速创建一组图表。

1. 创建迷你图

本文以创建图 5.10 所示的 F2 单元格中的迷你图为例来说明如何创建迷你图。

	A	B	C	D	E	F
1	姓名	一季度	二季度	三季度	四季度	迷你图
2	柳若馨	84	89	99	82	
3	白鹤天	45	71	45	50	
4	冷语嫣	93	46	83	96	
5	苗冬雪	79	53	62	46	
6	夏之春	78	83	63	72	

图 5.10 迷你图示例

（1）输入基本的数据（A1:E6 单元格区域），选择要在其中插入一个或多个迷你图的一个空白单元格或一组空白单元格，此处选中 F2 这个单元格。

（2）在【插入】选项卡上的【迷你图】组中，单击要创建的迷你图的类型：【折线图】【柱形图】或【盈亏图】，此处选择【折线图】。

（3）在【数据区域】框中，键入包含迷你图所基于的数据的单元格区域，此处输入"B2:E2"。

（4）单击【确定】按钮，可以发现迷你图已经插入 F2 单元格中。选中 F2 单元格，拖动填充柄即可完成 F3:F6 这 4 个单元格的迷你图插入。

2. 更改迷你图的类型

当在工作表上选择一个或多个迷你图时，将会出现【迷你图工具】，并显示【设计】选项卡。在【设计】选项卡上，可以从下面的组中选择几个命令中的一个或多个：【迷你图】【类型】【显示】【样式】和【组】。

使用这些命令可以创建新的迷你图、更改迷你图类型、设置迷你图格式、显示或隐藏折线迷你图上的数据点，或者设置迷你图组中的垂直轴的格式。

更改迷你图类型的具体操作步骤如下。

（1）取消迷你图组合。以填充柄形式生成的系列迷你图，自动组合成一个图组。首先需要选择要取消组合的图组，本文中选择 F3:F6 单元格区域。

（2）选中要改变类型的迷你图，本文选择 F4 单元格。

（3）在【设计】选项卡上，从【类型】组中选择【柱形图】命令，F4 单元格中的迷你图就变成了柱形图，如图 5.11 所示。

	A	B	C	D	E	F
1	姓名	一季度	二季度	三季度	四季度	迷你图
2	柳若馨	84	89	99	82	
3	白鹤天	45	71	45	50	
4	冷语嫣	93	46	83	96	
5	苗冬雪	79	53	62	46	
6	夏之春	78	83	63	72	

图 5.11　修改迷你图的类型

3. 突出显示数据点

可以通过使一些或所有标记可见来突出显示折线迷你图中的各个数据标记（值）。

（1）选择要设置格式的一幅或多幅迷你图。

（2）在【迷你图工具】中，单击【设计】选项卡，根据需要进行设置。

① 在【显示】组中，选中【标记】复选框以显示所有数据标记；

② 在【显示】组中，选中【负点】复选框以显示负值；

③ 在【显示】组中，选中【高点】或【低点】复选框以显示最高值或最低值；

④ 在【显示】组中，选中【首点】或【尾点】复选框以显示第一个值或最后一个值。

4. 迷你图样式设置

（1）选择要设置样式的一个迷你图或一个迷你图组。

（2）若要应用预定义的样式，在【设计】选项卡上的【样式】组中，单击某个样式，或单击该框右下角的【更多】按钮以查看其他样式。

（3）若要更改迷你图或其标记的颜色，单击【迷你图颜色】或【标记颜色】，然后单击所需选项。

5. 处理空单元格或零值

（1）选择要设置样式的一个迷你图或一个迷你图组。

（2）若要设置对于空单元格的处理方式，在【设计】选项卡上的【迷你图】组中，单击【编辑数据】按钮，弹出【隐藏和空单元格设置】对话框，在该对话框中进行相应设置可以控制迷你图如何处理区域中的空单元格（从而控制如何显示迷你图）。

5.2 Excel 数据分析与处理

5.2.1 合并计算

合并计算可以汇总多个单独工作表中数据的结果，也可以将每个单独工作表中的数据合并到一个主工作表中。

例如，年终，化工厂分别收到不同车间的产量，需要利用合并计算功能将这些数据合并到一个工作表中，以便统计分析每种产品的总产量和平均产量，具体操作步骤如下。

（1）打开需要合并计算的工作簿，此处打开 "5.2.1 合并计算工厂年度数据" 工作簿。

（2）切换到要放置合并数据的工作表，确定要放置合并数据的单元格区域，在该区域左上角的第一个单元格单击鼠标左键，此处打开名称为 "总产量" 的工作表，存放合并数据的单元格区域是 B4:E10，单击 B4 单元格。

（3）在【数据】选项卡的【数据工具】组中，单击【合并计算】按钮，打开【合并计算对话框】。

（4）在【函数】下拉框中，选择一个汇总函数。此处选择【求和】函数。

（5）在【引用位置】框中单击鼠标，选择合并区域。

（6）在【合并计算】对话框中，单击【添加】按钮，选定的合并计算区域就会显示在【所有引用位置】列表框中。

（7）重复（5）和（6），添加其他的合并数据区域，最终的引用位置列表框的内容如图 5.12 所示。

（8）在【标签位置组】中，根据需要选择表示标签在源数据区中所在位置复选框，此处的选择区域是单纯的数据，不包含标题行，所以两个复选框都不选。

（9）单击【确定】按钮，完成数据合并，最终的合并结果如图 5.13 所示。用类似的方法，可以完成对平均常量的合并计算。

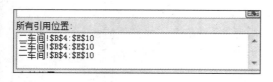

图 5.12 所有引用位置列表框的内容

图 5.13 合并计算的结果

5.2.2 对数据进行排序

Excel 最常用的功能之一是管理一系列的数据列表。Excel 中提供了多种方法对数据列表进行排序，可以根据需要按行或列进行升序、降序或自定义排序操作。Excel 2010 可以支持 64 个排序条件，而且可以根据单元格内的背景色及姿态颜色进行排序。如果数据列表中使用了条件格式中的图标集，还可以按照单元格内显示的图标进行排序。

1. 单列排序

简单排序是指对单一字段排列，单击要排序的数据所在列的任意单元格，可利用【数据】标签中的 、 按钮来快速地实现升序或降序排序。

例如，对"5.2.2 按单列排序"表按照"运货商公司"字段升序排序，只需单击"运货商公司"所在列的任意单元格，如 A4，然后单击【数据】标签中的 按钮即可实现。

2. 复杂多列排序

当排序的字段有相同值时，可使用【数据】标签中【排序】命令对多个字段进行复杂排序。

例如，对"5.2 员工工资管理表"按"实发工资"字段为第一关键字降序排列，对相同"实发工资"的按"员工编号"字段升序排列，具体操作步骤如下。

（1）选择要排序的单元格区域，本例中选择 A2:M22。

（2）在【数据】选项卡的【排序和筛选】组中，单击【排序】按钮，将显示【排序】对话框。

（3）在【列】下的【排序依据】框中，选择要排序的第一列，本例中选择"实发工资"。

（4）在【排序依据】下，选择排序类型。执行下列操作之一：若要按文本、数字或日期和时间进行排序，选择【数值】；若要按格式进行排序，选择【单元格颜色】【字体颜色】或【单元格图标】。本例中实发工资是数字，因此选择【数值】。

（5）在【次序】下，选择排序方式是【升序】或【降序】，本例中选择【降序】。若要添加作为排序依据的另一列，单击【添加条件】，然后重复步骤 3~5，本例中用类似的方法，添加员工编号作为【次要关键字】，最终的排序窗口如图 5.14 所示。

图 5.14　排序字段设置结果

（6）单击【确定】按钮，即可看到排序之后的最终结果，如图 5.15 所示。

3. 按笔画排序

默认情况下，Excel 是按照字母顺序对汉字排序的。以中文姓名为例，就是按照姓的拼音首字母在 26 个英文字母中的先后顺序排序，如果同姓，则依次根据姓名的第二、三个字排序。根据中国人的习惯，大多数情况下需要按照"姓氏笔画"顺序来对姓名排序，这种排序规则根据姓氏笔画数的多少排序，同笔画的姓名按起笔顺序排序，同姓的按姓名第二、三个字排序。

可以单击排序对话框里的【选项】命令，改变排序的方向和方法，对汉字按笔画排序或按字母排序等。

	A	B	C	D	E	F	G	H	I	J	K	L	M
1							员工工资管理表						
2	月份	员工编号	姓名	部门	基本工资	住房补贴	交通补贴	全勤奖	考勤扣款	社保金	应发工资	应扣个税	实发工资
3	2016年12月	4	陈晓	销售处	¥6,800.00	¥300.00	¥300.00	¥680.00	¥ -	¥500.00	¥7,580.00	¥303.00	¥7,277.00
4	2016年12月	1	张红	办公室	¥6,900.00	¥300.00	¥300.00	¥ -	¥338.73	¥400.00	¥6,761.27	¥221.13	¥6,540.15
5	2016年12月	12	程明君	后勤处	¥6,700.00	¥300.00	¥300.00	¥ -	670.00	¥300.00	¥6,330.00	¥178.00	¥6,152.00
6	2016年12月	9	陈世豪	后勤处	¥5,500.00	¥300.00	¥200.00	¥550.00	¥ -	¥300.00	¥6,250.00	¥170.00	¥6,080.00
7	2016年12月	10	楠叶	外联部	¥5,400.00	¥300.00	¥200.00	¥ -	216.00	¥300.00	¥5,384.00	¥83.40	¥5,300.60
8	2016年12月	13	伍小薇	办公室	¥4,700.00	¥300.00	¥200.00	¥470.00	¥ -	¥300.00	¥5,370.00	¥82.00	¥5,288.00
9	2016年12月	14	谢玲均	售后服务处	¥4,500.00	¥300.00	¥200.00	¥450.00	¥ -	¥300.00	¥5,150.00	¥60.00	¥5,090.00
10	2016年12月	16	卢俊峰	财务处	¥5,600.00	¥300.00	¥200.00	¥ -	560.00	¥300.00	¥5,140.00	¥59.00	¥5,081.00
11	2016年12月	8	朱珠	财务处	¥6,700.00	¥300.00	¥300.00	¥ -	¥1,778.55	¥400.00	¥5,121.45	¥57.15	¥5,064.31
12	2016年12月	15	余丽华	外联部	¥6,900.00	¥300.00	¥300.00	¥ -	¥2,070.00	¥300.00	¥4,930.00	¥42.90	¥4,887.10
13	2016年12月	3	王敏	外联部	¥4,900.00	¥300.00	¥200.00	¥ -	500.00	¥300.00	¥4,700.00	¥36.00	¥4,664.00
14	2016年12月	5	冯珊珊	销售处	¥4,500.00	¥300.00	¥200.00	¥ -	40.91	¥400.00	¥4,559.09	¥31.77	¥4,527.32
15	2016年12月	2	李小青	销售处	¥5,700.00	¥300.00	¥200.00	¥ -	¥1,513.09	¥300.00	¥4,386.91	¥26.61	¥4,360.30
16	2016年12月	11	康其忠	办公室	¥5,000.00	¥300.00	¥200.00	¥ -	¥1,145.45	¥300.00	¥4,054.55	¥16.64	¥4,037.91
17	2016年12月	17	熊鸿燕	财务处	¥5,100.00	¥300.00	¥200.00	¥ -	¥1,353.82	¥300.00	¥3,946.18	¥13.39	¥3,932.80
18	2016年12月	19	吴辉煌	外联部	¥3,900.00	¥300.00	¥200.00	¥ -	191.45	¥300.00	¥3,908.55	¥12.26	¥3,896.29
19	2016年12月	18	杨莉	外联部	¥4,000.00	¥300.00	¥200.00	¥ -	400.00	¥300.00	¥3,800.00	¥9.00	¥3,791.00
20	2016年12月	7	姚小阴	财务处	¥4,400.00	¥300.00	¥200.00	¥ -	880.00	¥300.00	¥3,720.00	¥6.60	¥3,713.40
21	2016年12月	20	赵吕明	后勤处	¥3,600.00	¥300.00	¥200.00	¥ -	235.64	¥300.00	¥3,564.36	¥1.93	¥3,562.43
22	2016年12月	6	黄斌	销售处	¥4,400.00	¥300.00	¥200.00	¥ -	¥1,320.00	¥300.00	¥3,280.00	¥ -	¥3,280.00
23													

图 5.15　排序后的效果

例如对"示例 5.2.2 按笔画排列姓名"表按照笔画排序，具体操作步骤如下。

（1）单击数据区域中的任意单元格，如 A3，在【数据】选项卡单击【排序】按钮，弹出【排序】对话框。

（2）在【排序】对话框中，主要关键字选择"姓名"，排序次序为"升序"，单击【选项】按钮，打开【排序选项】对话框。

（3）在【排序选项】对话框选择【笔画排序】单选按钮，单击【确定】关闭对话框。排序完成效果如图 5.16 所示。

4. 按行排序

Excel 默认按列排序，如果需要按行排序，需要进行相关的设置。

例如，打开"5.2.2 按行排序"表，对费用支出进行降序排列，操作步骤如下。

（1）单击数据区域中的任意单元格，如 B2，在【数据】选项卡中单击【排序】按钮，弹出【排序】对话框。

	A	B	C	D
1	姓名	性别	籍贯	
2	丁一民	男	福建	
3	白金飞	男	上海	
4	白彩玲	女	北京	
5	任小伟	男	江苏	
6	陈安东	男	北京	
7	陈春秀	女	河北	
8	董大伟	男	江苏	
9	董艳慧	女	浙江	
10	程建男	男	吉林	
11	蔡燕娟	女	广州	

图 5.16　排序完成效果图

（2）在【排序】对话框中，单击【选项】按钮，打开【排序选项】对话框。

（3）在【排序选项】对话框选择【按行排序】单选按钮，单击【确定】关闭对话框。

（4）在【排序】对话框中，主要关键字选择"行 2"，次序选择"降序"，单击【确定】按钮，排序完成。效果如图 5.17 所示。

	A	B	C	D	E	F	G	H	I	J	K	L	M
1	月份	9月份	11月份	6月份	3月份	2月份	4月份	12月份	10月份	5月份	1月份	8月份	7月份
2	金额	1925	1901	1881	1691	1564	1500	1359	1328	1314	1306	1218	968

图 5.17　按行排序完成图

5. 按自定义序列排序

实际中，经常会使用特殊的次序，实现制定一个规则的排序，如按照职务排序、按照单位排序。例如，打开"5.2.2 自定义排序"表，按照内部职务顺序对人员进行排序，操作步骤如下。

（1）编辑自定义序列：依次单击【文件】→【Excel 选项】，打开【Excel 选项】对话框，切换到【高级】选项卡，单击右侧的【编辑自定义列表】按钮，打开【自定义序列】对话框。

（2）单击【自定义序列】对话框中的折叠按钮，选中存放自定义排序规则的 E2:E5 单元格区域，单击【导入】按钮，完成自定义列表的编辑。

（3）单击数据区域中的任意单元格，如 B2，在【数据】选项卡中单击【排序】按钮，弹出【排序】对话框。

（4）在【排序】对话框中，设置主要关键字为“职务”，在【次序】下拉列表中，选择【自定义序列……】，打开【自定义序列】对话框。

（5）在【自定义序列】对话框中，在输入序列中输入“总经理，副经理，部门主管，员工代表”，单击【添加】按钮，自动选中刚刚输入的自定义序列，单击【确定】按钮关闭【自定义序列】对话框。

（6）在【排序】对话框中单击【确定】按钮，完成排序，排序效果如图 5.18 所示。

6. 按单元格颜色排序

原始数据中对某些行根据需求加了单元格底色，现在需要将添加颜色的数据排列在表格的最上面。

例如，在“5.2.2 将红色单元格在表格中置顶显示”表，将红色单元格在表格中置顶显示，操作步骤如下。

（1）单击有红色底纹的任意单元格，如 C3，在【数据】选项卡中单击【排序】按钮，弹出【排序】对话框。

（2）在【排序】对话框中，设置主要关键字为“成绩”，次序区域依次选择【无单元格颜色】【在底端】。

（3）单击【确定】按钮，排序完成。效果如图 5.19 所示。

	A	B	C
1	姓名	性别	职务
2	纳知颜	女	总经理
3	汪诗敏	男	副经理
4	樱芷月	女	副经理
5	安佑吟	男	部门主管
6	简知秋	男	部门主管
7	乔翩飞	男	部门主管
8	沈漱儿	女	部门主管
9	葛恫声	男	员工代表
10	殷紫原	女	员工代表
11	俞心庭	男	员工代表
12			
13			

图 5.18　按职务自定义排序完成图

A	B	C
	姓名	成绩
	蔡燕娟	90
	白金飞	90
	董大伟	75
	白彩玲	93
	陈安东	77
	陈春秀	78
	程建男	80
	丁一民	81
	董艳慧	84
	任小伟	86

图 5.19　按单元格颜色排序完成图

5.2.3 从数据中筛选

筛选是从数据清单中查找和分析符合特定条件的记录数据的快捷方法，经过筛选的数据清单只显示满足条件的行，该条件由用户针对某列指定。Excel 2010 提供了两种筛选命令，即自动筛选和高级筛选。

1. 自动筛选

自动筛选适用于简单条件，通常是在一个数据清单的一个列中查找相同的值。利用【自动筛选】功能，用户可在具有大量记录的数据清单中快速查找出符合多重条件的记录。首先选定数据清单中的任意一个单元格，单击【数据】标签里的【筛选】命令，可以看到数据清单的列标题全部变成了下拉箭头，再次单击【数据】标签里的【筛选】命令，可以取消当前工作表中的筛选状态。

（1）按照文本特征筛选

对于文本型数据字段，列标题的下拉菜单中会显示【文本筛选】的更多选项，选择任意一项，将进入【自定义自动筛选方式】对话框，通过选择逻辑条件和置顶条件的具体值，最终完成自定义的筛选条件。

此处从"5.2.3 筛选表"中筛选所有姓董的学生的信息，具体操作步骤如下。

① 选定数据清单中的任意一个单元格，如 B3。

② 单击【数据】标签里的【筛选】命令，可以看到数据清单的列标题全部变成了下拉箭头，下拉菜单中会显示【文本筛选】的更多选项，选择【开头是……】，将进入【自定义自动筛选方式】对话框，在姓名区域依次选择【开头是】【董】。

③ 最终的筛选结果如图 5.20 所示。

（2）按照数字特征筛选

对于数值型数据字段，列标题的下拉菜单中会显示【数字筛选】的更多选项，选择任意一项，将进入【自定义自动筛选方式】对话框，通过选择逻辑条件和置顶条件的具体值，最终完成自定义的筛选条件。

此处从"5.2.3 筛选"中筛选所有语文成绩小于 80 分的学生的信息，具体操作步骤如下。

① 选定数据清单中的任意一个单元格，如 C3。

② 单击【数据】标签里的【筛选】命令，可以看到数据清单的列标题全部变成了下拉箭头，下拉菜单中会显示【数字筛选】的更多选项，选择【小于】，将进入【自定义自动筛选方式】对话框，在语文区域依次选择【小于】和【80】。

③ 筛选结果如图 5.21 所示。

	A	B	C	D	E
1	日期	姓名	语文	数学	总成绩
10	2017/3/1	董大伟	86	95	181
11	2017/3/2	董艳慧	82	96	178
17					

图 5.20 按照文本特征筛选的结果图

	A	B	C	D	E
1	日期	姓名	语文	数学	总成绩
2	2017/2/24	陈安东	68	85	153
3	2017/3/4	杜郎清	68	85	153
4	2017/2/22	白彩玲	72	76	148
7	2017/2/26	白金飞	69	65	134
12	2017/3/3	任小伟	68	82	150
14	2017/3/6	伊弄巧	69	65	134
16	2017/3/20	安志玄	68	90	158

图 5.21 按照数字特征筛选的结果图

（3）按照日期特征筛选

对于日期型数据字段，列标题的下拉菜单中会显示【日期筛选】的更多选项，选择任意一项，将进入【自定义自动筛选方式】对话框，通过选择逻辑条件和置顶条件的具体值，最终完成自定义的筛选条件。

（4）按照颜色或单元格图标筛选

如果要筛选的字段设置过字体颜色或者单元格底纹，列标题的下拉菜单中的【按颜色筛选】选项会变为可用状态，并列出单签字段中应用的字体颜色和单元格颜色。选择相应的颜色项，筛选出应用了该种填充颜色的数据。

（5）使用通配符进行模糊筛选

借助于通配符，可以在无法明确某项内容时，对某一类内容进行模糊筛选。例如，筛选第三位是 A 的商品的编号。

模糊筛选通配符的使用需要借助【自定义自动筛选方式】对话框，可以使用通配符"?"和"*"，"?"表示一个字符，"*"表示任意多个字符。

通配符筛选只能用于文本型数据，对其他类型无效。

（6）重新应用筛选规则

筛选操作执行完后，如果在数据区域添加了新数据，或者修改了筛选结果中的数据，单击【数据】选项卡中的【重新应用】按钮，可以依据之前的筛选规则，重新对数据区域进行筛选。

2. 高级筛选

如果数据清单中的字段比较多，筛选的条件复杂，则可以使用【高级筛选】功能来筛选数据。

（1）定义条件区域

要使用【高级筛选】功能，必须先建立一个条件区域，用来指定筛选的数据需要满足的条件，条件区域的第一行作为筛选条件的字段名，这些字段名必须与数据清单中的字段名完全相同，条件区域的其他行则用来输入筛选条件，筛选条件在同行表示这些条件是"与"的关系，不同行表示"或"的关系。需要注意的是：条件区域和数据清单不能相连，必须用一个空行将其隔开。

（2）两列之间运用"与"条件

例如，要筛选出部门是销售处且基本工资多于 5000 元的员工的信息，以"5.2 员工工资管理表"为例，介绍【高级筛选】功能的使用方法，具体操作步骤如下。

① 在数据清单所在的工作表中选定一个条件区域并输入筛选条件：在 E24 单元格中输入"基本工资"，在 E25 单元格中输入">5000"，在 F24 单元格中输入"部门"，在 F25 单元格中输入"销售处"，如图 5.22 所示。

图 5.22　数据筛选条件设置

② 选定数据清单中的任意一个单元格，单击【数据】标签栏中的【高级】命令，弹出【高级筛选】对话框，如图 5.23 所示。在【列表区域】指定要筛选的数据区域，可以用鼠标在工作表中直接选定；在【条件区域】指定含有筛选条件的区域，同样用鼠标选定。

③ 按图 5.23 所示进行相应的设置并单击【确定】按钮，则筛选出销售处且基本工资多于 5000 元的员工的信息，如图 5.24 所示。

图 5.23 【高级筛选】对话框

	A	B	C	D	E	F	G	H	I	J	K	L	M
1							员工工资管理表						
2	月份	员工编号	姓名	部门	基本工资	住房补贴	交通补贴	全勤奖	考勤扣款	社保金	应发工资	应扣个税	实发工资
4	2016年12月	2	李小青	销售处	￥5,700.00	￥300.00	￥200.00	￥-	￥1,513.09	￥300.00	￥4,386.91	￥26.61	￥4,360.30
6	2016年12月	4	陈晓	销售处	￥6,800.00	￥300.00	￥300.00	￥680.00	￥-	￥500.00	￥7,580.00	￥303.00	￥7,277.00
23													
24					基本工资	部门							
25					>5000	销售处							
26													
27													

图 5.24 筛选结果

（3）两列之间运用"或"条件

设置方法与两列之间运用"与"条件的大体一致，需要注意的是：两列之间运用"或"条件，描述条件值时，不同条件位于不同行，如图 5.25 所示。

3. 清除筛选

若要在多列单元格区域或表中清除对某一列的筛选，单击该列标题上的【筛选】按钮，然后单击【从列名中清除筛选】。

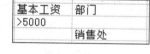

图 5.25 筛选条件"或"的设置

基本工资	部门
>5000	
	销售处

若要清除工作表中的所有筛选并重新显示所有行在【数据】选项卡上的【排序和筛选】组中，单击【清除】即可。

5.2.4 数据分类汇总与分级显示

1. 插入分类汇总

当用户对表格数据或原始数据进行分析处理时，往往需要对其进行汇总，还要插入带有汇总信息的行，Excel 2010 提供的【分类汇总】功能将使这项工作变得简单易行，它会自动地插入汇总信息行，不需要人工进行操作。汇总方式灵活多样，如求和、平均值、最大值、标准方差等，可以满足用户多方面的需要。

注意 如果要对数据进行分类汇总，首先要对其进行排序。

此处对"5.2 员工工资管理表"的数据按部门计算每个部门的平均实发工资，首先将数据按部门进行排序，再进行分类汇总，具体操作步骤如下。

（1）选定工作表，单击【数据】标签栏中的【分类汇总】命令，弹出【分类汇总】对话框，【分类字段】选择"部门"，【汇总方式】下拉列表中选择【平均值】，【选定汇总项】列表框中选中"实发工资"，如图 5.26 所示。

图 5.26　【分类汇总】对话框

（2）单击【确定】按钮，结果如图 5.27 所示。

1 2 3		A	B	C	D	E	F	G	H	I	J	K	L	M
	1					员工工资管理表								
	2	月份	员工编号	姓名	部门	基本工资	住房补贴	交通补贴	全勤奖	考勤扣款	社保金	应发工资	应扣个税	实发工资
	3	2016年12月	1	张红	办公室	￥6,900.00	￥300.00	￥300.00	￥ -	￥ 338.73	￥400.00	￥6,761.27	￥221.13	￥6,540.15
	4	2016年12月	11	康其忠	办公室	￥5,000.00	￥300.00	￥200.00	￥ -	￥1,145.45	￥300.00	￥4,054.55	￥ 16.64	￥4,037.91
	5	2016年12月	13	伍小薇	办公室	￥4,700.00	￥300.00	￥200.00	￥470.00	￥ -	￥300.00	￥5,370.00	￥ 82.00	￥5,288.00
	6				办公室 平均值									￥5,288.68
	7	2016年12月	7	姚小朋	财务处	￥4,400.00	￥300.00	￥200.00	￥ -	￥ 880.00	￥300.00	￥3,720.00	￥ 6.60	￥3,713.40
	8	2016年12月	8	朱珠	财务处	￥6,700.00	￥300.00	￥200.00	￥ -	￥1,778.55	￥400.00	￥5,121.45	￥ 57.15	￥5,064.31
	9	2016年12月	16	卢俊峰	财务处	￥5,600.00	￥300.00	￥200.00	￥ -	￥ 560.00	￥300.00	￥5,140.00	￥ 59.00	￥5,081.00
	10	2016年12月	17	扈玛燕	财务处	￥5,100.00	￥300.00	￥200.00	￥ -	￥1,353.82	￥300.00	￥3,946.18	￥ 13.39	￥3,932.80
	11				财务处 平均值									￥4,447.88
	12	2016年12月	9	陈世豪	后勤处	￥5,500.00	￥300.00	￥200.00	￥550.00	￥ -	￥300.00	￥6,250.00	￥170.00	￥6,080.00
	13	2016年12月	12	程明君	后勤处	￥6,700.00	￥300.00	￥200.00	￥ -	￥ 670.00	￥300.00	￥6,330.00	￥178.00	￥6,152.00
	14	2016年12月	19	吴辉维	后勤处	￥3,900.00	￥300.00	￥200.00	￥ -	￥ 191.45	￥300.00	￥3,908.55	￥ 12.26	￥3,896.29
	15	2016年12月	20	赵吕明	后勤处	￥3,600.00	￥300.00	￥200.00	￥ -	￥ 235.64	￥300.00	￥3,564.36	￥ 1.93	￥3,562.43
	16				后勤处 平均值									￥4,922.68
	17	2016年12月	14	谢玲玲	售后服务处	￥4,500.00	￥300.00	￥200.00	￥450.00	￥ -	￥300.00	￥5,150.00	￥ 60.00	￥5,090.00
	18				售后服务处 平均值									￥5,090.00
	19	2016年12月	3	王敏	外联部	￥5,000.00	￥300.00	￥200.00	￥ -	￥ 500.00	￥300.00	￥4,700.00	￥ 36.00	￥4,664.00
	20	2016年12月	10	柳叶	外联部	￥5,400.00	￥300.00	￥200.00	￥ -	￥ 216.00	￥300.00	￥5,384.00	￥ 83.40	￥5,300.60
	21	2016年12月	15	余丽华	外联部	￥6,900.00	￥300.00	￥200.00	￥ -	￥2,070.00	￥300.00	￥4,930.00	￥ 42.90	￥4,887.10
	22	2016年12月	18	杨莉	外联部	￥4,000.00	￥300.00	￥200.00	￥ -	￥ 400.00	￥300.00	￥3,800.00	￥ 9.00	￥3,791.00
	23				外联部 平均值									￥4,660.68
	24	2016年12月	2	李小青	销售处	￥5,700.00	￥300.00	￥300.00	￥ -	￥1,513.09	￥500.00	￥4,386.91	￥ 26.61	￥4,360.30
	25	2016年12月	4	陈晓	销售处	￥6,800.00	￥300.00	￥300.00	￥680.00	￥ -	￥500.00	￥7,580.00	￥303.00	￥7,277.00
	26	2016年12月	5	冯菲珊	销售处	￥4,500.00	￥300.00	￥300.00	￥ -	￥ 40.91	￥400.00	￥4,559.09	￥ 31.77	￥4,527.32
	27	2016年12月	6	黄斌	销售处	￥4,400.00	￥300.00	￥200.00	￥ -	￥1,320.00	￥300.00	￥3,280.00		￥3,280.00
	28				销售处 平均值									￥4,861.16
	29				总计平均值									￥4,826.28
	30													

图 5.27　分类汇总结果

2. 删除分类汇总

（1）选择包含在分类汇总的区域中的某个单元格。

（2）在【数据】标签栏中的命令【分级显示】组中，单击【分类汇总】。

（3）在【分类汇总】对话框中，单击【全部删除】，即可完成分类汇总的删除，将工作表恢复到原始数据状态。

3. 分级显示

图 5.28 左边的 1 2 3 图标是分级显示符号，它主要是方便用户根据需要查看其结构。例如，只显示分类汇总和总计的汇总，可单击分级显示符号 1 2 3 中的符号 "2"，或单击图 5.28 左边的 + 或 - 符号来显示或隐藏单个分类汇总的明细数据行。

5.2.5　数据透视表与数据透视图

Excel 提供了一种简单、形象、实用的数据分析工具——数据透视表，使用数据透视表可以全面地对数据清单进行重新组织和统计数据。数据透视表综合了数据排序、筛选、分类汇总等数据分析工具的功能，能够方便地调整分类汇总的方式，以多种不同方式展示数据的特征。

数据透视表功能强大，但是操作却比较简单，仅靠鼠标移动字段位置，即可形成各种不同类型的报表。该工具也是最常用的 Excel 数据分析工具之一。

数据透视表可使用的数据源包括以下几类。

（1）Excel 数据列表：使用数据列表作为数据透视表的数据源时，标题行内不能有空白单元格或合并单元格，否则生成数据透视表时会提示错误。

（2）外部数据源：例如文本文件、Access 数据库文件或是其他 Excel 工作簿中的数据。

（3）多个独立的 Excel 数据列表：在制作数据透视表时，可以将各个独立表格中的数据信息汇总到一起。

（4）其他数据透视表：创建完成的数据透视表可以作为数据源，创建新的数据透视表。

图 5.28 展示了某公司销售数据清单的部分内容，包括订单日期、客户、类别、产品和金额数据。这个表格虽然数据量很大，但能够直观感受的数据量却非常有限。

	A	B	C	D	E
1	订单日期	客户	类别	产品	金额
2	2016/3/3	文成	饮料	啤酒	1400
3	2016/3/3	文成	干果和坚果	葡萄干	105
4	2016/3/8	国顶有限公司	干果和坚果	海鲜粉	300
5	2016/3/8	国顶有限公司	干果和坚果	猪肉干	530
6	2016/3/8	国顶有限公司	干果和坚果	葡萄干	35
7	2016/3/10	威航货运有限公司	饮料	苹果汁	270
8	2016/3/10	威航货运有限公司	饮料	柳橙汁	920
9	2016/3/18	迈多贸易	焙烤食品	糖果	276
10	2016/3/25	国顶有限公司	焙烤食品	糖果	184
11	2016/3/29	东旗	点心	玉米片	127.5
12	2016/4/11	坦森行贸易	汤	虾子	1930
13	2016/4/22	森通	调味品	胡椒粉	680

图 5.28　销售数据清单

使用数据透视表功能，只需简单的几步，就可以将数据列表变成有价值的报表，如图 5.29 所示。

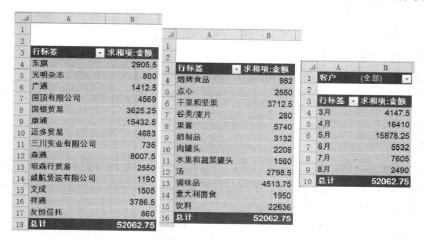

图 5.29　数据透视表

在图 5.29 中，左侧的数据透视表按不同客户进行汇总，展示每个客户的销售总额，中间的数据透视表按类别进行汇总，展示每个商品类别的销售金额，右边的数据透视表按不同月份进行汇总，展示每个月的销售总额。

数据透视表的结构分为 4 个部分，如图 5.30 所示。

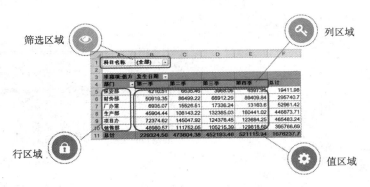

筛选区域　　　　　　　　　　　列区域

行区域　　　　　　　　　　　　值区域

图 5.30　数据透视表的结构

其中：筛选区域的字段将作为数据透视表的报表筛选字段；行区域中的字段将作为数据透视表的行标签显示；列区域中的字段将作为数据透视表的列标签显示；值区域中的字段将作为数据透视表显示汇总的数据。

1．创建一个数据透视表

创建一个数据透视表的具体方法为：单击数据区域任意一个单元格，在【插入】选项卡下单击【数据透视表】按钮，弹出【创建数据透视表】对话框，在【表/区域】列表框中，Excel 会自动选取当前数据区域，单击【确定】按钮，即可创建一个空白数据透视表；在【数据透视表字段列表】对话框中，分别选择或拖动字段到不同的区域内即可。

下面就以"5.2 创建第一个数据透视表"表中的某公司在不同销售地区的销售记录为例建立一张数据透视表，统计不同销售地区的产品销售总额，具体操作步骤如下。

图 5.31　数据透视表向导

（1）单击数据区域的任意一个单元格，单击【插入】标签中【表格】功能组的【数据透视表】命令，将弹出【创建数据透视表】对话框，在该对话框的【表/区域】列表框中，Excel 会自动选择当前数据区域，如图 5.31 所示，选定建立数据透视表的数据区域。

（2）单击【确定】按钮，将在右边弹出【数据透视表字段列表】对话框，此对话框要求用户选定建立数据透视表的数据字段，如图 5.32 所示。

（3）勾选需要添加的报表字段"销售地区"和"销售金额"后，相应字段会自动出现在对话框的行标签和数值区域，同时也添加到数据透视表中，最终生成图 5.33 所示的数据透视表。

图 5.32 透视图向导

图 5.33 数据透视表

2. 数据透视表的更新和维护

创建数据透视表之后对源数据所做的更改，需要刷新所对应的数据透视表以便把这种变化及时反映到数据透视表中，具体操作步骤如下。

（1）单击【数据透视表工具】中的【选项】选项卡。

（2）单击【数据】组中的【刷新】按钮，源数据的变化就能及时反映到数据透视表中了。

如果在源数据区域中添加了行，则可以通过更改源数据（单击【数据透视表工具】中的【选项】选项卡，然后单击【数据】组中的【更改源数据】按钮）将这些行包含到数据透视表中。如果源数据来自 Excel 表格，则在刷新数据透视表时会自动显示新增的行。

数据透视表生成后，可以像使用普通表格一样对它的格式进行调整。

3. 数据透视表切片器

数据透视表的切片器，可以看作是一种图形化的筛选方式，为数据透视表中的每个字段创建一个选取器，浮动于数据透视表之上。通过选取切片器中的字段项，能够实现比使用字段下拉列表筛选更加方便灵活的筛选功能。

使用切片器功能，不仅能够对数据透视表字段进行筛选操作，而且能够直观地在切片器中查看该字段的所有数据项信息。

（1）创建数据透视表切片器

具体方法为：单击数据透视表任意单元格，在【选项】选项卡下，单击【插入切片器】按钮，弹出【插入切片器】对话框，在【插入切片器】对话框中，勾选字段名称复选框，单击【确定】按钮。

例如，打开"5.2.5 认识数据透视表切片器"表，在数据透视表中插入"货主地区"字段的切片器，具体操作步骤如图 5.34 所示。

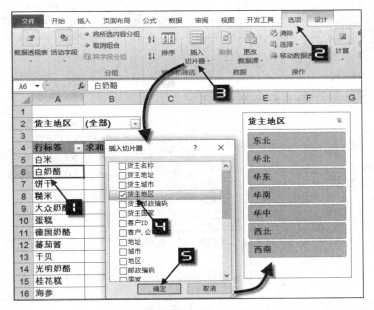

图 5.34　创建数据透视表切片器

（2）多个数据透视表联动

对于同一个数据源创建的多个数据透视表，使用切片器功能可以实现多个透视表的联动。

① 打开"5.2.5 多个数据透视表联动"，在任意一个透视表中插入"订购日期"字段的切片器。

② 单击切片器的空白位置，在【选项】选项卡下选择【数据透视表连接】按钮，弹出【数据透视表连接（订购日期）】对话框。

③ 分别勾选对话框中的数据透视表 1、数据透视表 2 和数据透视表 3，单击【确定】按钮，完成设置。

④ 在切片器上选择某一日期后，所有的透视表都将显示该日期的数据，如图 5.35 所示。

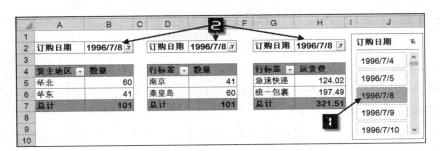

图 5.35　多个数据透视表联动

（3）切片器样式设置

如果切片器内字段项较多，可以设置为多列显示，以便于进行筛选，具体操作步骤如图 5.36 所示。

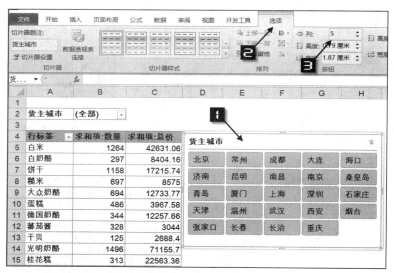

图 5.36　多列显示切片器内的字段项

切片器样式库中内置了 14 种可套用的切片样式，使用方法如图 5.37 所示。

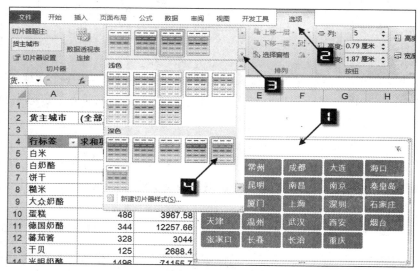

图 5.37　自动套用切片器样式

（4）清除切片器的筛选

① 单击切片器内右上角的【清除筛选器】按钮。

② 单击切片器，按 Alt+C 组合键。

③ 在切片器内单击鼠标右键，从快捷菜单中选择【从 "字段名" 中清除筛选器】命令。

如需删除切片器，可以在切片器内单击鼠标右键，在快捷菜单中选择【删除 "字段名"】命令即可。

4．创建数据透视图

数据透视图以图形形式表示数据透视表中的数据，此时数据透视表称为相关联的数据透视表。数据透视图是交互式的，可以对其进行排序或筛选，来显示数据透视表中数据的子集。创建数据透视图时，数据透视图筛选器会显示在图表区中，以便对数据透视图中的基本数据进行排序和筛选。在相关联的数据透视表中对字段布局和数据所做的更改，会立即反映在数据透视图中。

与标准图表一样，数据透视图报表显示数据系列、类别、数据标记和坐标轴。还可以更改图表类型及其他选项，如标题、图例位置、数据标签和图表位置，具体修改方法和对基本图表的修改方式基本相同。创建数据透视图的步骤如下。

（1）单击要创建数据透视图的数据透视表。

（2）将显示【数据透视表工具】，其上增加了【选项】和【设计】选项卡。

（3）在【选项】选项卡上的【工具】组中，单击【数据透视图】。

（4）在【插入图表】对话框中，单击所需的图表类型和图表子类型。

（5）注意：可以使用除 XY 散点图、气泡图或股价图以外的任意图表类型。

（6）单击【确定】按钮，即可完成数据透视图的创建。

依据图 5.34 所示的数据透视表创建的数据透视图如图 5.38 所示。数据透视图及其相关联的数据透视表必须始终位于同一个工作簿中。

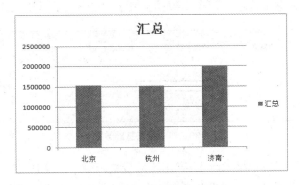

图 5.38　数据透视图

5. 删除数据透视表或数据透视图

（1）删除数据透视表

① 在要删除的数据透视表的任意位置单击鼠标左键，将显示【数据透视表工具】，上面添加了【选项】和【设计】选项卡。

② 在【选项】选项卡上的【操作】组中，单击【选择】下方的箭头，然后单击【整个数据透视表】。

③ 按 Delete 键。

> **注意** 删除与数据透视图相关联的数据透视表会将该数据透视图变为标准图表，将无法再透视或者更新该标准图表。

（2）删除数据透视图

① 在要删除的数据透视图的任意位置单击鼠标左键。

② 按 Delete 键。

> **注意** 删除数据透视图不会删除相关联的数据透视表。

5.2.6 模拟分析和运算

模拟分析是在单元格中更改数值以查看这些更改将如何影响工作表中公式结果的过程。

Excel 附带了 3 种模拟分析工具：方案管理器、模拟运算表和单变量求解。方案管理器和模拟运算表可获取一组输入值并确定可能的结果。模拟运算表仅可以处理一个或两个变量，但可以接受这些变量的众多不同的值。

1. 单变量求解

如果知道一个公式的计算结果，但不知道为获得该结果所需的公式输入值是多少，此时，可以使用单变量求解功能。

图 5.39 所示是某汽车销售公司的利润计算表。其中每台汽车平均售价为 20 万元，整个公司每个月固定支出的费用为 800 万元。要求计算每月销售多少台汽车才能保本（利润为 0），具体求解方法如下。

（1）录入基础数据，如图 5.39 所示，C2 单元格对应的公式为"=B2*A2"，E2 单元格对应的公式为"=C2-D2"。打开【数据】选项卡，在【数据工具】功能区选择【模拟分析】。

	A	B	C	D	E
1	销量	平均售价(万)	销售金额（万）	固定成本（万）	利润（万）
2		20	0	800	−800
3					
4					
5					
6					
7					
8					

图 5.39 汽车销售基础数据

（2）在下拉菜单中选择【单变量求解】，弹出【单变量求解】对话框。

（3）在【单变量求解】对话框中设置用于单变量求解的各项参数。其中，目标单元格：显示目标值的单元格，填E2，目标单元格必须包含公式，引用包括可变单元格的值运算；目标值 0（目标单元格中期望值的大小，如果盈利 100 就填 100）；可变单元格：A2，为最终需要计算出结果的单元格，本例是需要预测的销量。

（4）单击【确定】按钮后，预测结果已出来，当 A2 销量为 40 时，E2 单元格利润为 0（保本）。

2. 模拟运算表

模拟运算表是进行预测分析的一种工具，它可以显示 Excel 工作表中一个或多个数据变量的变化对计算结果的影响，求得某一过程中可能发生的数值变化，同时将这一变化列在表中以便于比较。运算表根据需要观察的数据变量的多少可以分为单变量数据表和多变量数据表两种形式。

下面以创建多变量数据表为例来介绍在 Excel 工作表中使用模拟运算表的方法。本例数据表用于预测不同销售金额和不同提成比率所对应的提成金额，创建的是一个有两个变量的模拟运算表。

（1）创建一个新的 Excel 工作表，并在工作表中输入数据。在 B9 单元格中输入提成金额的计算公式"=B1*B2"，如图 5.40 所示。

	A	B
1	销售金额（元）	1000
2	提成比例	3%
3		
4		
5		
6		
7		
8		
9		30

图 5.40 创建工作表并输入公式

（2）在 B10:B22 单元格区域中输入提成比率，在 C9:G9 单元格区域输入销售金额，然后选择用于创建模拟运算表的单元格 B9:G22，在【数据】选项卡的【数据工具】组中单击【模拟分析】按钮，在打开的下拉列表中选择【模拟运算表】选项，如图 5.41 所示。

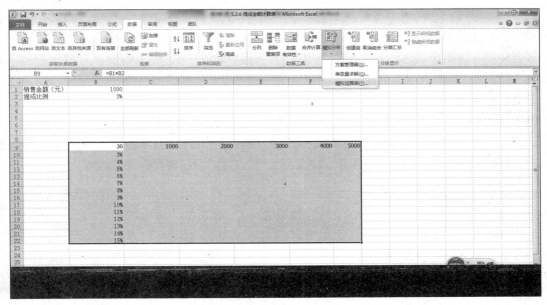

图 5.41　选择【模拟运算表】选项

（3）打开【模拟运算表】对话框，在【输入引用行的单元格】文本框中输入销售金额所在单元格地址 "B1"，在【输入引用列的单元格】文本框中输入提成比率值所在单元格的地址 "B2"，如图 5.42 所示，然后单击【确定】按钮关闭对话框。

（4）此时工作表中插入了数据表，通过该数据表将能查看不同的销售金额和不同提成比率对应的提成金额，如图 5.43 所示。

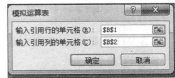

图 5.42　指定引用单元格

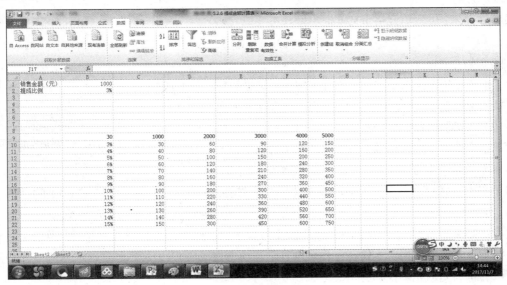

图 5.43　完成创建模拟运算表

> **注意** 模拟运算表中的数据是存放在数组中的，表中的单个或部分数据是无法删除的。要想删除数据表中的数据，只能选择所有数据后再按 Delete 键。

3. 方案管理器

模拟运算表最多只能容纳两个变量，如果要分析两个以上的变量，就需要借助方案管理器。方案管理器能够帮助用户创建和管理方案。使用方案，用户能够方便地进行假设，为多个变量存储输入值的不同组合，同时为这些组合命名。下面以使用方案管理器对销售利润进行预测为例介绍 Excel 方案管理器的使用方法。

（1）启动 Excel 2010 并创建工作表，在工作表中输入数据。在 B10 单元格中输入计算商品利润的公式，如图 5.44 所示，得到结果后向右复制公式，得到各个商品的利润值。在 B11 单元格中输入商品总利润的计算公式，如图 5.45 所示，完成公式输入后按 Enter 键获得计算结果。

	A	B	C	D
1		单位成本		
2	人力成本	100		
3	运输成本	50		
4				
5		商品1	商品2	商品3
6	商品成本	1000	1200	1500
7	商品产量	100	121	144
8	销售价	3000	2500	2800
9				
10	商品利润	=(B8-B6-B2-B3)*B7		
11	总利润	489750		

图 5.44 计算商品利润

	A	B	C	D
1		单位成本		
2	人力成本	100		
3	运输成本	50		
4				
5		商品1	商品2	商品3
6	商品成本	1000	1200	1500
7	商品产量	100	121	144
8	销售价	3000	2500	2800
9				
10	商品利润	185000	139150	165600
11	总利润	=SUM(B10:D10)		

图 5.45 计算商品总利润

（2）在【数据】选项卡的【数据工具】组中单击【模拟分析】按钮，在打开的下拉列表中选择【方案管理器】选项。

（3）打开【方案管理器】对话框，单击【添加】按钮。打开【添加方案】对话框，在【方案名】文本框中输入当前方案名称，在【可变单元格】文本框中输入可变单元格地址，这里以人力成本和运输成本值作为预测时的可变值，如图 5.46 所示。

（4）单击【确定】按钮关闭【添加方案】对话框后打开【方案变量值】对话框，在文本框中输入此方案的人力成本（100）和运输成本值（50），如图 5.47 所示。完成设置后单击【确定】按钮回到【方案管理器】对话框，当前方案被添加到了【方案】列表框中，如图 5.48 所示。

图 5.46 【添加方案】对话框的设置

（5）在【方案管理器】对话框中单击【添加】按钮，按照步骤（3）和步骤（4）的过程添加其他方案，这里另外添加两个方案，方案 2（人力成本：80，运输成本：50）和方案 3（人力成本：120，运输成本：70）；然后在【方案管理器】中的【方案】列表框中选择某个方案选项，单击【显示】按钮即可显示该方案的结果。本例在工作表中显示当前方案 2 的人力成本和运输成本的值，并显示该方案获得的总利润，如图 5.49 所示。

图 5.47　输入方案变量值　　　　　　　　　　　图 5.48　方案添加到列表框中

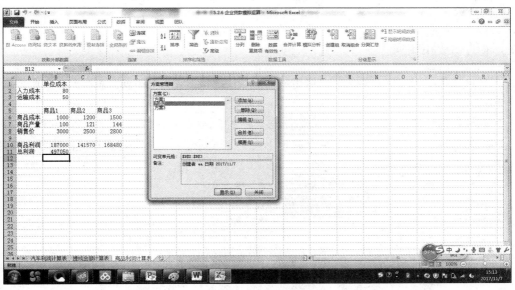

图 5.49　显示方案结果

（6）如果要把所有方案的执行结果都显示出来进行比较，需要在【方案管理器】中单击【摘要】按钮，将打开【方案摘要】对话框，选择创建摘要报表的类型，这里选择默认的【方案摘要】单选按钮，完成设置后单击【确定】按钮关闭【方案摘要】对话框。此时工作簿中将创建一个名为【方案摘要】的工作表，如图 5.50 所示。

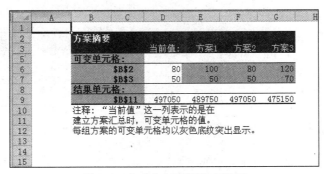

图 5.50　生成【方案摘要】工作表

> **注意** 方案创建后可以对方案名、可变单元格和方案变量值进行修改，在【方案管理器】对话框的【方案】列表中选择某个方案后单击【编辑】按钮打开【编辑方案】对话框，使用与创建方案相同的步骤进行操作即可。另外，单击【方案管理器】对话框中的【删除】按钮将删除当前选择的方案。

5.3 Excel 中的超级表格

Excel 中的"表"，实际上是一个数据处理的列表。使用该功能可以将现有的普通表格转换成一个规范的、可以自动扩展的数据表单。"表"能够扩展数据区域，还可以分别进行排序和筛选操作，并且在求和、极值、平均值等计算时，不需要手动输入公式，同时还可以方便地转换为普通单元格区域，方便数据管理与分析。

5.3.1 表的创建和转换

（1）打开"5.3.1 表的创建和转换"，单击数据区域中的任意单元格，在【插入】选项卡中单击【表格】按钮。

（2）弹出【创建表】对话框，在【表数据的来源】编辑框中，会自动选中当前连续的数据区域，保留"表包含标题"的默认勾选，单击【确定】按钮完成对"表"的创建。创建的表默认使用蓝白相间的表格样式，如图 5.51 所示。

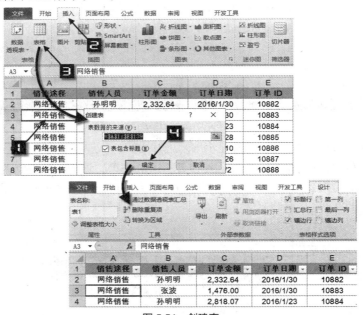

图 5.51 创建表

5.3.2 表的特征和功能

执行插入【表格】命令后，创建完成的表格首行自动添加筛选按钮，并且自动应用表格样式，同时会具有一些特殊的功能。

1. 常用汇总计算不需要手工输入公式

打开"5.3.2 表的特征和功能"表，单击表格的任意单元格区域，功能区自动出现【表格工具】关联选项卡。在【设计】选项卡下选择【汇总行】复选框，表格最后一行会自动添加"汇总"行，默认汇总方式为"求和"，如图 5.52 所示。

单击汇总行中的单元格，会出现一个下拉按钮，可以在下拉列表中选择不同的汇总方式，单元格的数据会根据汇总方式的不同显示不同的结果，如图 5.53 所示。

图 5.52 表格汇总行   图 5.53 从下拉列表中选择汇总方式

2. "表"滚动时，标题行始终显示

在当前工作表中不需要使用冻结窗格命令，当用户单击"表"中任何单元格，再向下滚动浏览时，"表"的标题行也会始终显示在 Excel 的工作表列表区域。

3. "表"范围的自动扩展

表具有自动扩展性，利用这一特性，用户可以方便地向现有表中增加新的行或列数据记录。

单击"表"中最后一个数据记录的单元格（不包括汇总行数据），按 Tab 键即可向表中添加新的一行，汇总行的公式引用范围也会自动扩展，如图 5.54 所示。

图 5.54 自动扩展行

如果没有使用汇总行，在表下方相邻的单元格中直接输入数据，表的范围也会自动扩展。

4. 自动填充公式

例如，在"5.3.1 表的创建和转换"中，单击 F2 单元格，输入等号"="，单击选中 C2 单元格，再输入"*0.8%"，编辑栏中会出现公式：=表 3[[#此行],[订单金额]]*0.8%，单击 Enter 键，公式将自动填充到"表"数据范围的最后一行。

5.4 Excel 与其他程序的协同与共享

5.4.1 共享、修订、批注工作簿

1. 共享工作簿

共享工作簿可以让在同一个网络内的多个人同时编辑该文件，这样可以提高工作效率。

设置共享工作簿的步骤如下。

（1）创建一个新工作簿或打开多个用户可用来进行编辑的现有工作簿。

（2）在【审阅】选项卡上的【更改】组中，单击【共享工作簿】。

（3）在【共享工作簿】对话框中的【编辑】选项卡上，选择【允许多用户同时编辑，同时允许工作簿合并】复选框。

（4）在【高级】选项卡上，选择要用于跟踪和更新变化的选项，然后单击【确定】按钮。

（5）如果工作簿包含指向其他工作簿或文档的链接，请验证链接并更新任何损坏的链接。验证链接的方法为：在【数据】选项卡上的【连接】组中，单击【编辑链接】；单击【检查状态】以验证列表中所有链接的状态；检查【状态】栏中的状态，单击链接，然后进行所需的操作。

（6）将该工作簿文件放到网络上其他用户可以访问的地方。

2. 修订工作簿

使用修订可以在每次保存工作簿时记录工作簿修订的详细信息。此修订记录可帮助用户标识对工作簿中的数据所做的任何修订，用户可以接受或拒绝这些修订。几个用户编辑一个工作簿时修订特别有用。在以下情况修订也很有用：将某个工作簿提交给审阅者进行批注，然后将所做批注合并到该工作簿的一个副本中，以便整合要保留的修订和批注。

（1）打开工作簿的修订

① 在【审阅】选项卡上的【更改】组中，单击【共享工作簿】。

② 在【共享工作簿】对话框中的【编辑】选项卡上，选中【允许多用户同时编辑，同时允许工作簿合并】复选框。

③ 单击【高级】选项卡。在【修订】下，单击【保存修订记录】，然后在【天数】框中键入要保留修订记录的天数。默认情况下，Excel 将修订记录保留 30 天并永久清除早于该天数的任何修订记录。若要将修订记录保留 30 天以上，应输入一个大于 30 的数字。

④ 单击【确定】按钮，如果系统提示保存工作簿，则单击【确定】按钮保存工作簿。

（2）突出显示修订

① 在【审阅】选项卡上的【更改】组中，单击【修订】，然后单击【突出显示修订】。

② 在【突出显示修订】对话框中，选中【编辑时标记修订】复选框。选中此复选框表示会共享

工作簿并突出显示您或其他用户所做的修订。

③ 选中【突出显示的修订选项】下的【时间】复选框，然后在【时间】列表中单击所需的选项；若要指定希望为哪些用户突出显示修订，选中【修订人】复选框，然后在【修订人】列表中单击所需的选项；若要指定希望突出显示的修订所在的工作表区域，选中【位置】复选框，然后在【位置】框中键入工作表区域的单元格引用。

④ 确保选中【在屏幕上突出显示修订】复选框，单击【确定】按钮。在出现提示保存对话框时单击【确定】按钮，保存工作簿。

⑤ 在工作表上进行所需的修订，修订位置将以不同的颜色突出显示，并自动增加批注。

注意 系统不跟踪某些修订（如格式设置），因此不会使用突出显示颜色进行标记。

3. 添加批注

在 Excel 2010 中，用户还可以为工作表中某些单元格添加批注，用以说明该单元格中数据的含义或强调某些信息。在工作表中输入批注的具体操作步骤如下。

（1）选定需要添加批注的单元格。

（2）单击【审阅】→【批注】组→【编辑批注】命令，或者在要添加批注的单元格上单击鼠标右键，在弹出的快捷菜单中选择【编辑批注】选项，此时在该单元格的旁边弹出一个批注框，在其中输入批注内容。

（3）输入完成后，单击批注框外的任意工作表区域即可，插入批注单元格的右上角会有一个红色的三角形显示。

5.4.2 与其他应用程序共享数据

Excel 2010 可以获取的外部库文件类型有很多种，如 Access、FoxPro、dBase、SQL Server、Lotus、Oracle、HTML 文件、Web 档案、XML 文件和文本数据等。对于这些文件，Excel 都能访问，并能将这些文件转化为 Excel 中的表格形式。

1. 导入文本文件

（1）启动 Excel 2010 后，单击【数据】选项卡【获取外部数据】组中的【自文本】按钮，在弹出的【导入文本文件】对话框中，选择要导入的数据文件存放的位置；再单击【导入】按钮获取文本格式的外部数据。

（2）在弹出的【文本导入向导–第 1 步，共 3 步】对话框中，设置【文件原始格式】为【简体中文（GB2312），或其他简体中文版本】，查看预览窗口显示的内容是否符合要求，再单击【下一步】按钮。

（3）在弹出的【文本导入向导–第 2 步，共 3 步】对话框中，设置分列数据所包含的分隔符号，默认为 Tab 键。若在预览窗口可以看到分列的效果，则表明文本文件使用的是 Tab 键分隔文本内容，若不能看到分列效果，则需要选择其他分隔符号查看预览。

（4）在弹出的【文本导入向导–第 3 步，共 3 步】对话框中，设置每列数据格式；再单击【完成】按钮，按提示操作，文本文件就导入 Excel 中了。

2. 从 Internet 中获取数据

在引用网页上的数据时，用户往往会不辞辛苦地从网页上复制、粘贴到 Excel 工作簿，然后调整列宽，再做一些美化工作，当网页上的数据更新时，用户不得不对工作表重新进行修改。利用 Excel 导入外部数据可以使数据的获取更加高效和准确，具体操作步骤如下。

（1）在 Excel 中打开【数据】选项卡，单击【获取外部数据】选项组中的【自网站】按钮，打开【新建 Web 查询】对话框，如图 5.55 所示。

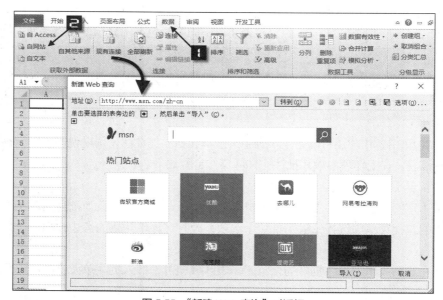

图 5.55 "新建 Web 查询"对话框

（2）在【地址】栏中输入数据源所在的网址，如 http://www.waihuipaijia.cn/。

（3）单击【转到】按钮打开网页。

（4）将鼠标指针移动到希望导入的数据区域的左上角，选中"➡"标记，将其变成"✔"。

（5）单击【新建 Web 查询】对话框中的【选项】按钮，打开 【Web 查询选项】对话框。在【格式】选项区域中选中【完全 HTML 格式】单选项。这样，导入 Excel 工作表中的数据格式就可以与网页保持一致了。

（6）单击【确定】按钮，返回【新建 Web 查询】对话框。

（7）单击【导入】按钮，打开【导入数据】对话框，指定导入的数据在 Excel 工作簿中的位置。默认值是当前单元格位置，如图 5.56 所示。

（8）单击【导入数据】对话框中的【确定】按钮，将数据导入工作表。

 注意　如果希望每次打开工作簿时从网站上自动获取最新的数据，只需在导入的数据区域的任意位置单击鼠标右键，在随机打开的快捷菜单中执行【数据区域属性】命令，打开【外部数据区域属性】对话框，选中【刷新控件】选项区域中的【打开文件时刷新数据】复选框，单击【确定】按钮即可。

3. 从 Access 数据库导入数据

从 Access 数据库导入数据，用户可以方便地使用自己熟悉的软件执行数据分析与汇总操作，具体操作步骤如下。

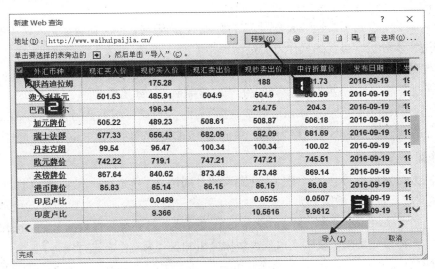

图 5.56　选择网页中的数据表

（1）在 Excel 中打开【数据】选项卡，单击【获取外部数据】选项组中的【自 Access】按钮，打开【选取数据源】对话框。

（2）在弹出的【选取数据源】对话框中，选择数据库文件所在路径，选中文件后，单击【打开】按钮。可支持的数据库文件类型包括.mdb、.mde、.accdb 和.accde 4 种格式。

（3）在弹出的【选择表格】对话框中，选中需要导入的表格，单击【确定】按钮。

（4）在弹出的【导入数据】对话框中，选择该数据在工作簿中的显示方式，包括【表】【数据透视表】【数据透视图和数据透视表】等。

（5）单击【属性】按钮，在弹出的【连接属性】对话框中，勾选【允许后台刷新】和【打开文件时刷新数据】复选框，设置刷新频率为 30 分钟，单击【确定】按钮。

 注意　当用户首次打开已经导入外部数据的工作簿时，会出现【安全警告】提示栏，单击【启用内容】按钮，即可正常打开文件。

习题 5

一、选择题

1. 以下错误的 Excel 公式形式是（　　　）。

A．=SUM(B3:E3)*F3　　　　　　　　B．=SUM(B3:3E)*F3

C．=SUM(B3:$E3)*F3　　　　　　　　D．=SUM(B3:E3)*F$3

2. 以下对 Excel 高级筛选功能，说法正确的是（　　　）。

A．高级筛选通常需要在工作表中设置条件区域

B．利用数据选项卡中的排序和筛选组内的筛选命令可进行高级筛选

C. 高级筛选之前必须对数据进行排序

D. 高级筛选就是自定义筛选

3. 小金从网站上查到了最近一次全国人口普查的数据表格，他准备将这份表格中的数据引用到 Excel 中以便进一步分析，最优的操作方法是（　　　）。

A. 对照网页上的表格，直接将数据输入 Excel 工作表中

B. 通过复制、粘贴功能，将网页上的表格复制到 Excel 工作表中

C. 通过 Excel 中的"自网站获取外部数据"功能，直接将网页上的表格导入 Excel 工作表中

D. 先将包含表格的网页保存为.htm 或.mht 格式文件，然后在 Excel 中直接打开该文件

二、操作题

1. 中国的人口发展形势非常严峻，为此国家统计局每 10 年进行一次全国人口普查，以掌握全国人口的增长速度及规模。按照下列要求完成对第五次、第六次人口普查数据的统计分析。

（1）新建一个空白 Excel 文档，将工作表 Sheet1 更名为"第五次普查数据"，将 Sheet2 更名为"第六次普查数据"，将该文档以"全国人口普查数据分析.xlsx"为文件名进行保存。

（2）浏览网页"第五次全国人口普查公报.htm"，将其中的"2000 年第五次全国人口普查主要数据"表格导入工作表"第五次普查数据"中；浏览网页"第六次全国人口普查公报.htm"，将其中的"2010 年第六次全国人口普查主要数据"表格导入工作表"第六次普查数据"中（要求均从 A1 单元格开始导入，不得对两个工作表中的数据进行排序）。

（3）对两个工作表中的数据区域套用合适的表格样式，要求至少四周有边框，且偶数行有底纹，并将所有人口数列的数字格式设为带千分位分隔符的整数。

（4）将两个工作表内容合并，合并后的工作表放置在新工作表"比较数据"中（自 A1 单元格开始），且保持最左列仍为地区名称、A1 单元格中的列标题为"地区"，对合并后的工作表适当的调整行高列宽、字体字号、边框底纹等，使其便于阅读。以"地区"为关键字对工作表"比较数据"进行升序排列。

（5）在合并后的工作表"比较数据"中的数据区域最右边依次增加"人口增长数"和"比重变化"两列，计算这两列的值，并设置合适的格式。其中：人口增长数=2010 年人口数-2000 年人口数，比重变化=2010 年比重-2000 年比重。

（6）打开工作簿"统计指标.xlsx"，将工作表"统计数据"插入正在编辑的文档"全国人口普查数据分析.xlsx"中工作表"比较数据"的右侧。

（7）在工作簿"全国人口普查数据分析.xlsx"的工作表"比较数据"中的相应单元格内填入统计结果。

（8）基于工作表"比较数据"创建一个数据透视表，将其单独存放在一个名为"透视分析"的工作表中。透视表中要求筛选出 2010 年人口数超过 5000 万的地区及其人口数、2010 年所占比重、人口增长数，并按人口数从多到少排序。最后适当调整透视表中的数字格式。（提示：行标签为"地区"，数值项依次为 2010 年人口数、2010 年比重、人口增长数）

2. 小蒋是一位中学教师，在教务处负责初一年级学生的成绩管理。由于学校地处偏远地区，缺乏必要的教学设施，只有一台配置不太高的 PC 可以使用。他在这台计算机中安装了 Microsoft Office，决定通过 Excel 来管理学生成绩，以弥补学校缺少数据库管理系统的不足。现在，第一学期期末考试刚刚结束，小蒋将初一年级 3 个班的成绩均录入了文件名为"学生成绩单.xlsx"的 Excel 工作簿文档

中。请你根据下列要求帮助小蒋老师对该成绩单进行整理和分析。

（1）对工作表"第一学期期末成绩"中的数据列表进行格式化操作：将第一列"学号"列设为文本，将所有成绩列设为保留两位小数的数值；适当加大行高列宽，改变字体、字号，设置对齐方式，增加适当的边框和底纹以使工作表更加美观。

（2）利用"条件格式"功能进行下列设置：将语文、数学、英语 3 科中不低于 110 分的成绩所在的单元格以一种颜色填充，其他 4 科中高于 95 分的成绩以另一种字体颜色标出，所用颜色深浅以不遮挡数据为宜。

（3）利用 sum 和 average 函数计算每一个学生的总分及平均成绩。

（4）学号第 3、4 位代表学生所在的班级，例如"120105"代表 12 级 1 班 5 号。通过函数提取每个学生所在的班级并按下列对应关系填写在"班级"列中。

"学号"的 3、4 位对应班级

01　　　　　　　　　　1 班

02　　　　　　　　　　2 班

03　　　　　　　　　　3 班

（5）复制工作表"第一学期期末成绩"，将副本放置到原表之后；改变该副本表标签的颜色，并重新命名，新表名需包含"分类汇总"字样。

（6）通过分类汇总功能求出每个班各科的平均成绩，并将每组结果分页显示。

（7）以分类汇总结果为基础，创建一个簇状柱形图，对每个班各科平均成绩进行比较，并将该图表放置在一个名为"柱状分析图"的新工作表中。

3. 文涵是大地公司的销售部助理，负责对全公司的销售情况进行统计分析，并将结果提交给销售部经理。年底，她根据各门店提交的销售报表进行统计分析。

打开"计算机设备全年销量统计表.xlsx"，帮助文涵完成以下操作。

（1）将"sheet1"工作表命名为"销售情况"，将"sheet2"命名为"平均单价"。

（2）在"店铺"列左侧插入一个空列，输入列标题"序号"，并以 001、002、003…的方式向下填充该列到最后一个数据行。

（3）将工作表标题跨列合并后居中并适当调整其字体、加大字号，并改变字体颜色。适当加大数据表的行高和列宽，设置对齐方式及销售额数据列的数值格式（保留 2 位小数），并为数据区域增加边框线。

（4）将工作表"平均单价"中的区域 B3:C7 定义名称为"商品均价"。运用公式计算工作表"销售情况"中 F 列的销售额，要求在公式中通过 VLOOKUP 函数自动在工作表"平均单价"中查找相关商品的单价，并在公式中引用所定义的名称"商品均价"。

（5）为工作表"销售情况"中的销售数据创建一个数据透视表，放置在一个名为"数据透视分析"的新工作表中，要求针对各类商品比较各门店每个季度的销售额。其中：商品名称为报表筛选字段，店铺为行标签，季度为列标签，并对销售额求和。最后对数据透视表进行格式设置，使其更加美观。

（6）根据生成的数据透视表，在透视表下方创建一个簇状柱形图，图表中仅对各门店四个季度笔记本的销售额进行比较。

（7）保存"计算机设备全年销量统计表.xlsx"文件。

第6章 PowerPoint 2010基础篇

PowerPoint 也就是俗称的"PPT"，一个完整的 PPT 被称为演示文稿，包含一张或多张幻灯片，每张幻灯片可由标题、文本、图像、声音、表格等组成。利用 PowerPoint 能够制作出集文字、图形、图像、声音以及视频剪辑等多媒体元素于一体的演示文稿。随着计算机及其相关设备的不断普及，PowerPoint 在各行各业应用越来越广，如制作商业宣传、会议报告、产品介绍、培训计划和教学课件等。

本章主要介绍了 PowerPoint 的基础知识、编辑幻灯片、幻灯片的内容编排等，包括以下内容：

- PowerPoint 2010 的启动和退出、PowerPoint 2010 的工作窗口、创建和保存演示文稿、幻灯片的视图方式；
- 新建幻灯片，选择幻灯片，移动、复制幻灯片，删除幻灯片，隐藏幻灯片；
- 幻灯片中的文字编辑、插入图片、插入形状、插入 SmartArt 图形、插入表格、插入视频、插入声音、插入艺术字、添加页眉页脚。

6.1 PowerPoint 2010 基础

本节主要介绍 PowerPoint 2010 的启动和退出、PowerPoint 2010 的工作窗口、创建和保存演示文稿、幻灯片的视图方式等基础内容，开启读者对 PowerPoint 的最初认识。

6.1.1 PowerPoint 2010 的启动和退出

1. 启动 PowerPoint 2010

本书介绍如下 3 种该软件的启动方法。

（1）通过【开始】菜单启动：单击【开始】→【程序】→【Microsoft Office】→【Microsoft PowerPoint 2010】选项。

（2）通过桌面快捷方式启动：如果在桌面上创建了 PowerPoint 2010 快捷图标，双击图标即可快速启动。

（3）通过已有的演示文稿启动：双击已有的演示文稿，可以启动 PowerPoint 2010。

2. 退出 PowerPoint 2010

完成对 PowerPoint 文档的编辑后需要退出 PowerPoint，可以选择下列方法之一。

（1）使用【关闭】按钮：在 PowerPoint 2010 工作界面标题栏右侧单击 按钮。

（2）使用【文件】菜单：单击 PowerPoint 2010 工作界面的【文件】按钮，再单击【退出】命令。

（3）使用快捷键：按 Alt+F4 组合键。

6.1.2　PowerPoint 2010 的工作窗口

PowerPoint 作为微软 Office 系列产品，继承并拥有典型的 Windows 应用程序的窗口。在 PowerPoint 程序主窗口中，可以包含多个子窗口，用户可以同时打开它们，并可以自由切换，操作非常方便。标准的 PowerPoint 2010 主窗口如图 6.1 所示。

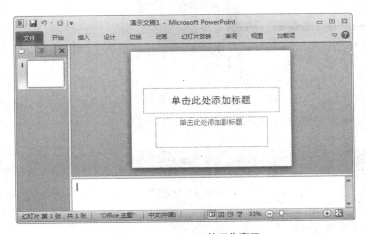

图 6.1　PowerPoint 的工作窗口

（1）标题栏

处于主窗口的最上方，用于显示当前演示文稿的名称，如图 6.2 所示。用鼠标拖动它可以移动整个窗口；在其右侧是常见的最小化、最大化/还原、关闭按钮，双击标题栏，可以将窗口放大或还原。

图 6.2　标题栏

（2）标签栏

处于标题栏的下方，包含【文件】【开始】【插入】【设计】【切换】【动画】【幻灯片放映】【审阅】【视图】【加载项】等选项卡，如图 6.3 所示。每个选项卡包含一类操作，构成了 PowerPoint 软件功能的主体。

图 6.3　标签栏

（3）工作区

处于主窗口的中央，占据了窗口的大部分空间，如图 6.4 所示。在该工作区既可以进行多媒体数据的编辑，又可以展示一张制作好的幻灯片。

（4）备注区

处于工作区的下方，可以用来为每一张幻灯片编辑一些简单的文本备注信息，如图 6.5 所示。

图 6.4　工作区

图 6.5　备注区

（5）状态栏

处于主窗口的最底端，在此处显示有关命令或操作过程的信息和当前文档相应的某些状态要素、视图的快捷切换以及缩放功能滑块，如图 6.6 所示。

图 6.6　状态栏

6.1.3　创建和保存演示文稿

1. 创建演示文稿

启动 PowerPoint 2010 时，系统将自动创建一个新的演示文稿。如果用户要创建新的演示文稿，可以用以下方法来实现。

（1）创建空白演示文稿

单击【文件】选项卡中的【新建】命令，在弹出的【可用的模板和主题】列表中单击【空白演示文稿】选项，然后单击【创建】按钮，如图 6.7 所示。另外还可以通过 Ctrl+N 组合键来创建空白演示文稿。

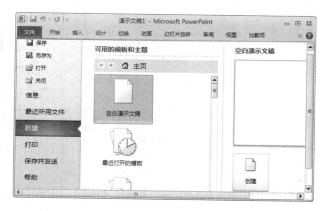

图 6.7　创建空白演示文稿

（2）通过本地模板创建演示文稿

PowerPoint 2010 安装之后，在本地计算机中包含大量的常用演示文稿模板，利用这些模板，用户可以方便地创建证书、奖状、日历、图表、贺卡以及日程安排等演示文稿。本节以根据模板创建一个新的日历演示文稿为例进行介绍，具体的操作步骤如下。

① 单击【文件】选项卡，在展开的菜单中单击【新建】命令。

② 在【可用的模板和主题】列表中单击【样本模板】选项，选择【日历】模板。

③ 单击【创建】按钮即可创建一个新的日历演示文稿。

（3）使用主题创建演示文稿

主题决定了幻灯片的外观和颜色，包括背景设计、配色方案、字体和字号等。配色方案会影响背景色、字体颜色、形状的填充颜色、边框颜色、超链接及表格和图表等幻灯片元素。

使用主题创建演示文稿的方法为：单击【文件】→【新建】→【可用的模板和主题】→【主题】，如果选择奥斯汀这类主题，将自动创建图 6.8 所示的演示文稿。

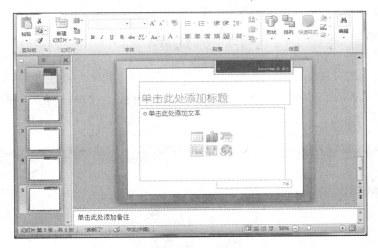

图 6.8　"奥斯汀"主题的演示文稿

（4）使用 Office.com 上的模板创建演示文稿

如果 PowerPoint 中自带的模板不能满足用户的需要，可从 Office.com 上下载模板。选择【文件】→【新建】→【Office.com 模板】，选择下载需要的模板样式，在打开的【正在下载模板】对话框中将显示下载的进度，下载完成后，将自动根据下载的模板创建演示文稿，如图 6.9 所示。

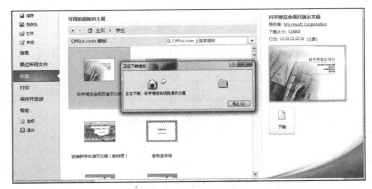

图 6.9　使用 Office.com 上的模板创建演示文稿

2. 保存演示文稿

制作好的演示文稿要及时保存，PowerPoint 2010 演示文稿的默认文件扩展名为.pptx，常用的保存演示文稿的方法有如下几种。

（1）直接保存

直接保存演示文稿是最常用的保存方法。单击【文件】→【保存】命令，或单击快速访问工具栏中的【保存】按钮，或者通过 Ctrl+S 组合键来实现快速保存。

（2）进行备份

如果需要对已有演示文稿进行备份或重命名，单击【文件】→【另存为】，打开【另存为】对话框，选择备份的位置或更改文件名，再单击【保存】按钮即可。对新建演示文稿的首次保存，也会打开【另存为】对话框。

（3）保存为模板

将当前演示文稿保存为模板，便于今后制作同类演示文稿时使用。选择【文件】→【另存为】命令，打开【另存为】对话框，在【保存类型】下拉列表框中选择【PowerPoint】即可，PowerPoint 模板的后缀名为.potx。

（4）设置自动保存

在制作演示文稿的过程中，通过设置定时保存，可以一边制作一边自动保存。选择【文件】→【选项】，打开【PowerPoint 选项】对话框，单击【保存】按钮，在【保存演示文稿】栏中进行相应的设置，如图 6.10 所示。

图 6.10 【保存】选项设置

6.1.4 幻灯片的视图方式

视图是同一文档的不同表现形式，其建立了用户与机器间的交互工作环境。在每一种视图下，都可以对文稿进行编辑，并且对文稿的改动都会生效。在 PowerPoint 2010 中提供的视图都定制了特定的工作区、工具栏、相关的按钮以及其他的工具。常见的视图有普通视图、幻灯片浏览视图、阅读视图和幻灯片放映视图，可以通过【视图】选项卡下的【演示文稿视图】功能组进行视图方式的切换，如图 6.11 所示，也可以通过状态栏上的 图标进行切换。

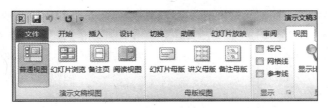

图 6.11 幻灯片视图方式

　　普通视图是系统默认的视图，可用于撰写或设计演示文稿，该视图有 3 个工作区域：右侧为工作区；底部为备注区；左侧区域包含两个可互相切换的选项卡，即【幻灯片】选项卡和【大纲】选项卡。选择【幻灯片】选项卡，则在左侧幻灯片列表区中显示幻灯片的缩略图，选中需要编辑幻灯片的缩略图，即可在右侧编辑区中进行编辑修改。选择【大纲】选项卡，在左侧幻灯片列表区中显示幻灯片中所有标题和正文，用户可利用【大纲】工具栏调整幻灯片标题、正文的布局，内容展开或折叠。

　　幻灯片浏览视图将幻灯片以缩略图的形式显示，可以看到每张幻灯片的整体效果，使重新排列、添加或删除幻灯片都变得很容易。在该模式下，不能直接对幻灯片内容进行编辑，需要双击某张幻灯片，切换到普通视图后再进行编辑。

　　阅读视图仅显示标题栏、阅读区和状态栏，主要用于浏览幻灯片的内容。在该模式下，演示文稿中的幻灯片将以窗口大小进行放映。

　　幻灯片放映视图占据整个计算机屏幕，在这种全屏幕视图中，用户所看到的演示文稿就是演示时观众所看到的。用户可以看到图形、时间、影片、动画元素以及将在实际放映中看到的切换效果。按 Enter 键可显示下一张幻灯片，按 Esc 键可退出全屏幕。

6.2　编辑幻灯片

　　本节主要内容为新建幻灯片，选择幻灯片，移动、复制幻灯片，删除幻灯片，隐藏幻灯片等，带领读者学习幻灯片的主要编辑功能。

6.2.1　新建幻灯片

　　要插入一张新的空白幻灯片，常见的操作方法有两种。

　　（1）切换到【开始】选项卡，单击【幻灯片】组里的【新建幻灯片】按钮，如图 6.12 所示。

　　（2）将插入点放在【大纲】或【幻灯片】选项卡上，按 Enter 键添加新的幻灯片，如图 6.13 所示。

　　选择空白幻灯片，单击鼠标右键，在弹出的快捷菜单中单击【版式】，从中选择合适的版式进行幻灯片修饰，如图 6.14 所示。

图 6.12 通过【新建幻灯片】按钮添加幻灯片

图 6.13 按 Enter 键添加幻灯片

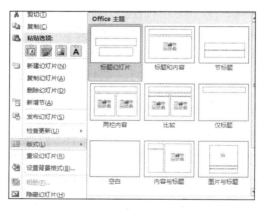

图 6.14 修改幻灯片版式

6.2.2 选择幻灯片

在对幻灯片进行各种设置之前，首先要掌握选择幻灯片的方法。

（1）选择单张幻灯片：在【幻灯片/大纲】窗格或幻灯片浏览视图中，单击某张幻灯片缩略图，可选择单张幻灯片。

（2）选择多张连续的幻灯片：在幻灯片浏览视图或【幻灯片/大纲】窗格中，单击要连续选择的第 1 张幻灯片，按住 Shift 键，再单击要选择的最后一张幻灯片。

（3）选择多张不连续的幻灯片：在幻灯片浏览视图或【幻灯片/大纲】窗格中，单击要选择的第 1 张幻灯片，按住 Ctrl 键，再依次单击其他要选择的幻灯片。

（4）选择全部幻灯片：在幻灯片浏览视图或【幻灯片/大纲】窗格中，按 Ctrl+A 组合键，可选择当前演示文稿中所有的幻灯片。

6.2.3 移动、复制幻灯片

各幻灯片的排列顺序可以通过移动来进行调整，若需要制作的幻灯片与已有幻灯片格式或内容相似，为了提高工作效率，可先复制该幻灯片，然后对其进行稍微改动即可。

（1）通过鼠标拖动来移动和复制幻灯片：选择需要移动的幻灯片，按住鼠标左键不放拖动其到目标位置后释放鼠标即完成移动；选择幻灯片后，按住 Ctrl 键的同时将其拖动到目标位置即完成复制。

（2）通过菜单命令来移动和复制幻灯片：选择需移动或复制的幻灯片，单击鼠标右键，在弹出的快捷菜单中选择【剪切】或【复制】，再将鼠标定位到目标位置，单击鼠标右键，选择【粘贴】，即完成移动或复制幻灯片。

6.2.4　删除幻灯片

在【幻灯片/大纲】窗格和幻灯片浏览视图中可对演示文稿中多余的幻灯片进行删除。将需要删除的幻灯片选中，单击鼠标右键选择【删除幻灯片】命令或按 Delete 键即可。

6.2.5　隐藏幻灯片

如果不希望某些幻灯片被放映，可以将其设置为隐藏，下面两种方式可以把幻灯片设置为隐藏。

（1）将需要设置为隐藏的幻灯片选中，单击鼠标右键，从弹出的快捷菜单中选择【隐藏幻灯片】命令。

（2）单击【幻灯片放映】选项卡，在【设置】功能组中，单击【隐藏幻灯片】命令。

如果要取消隐藏幻灯片，将上面的操作再做一次即可。

6.3　幻灯片的内容编排

本节主要介绍幻灯片中的文字编辑、插入图片、插入形状、插入 SmartArt 图形、插入表格、插入视频、插入声音、插入艺术字、添加页眉和页脚等内容。

6.3.1　幻灯片中的文字编辑

在幻灯片中文字不宜过多，也不宜过少，过多会显得没有重点，过少又不能准确传达信息。幻灯片中的文本可以通过占位符输入，也可以通过文本框输入。

（1）通过占位符输入。这种方法方便快捷，无需调整文字位置，文字格式为当前主题默认，风格便于统一；缺点是缺乏个性，如图 6.15 所示。

（2）通过文本框输入。即去掉占位符，自行插入文本框输入文字。通过这种方法用户可以制作出有自己独特个性的作品，但要求用户有一定的排版水平，如图 6.16 所示。

图 6.15　使用【标题和内容】版式占位符输入文字

图 6.16　利用自定义文本框排版的标题和内容

文本框中的文字和段落的设置与 Word 2010 中的操作类似，选中文字或者文字所在的占位符，可以进行字体、颜色、字号、段落缩进、段落间距、行间距等的设置。

6.3.2 插入图片

PowerPoint 2010 除具有强大的文本处理能力外，对图文混排的能力也是比较强大的，用户可以在演示文稿中使用各种类型的图片资料，包括：来自文件、剪贴画、来自扫描仪或照相机的图片、绘制的图形、自选图形、艺术字、组织结构图、图表和 SmartArt 等，如图 6.17 所示。

图 6.17 【插入】选项卡

1. 插入来自文件的图片

插入来自文件的图片的具体步骤如下。

（1）在【插入】选项卡中，单击【图片】按钮，打开【插入图片】对话框。

（2）在弹出的对话框中定位图片所在的文件夹，然后单击要插入的图片文件，如图 6.18 所示。

2. 查找并插入剪贴画

插入剪贴画的具体步骤如下。

（1）在【插入】选项卡中，单击【剪贴画】按钮，屏幕右侧弹出【剪贴画】面板。

（2）在【搜索文字】文本框中键入描述所需剪贴画的词汇，或键入剪贴画的全部或部分文件名，单击【搜索】按钮，如图 6.19 所示。

图 6.18 【插入图片】对话框

图 6.19 【剪贴画】面板

（3）选择相应的剪贴画插入。

3. 调整图片

在实际操作中，找到大小或色调完全合适的图片很难，这时可以对原始图片进行一些处理，以满足需要。Powerpoint 2010 提供了丰富的图片设置工具，图片插入后，可对图片进行调整亮度或对比度、重新着色、添加边框、删除背景等多种操作。

6.3.3 插入形状

1. 绘制形状

在演示文稿的制作中，绘制形状可以发挥无限创意，从而更形象地表达信息，具体操作步骤为：【插入】选项卡→【插图】组→【形状】按钮→选择形状样式→鼠标指针变为【十】形状→在目标位置拖动鼠标绘制→完成绘制。图 6.20 是用基本形状中的【笑脸】和【矩形】绘制得到的示意图。

2. 设置形状样式

在默认格式的基础上，可以进一步设置形状的样式，在【形状样式】组中包括【形状填充】【形状轮廓】和【形状效果】，如图 6.21 所示。

图 6.20 形状绘制案例

图 6.21 设置形状样式

6.3.4 插入 SmartArt 图形

熟练应用 SmartArt 库中的图表，可以使信息图示化、条理化表达，操作步骤为：【插入】选项卡→【插图】组→【SmartArt】按钮。SmartArt 在幻灯片中的使用如图 6.22 所示。

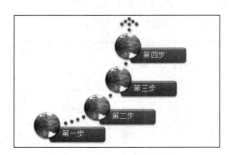

图 6.22 SmartArt 图片使用实例

6.3.5 插入表格

利用表格可以很好地展现一些数据，同 Word 2010 一样，PowerPoint 2010 也可插入表格展示数据。单击【插入】选项卡，单击【表格】按钮进行插入或者绘制表格的操作，如图 6.23 所示。插入表格后，系统自动弹出【设计】和【布局】两个选项卡，可对表格进行各种编辑操作，具体可参考本书第 3 章 Word 2010 中的相关内容。

6.3.6 插入视频

PowerPoint 2010 中可插入视频对象来辅助演示。此外，正如用户对图片执行的操作一样，用户也可以对视频应用边框、阴影、反射、辉光、柔化边缘、三维旋转、棱台等效果。

1. 视频插入

插入视频的基本操作步骤如下。

（1）【插入】选项→【媒体】组→【视频】按钮→弹出【文件选择】对话框→选择事先准备好的视频文件（如.wmx 或.avi 格式等）→【添加】按钮。

（2）插入视频后，幻灯片放映时单击【播放】按钮可以播放视频，如图6.24 所示。

图 6.23　插入表格

图 6.24　视频插入

2. 视频编辑

当插入视频时，可能看见的是黑乎乎的屏幕，显得不太美观。可以根据需要，为插入幻灯片的视频设计一个个性化的封面，以使演示文稿的内容更加专业。

（1）视频视觉样式修改。单击插入的视频会自动切换到【视频工具】选项卡，在【视觉样式】功能组可以选择不同的视觉样式，如图 6.25 所示。

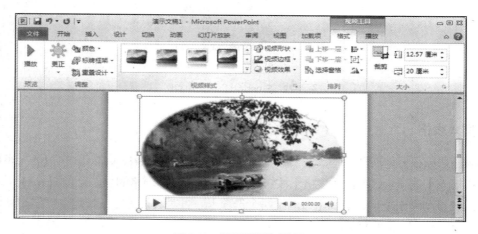

图 6.25　视频视觉样式编辑

（2）视频亮度和对比度修改。单击插入的视频会自动切换到【视频工具】选项卡，在功能区里单击【更正】按钮，可以更改视频显示的亮度和对比度，如图 6.26 所示。

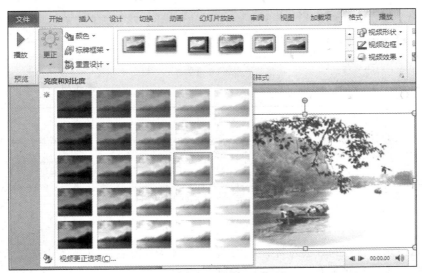

图 6.26　视频亮度和对比度编辑

（3）视屏剪裁。单击插入的视频，然后单击【视频工具】选项卡里的【播放】按钮，在功能区里单击【剪裁视频】按钮，可以对视频进行剪裁操作，如图 6.27 所示。

图 6.27　视频剪裁编辑

6.3.7　插入声音

演示文稿中通常会插入声音文件作为背景音乐，让幻灯片的演示更加生动。

1. 插入音频文件

插入音频的具体操作方法为：【插入】选项卡→【媒体】组→【音频】按钮→选择【文件中的声音】（见图 6.28）→选择所要插入的文件。

插入音频后，在幻灯片中出现图 6.29 所示的音频标识，便于在放映时控制播放、暂停、播放进度、音量。另外，在随之出现的【播放】选项卡中（见图 6.30），可对音频进行相应的设置。如需背景音乐，在图 6.31 所示的【播放音频】对话框中，按以下方法设置：【效果】标签→【停止播放】→【在××幻灯片之后】选项→输入一个数值（此处假定演示文稿共有 10 张幻灯片，输入数值 10）→确定，该音频文件将在 10 张幻灯片之后停止，中间切换幻灯片时不停止。

图 6.28　插入文件中的音频

图 6.29　音频标识

图 6.30　音频的【播放】选项卡

2. 录制音频

用户可以通过录制音频的方法为演示文稿配音，具体操作方法为：【插入】选项卡→【媒体】组→【音频】按钮→【录制音频】→【录音】对话框→录音按钮→停止录音按钮，如图 6.32 所示，停止后，录制的音频自动插入幻灯片中。关于录制音频的相关设置同上。

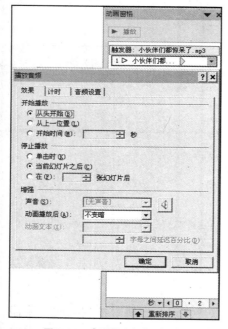

图 6.31　【播放音频】对话框

图 6.32　【录音】对话框

6.3.8　插入艺术字

在演示文稿中插入艺术字可以美化演示文稿的放映效果，如图 6.33 所示，配合图片插入了艺术字的【We are family】，具体方法参考 Word 2010 中的相关章节。

图 6.33　幻灯片中插入艺术字实例

6.3.9　添加页眉和页脚

在编辑演示文稿时，可以为每张幻灯片添加类似 Word 文档的页眉或页脚，具体操作方法为：【插入】选项卡→【页眉和页脚】按钮→弹出【页眉和页脚】对话框（见图 6.34）→进行相应设置→单击【全部应用】或【应用】按钮。

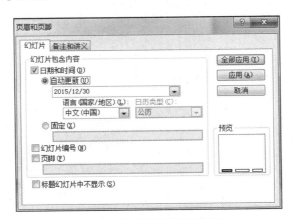

图 6.34　【页眉和页脚】对话框

习题 6

一、选择题

1. PowerPoint 中，（　　）视图模式可以实现在其他视图中可实现的一切编辑功能。

  A.　普通视图　　　　B.　大纲视图　　　　C.　幻灯片视图　　　　D.　幻灯片浏览视图

2. PowerPoint 中，欲在幻灯片中添加文本，在菜单栏中要选择（　　）菜单。

  A.　视图　　　　　　B.　插入　　　　　　C.　格式　　　　　　D.　工具

3. PowerPoint 中，选择幻灯片中的文本时，（　　）表示文本选择已经成功。

  A.　所选的文本闪烁显示　　　　　　　　　B.　所选幻灯片中的文本变成反白显示

  C.　文本字体发生明显改变　　　　　　　　D.　状态栏中出现成功字样

4. 幻灯片放映时，按（　　　）键可退出放映。

    A. Esc   B. Alt   C. Del   D. End

5. 在 PowerPoint 2010 中，演示文稿的扩展名为（　　　）。

    A. .ppt   B. .pptx   C. .pot   D. .potx

二、操作题

1. 用 PPT 制作一个内容以"我的家乡"为主题的演示文稿。

2. 用 PPT 制作一个内容以"自我介绍"为主题的演示文稿。

3. 以"百合花"为主题制作演示文稿，具体要求如下。

（1）幻灯片不少于 5 页，选择恰当的版式并且版式要有变化。

（2）第一页上要有艺术字形式的"百年好合"字样。有标题页，有演示主题，并且演示文稿中的幻灯片至少要有 2 种以上的主题。

（3）幻灯片中除了有文字外还要有图片。

（4）采用由观众手动自行浏览的方式放映演示文稿，动画效果要贴切，幻灯片切换效果要恰当、多样。

（5）在放映时要全程自动播放背景音乐。

（6）将制作完成的演示文稿以"百合花.pptx"为文件名进行保存。

07 第7章 PowerPoint 2010进阶篇

PowerPoint 2010 是一款强大的幻灯片制作软件，可以轻松实现幻灯片的制作。

本章主要介绍了幻灯片的整体风格设计、基本动画原理和操作方法、幻灯片的放映与输出、幻灯片的高级应用及全国计算机等级考试二级真题讲解，具体包括以下内容：

- 幻灯片的版式、幻灯片的主题、幻灯片的背景、幻灯片的母版；
- 添加动画效果，自定义动画，切换动画；
- 常规放映方法和其他放映方式，幻灯片的打印输出；
- PPT 与 Word 文件的相互转化；
- 计算机考试真题讲解与分析。

7.1 幻灯片的整体风格设计

本节内容主要为幻灯片的整体风格设计，包括幻灯片的版式、幻灯片的主题、幻灯片的背景、幻灯片的母版等。学习完这部分内容，用户制作的作品将有统一的风格，内容更加整洁好看。

7.1.1 幻灯片的版式

幻灯片版式是 PowerPoint 2010 中的一种常规排版的格式，通过幻灯片版式的应用可以对文字、图片、表格、Smart 图表等进行更加合理、简洁的布局。

1. 新建某种版式的幻灯片

可以直接将要插入的新幻灯片定为某种版式，具体操作方法为：选中需要插入幻灯片的位置→【开始】选项卡→【幻灯片】组→【新建幻灯片】按钮→单击需要的版式，可选的版式如图 7.1 所示。

2. 更改幻灯片版式

启动 PowerPoint 2010 时，会出现一张作为封面的幻灯片，称为"标题幻灯片"。在标题幻灯片之后新建的幻灯片，默认情况下是"标题和内容"版式，用户可以根据需要重新设置其版式，具体操作方法为：选中需更改版式的幻灯片→【开始】选项卡→【幻灯片】组→【版式】按钮→选择需要的版式。PowerPoint 2010 中提供了丰富的版式，如图 7.2 所示。

图 7.1 版式选择

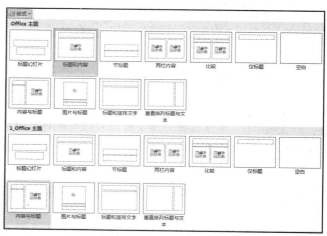

图 7.2 更改或设置幻灯片版式

7.1.2 幻灯片的主题

对幻灯片应用一种主题之后，如果对主题效果的某一部分元素不够满意，可以通过颜色、字体、效果进行修改，如图 7.3 所示。

图 7.3 更改当前主题

（1）更改主题颜色

具体方法为：【设计】选项卡→【主题】组→【颜色】按钮→选择需要的颜色。

（2）更改主题字体

更改现有主题的标题和正文文本字体，使演示文稿的样式保持一致。具体方法为：【设计】选项卡→【主题】组→【字体】按钮→选择需要的字体；也可以选择自行建立字体方案，打开【字体】设置后，单击"新建主题字体"，在【标题字体】和【正文字体】框中，选择要使用的字体，在【名称】框中，为新主题字体键入适当的名称，然后单击【保存】按钮，如图 7.4所示。

（3）选择一组主题效果

主题效果是线条与填充效果的组合。具体方法为：【设计】选项卡→【主题】组→【效果】按钮→选择需

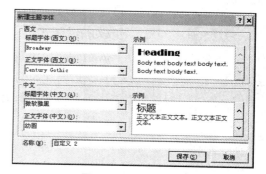

图 7.4 新建主题字体

要的效果。

PowerPoint 模板和主题的最大区别是：模板中可包含多种元素，如图片、文字、图表、表格、动画、内容等，而主题中只包含颜色、字体、效果 3 种元素。

7.1.3　幻灯片的背景

设置既符合意境又美观的背景能使 PPT 更吸引人的注意。PowerPoint 2010 有多种方法设置幻灯片的背景，不仅能把图片当作背景，也可将背景设为纯色或渐变色。

在打开的演示文稿中，鼠标右键单击幻灯片页面空白处→【设置背景格式】；或者【设计】选项卡→【背景】组→【设置背景格式】→【填充】选项，有"纯色填充""渐变填充""图片或纹理填充""图案填充" 4 种填充模式，如图 7.5 所示。

（1）添加图片背景

选择【图片或纹理填充】→【文件】按钮→【插入图片】对话框→选择图片的存放路径→【插入】，即可将文件中的图片设为背景。如果想把背景图片应用到全部幻灯片，就单击窗口右下角的"全部应用"按钮。

在【设置背景格式】窗口中，有"图片更正""图片颜色"及"艺术效果" 3 种修改美化 PPT 背景图片的效果，能调整图片的亮度对比度、更改颜色饱和度、色调、重新着色或者实现影印、蜡笔平滑等效果，如图 7.6 所示。

图 7.5　"设置背景格式"对话框

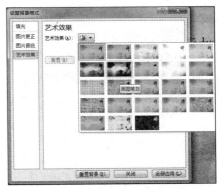

图 7.6　背景图片的艺术效果设置

（2）添加单色背景

鼠标右键单击任意幻灯片页面空白处→【设置背景格式】→【纯色填充】→选择颜色，即可将幻灯片背景设为所选择的颜色。如果想要全部幻灯片应用同样的背景颜色，单击窗口右下角的"全部应用"按钮。

（3）添加渐变背景

鼠标右键单击任意幻灯片页面空白处→【设置背景格式】→选择【渐变填充】→选择类型和方向→设置各个渐变光圈的颜色，如图 7.7 所示。

（4）添加图案背景

鼠标右键单击任意幻灯片页面空白处→【设置背景格式】→选择【图案填充】→设置所选图案的前景色和背景色，如图 7.8 所示。

Office 高级应用教程

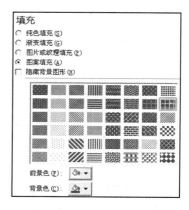

图 7.7 【渐变填充】设置对话框

图 7.8 【图案填充】设置对话框

7.1.4 幻灯片的母版

母板用于设置每张幻灯片的预设格式，例如在母版中设置字体、背景、Logo 图片等，可以快速运用到该主题版式的每张幻灯片中；有时候采用别人的模板，可以在母版中修改模板的背景或去除无关的 Logo。在【视图】选项卡中，可以看到 PowerPoint 2010 提供幻灯片母版、讲义母版、备注母版 3 种母版，如图 7.9 所示。

（1）用母版设置背景

最常用的是幻灯片母版。使用幻灯片母版的具体操作方法如下。

① 新建一个空白演示文稿→切换到【视图】选项卡→【母版视图】组→【幻灯片母版】，如图 7.10 所示。PowerPoint 2010 提供了 12 张不同版式的幻灯片母版页面，其中第一张为基础页，对它进行的设置会自动在其余的页面上应用。

图 7.9 母版

图 7.10 幻灯片母版视图

② 为第一张基础页插入一张制作好的背景图片，可以看出，不仅第一张的背景图片换掉了，所有 12 张 PPT 页面都被换掉了，而且后面 11 张母版页面的背景图片都没有办法选择和修改，要想改变的话只能在上面覆盖别的图片。所以第一张母版基础页起着决定性作用，一变全变，如图 7.11 所示。

③ 在 PPT 母版中，第二张用于封面，要使封面不同于其他页面，可对第二张母版页单独插入一张图片，可以看到，只有第二张发生了变化，其余的还保持原来的状态，如图 7.12 所示。

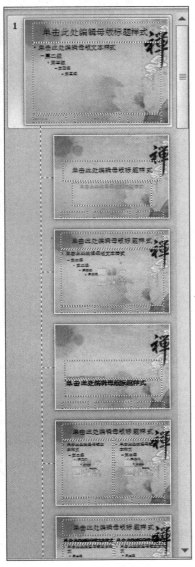

图 7.11　为母版基础页设置背景

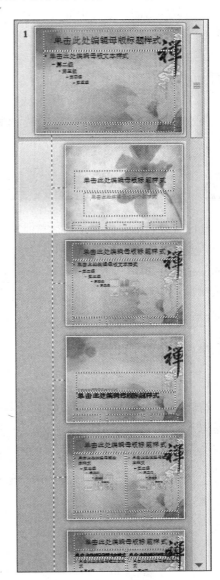

图 7.12　为标题母版设置背景

④ 回到普通视图。再添加新幻灯片时可以发现，新增的幻灯片都是有背景图片的，也就是继承第一张母版基本页的设置。

（2）用母版统一演示文稿字体

幻灯片中默认的字体是宋体，颜色是黑色，如果设置新的字体样式为微软雅黑、颜色红色、左对齐，完成设置后关闭母版视图，可以看到所有的文字都统一成了新的字体和颜色。这样的操作有助于统一文字格式，避免对单张幻灯片分别设置。

（3）插入艺术字

如果每张幻灯片中都显示同样的艺术字，如公司名、学校名、演讲者等，可以在母版基础页中插入一次艺术字"菩提树下的修行"，切换到【普通视图】后可以看到，每张幻灯片都在相同的位置显示相同的艺术字，并且不能直接编辑，如果需要编辑艺术字内容或效果，需再次切换回【幻灯片母版】，如图 7.13 所示。

制作完母版之后可以保存供下次直接使用，否则母版只能应用一次，下次再用还需要重新制作。保存母版的时候选择保存类型为.potx 类型，下次可在主题中直接选用该母版。

图 7.13 在母版中插入艺术字

7.2 幻灯片的动画效果

动画效果的加入让 PPT 在演示时更加生动有趣；动画的适当应用，让演示变得条理清晰。动画制作于 PPT 是非常重要的一部分，本书介绍 PowerPoint 2010 中基本的动画原理和操作方法，要将动画效果用得熟练精彩，还需要平时大量的实践和思考。PPT 中的动画大体分为三大类：① 幻灯片中各种对象的动画——自定义动画；② 幻灯片之间的动画——切换；③ 其他动画。

7.2.1 添加动画效果

1. 添加自定义动画

幻灯片中的各种对象，如文字、图片、形状、视频、图表、表格，都可以添加自定义动画，具体操作方法为：切换到【动画】选项卡→【动画】组→单击下拉列表，可以看到一共有 4 大类动画：进入、强调、退出和动作路径，如图 7.14 所示。

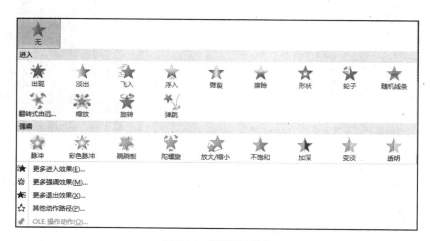

图 7.14 动画下拉列表

（1）"进入"动画

"进入"动画是 4 种自定义动画中常用的，设置对象在放映时的出现方式。一些常见的进入动画，可以在【动画】下拉列表中直接选择；如果没有自己需要的，则单击列表下方的【更多进入效果】，弹出图 7.15 所示的对话框。根据动作幅度大小不同，有"基本型""细微型""温和型"及"华丽型" 4 种特色动画效果。

（2）"强调"动画

"强调"动画是放映时对象在位置或形状或颜色上有些变化，从而在放映过程中引起观众的注意。设置一些常见的强调动画，可以在【动画】下拉列表中直接选择；如果没有自己需要的，则单击列表下方的【更多强调效果】，弹出图 7.16 所示的对话框。根据动画动作幅度不同，也有和"进入动画"相同的 4 种特色动画效果。

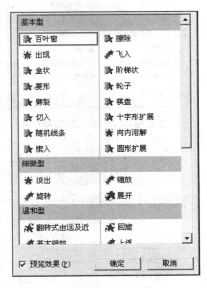

图 7.15　"进入"动画效果

图 7.16　"强调"动画效果

（3）"退出"动画

"退出"动画是设置放映时对象从幻灯片消失的效果。常见的退出动画，可以在【动画】下拉列表中直接选择；如果没有自己需要的，则单击列表下方的【更多退出效果】，弹出如图 7.17 所示的对话框。根据动画动作幅度不同，也有和"进入动画"相同的 4 种特色动画效果。

（4）"动作路径"动画

"动作路径"是让对象根据自定义路径在幻灯片页面上移动，例如上下移动、左右移动或者沿着星形或圆形图案移动，可以和其他动画结合起来实现更生动的效果。设置常见路径，可以在【动画】下拉列表中直接选择；如果没有自己需要的路径，则单击列表下方的【其他动作路径】，弹出图 7.18 所示的对话框。

2．组合动画

可以单独使用任何一种动画，也可以将多种效果组合在一起，如要制作一片树叶飘落的动画，可以将路径动画和强调动画中的"陀螺旋"结合；制作一张照片的消失动画，可以将退出动画里的

"飞出"和强调动画里的"放大/缩小"结合。具体操作方法为：先为对象添加第一种动画→单击【高级动画】组中的【添加动画按钮】→在下拉列表中选择第二种动画；以此类推，用同样的方法可以给同一个对象添加多种动画效果，制作出惟妙惟肖的组合动画。

图 7.17　"退出"动画效果

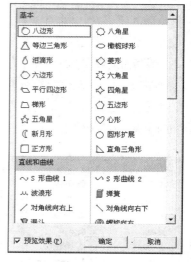

图 7.18　"动作路径"动画效果

3. 动画设置

要制作出精彩的组合动画，只添加多种动画是不够的，还要对各个动画做后期的设置，具体操作方法为：单击【高级动画】组中的【动画窗格】按钮→屏幕右侧弹出【动画窗格】→选中某个动画进行各种设置，对动画进行设置如图 7.19 所示。

图 7.19　动画设置

【效果选项】：单击【效果选项】按钮，在下拉列表中可以对当前动画设置不同的演示效果，不同的动画【效果选项】中内容是不一样的。

【触发】：给动画添加触发器。如果需要单击幻灯片中某个对象才播放当前动画，则为动画添加触发器。

【动画刷】："动画刷"能复制一个对象的动画，将同样的动画应用到其他对象上。使用"动画刷"的方法为：单击已经设置了动画的对象，双击"动画刷"按钮，当鼠标变成刷子形状时，依次单击需要设置相同自定义动画的对象。

【开始】：默认为"单击时"，单击【开始】后的下拉列表，会出现"与上一动画同时"和"上一动画之后"，如果选择"与上一动画同时"，当前动画就会和同一张幻灯片中的前一个动画同时播放；选择"上一动画之后"表示上一动画结束后无需单击自动播放当前动画。【开始】选项的灵活应用是制作组合动画的关键之处。

【持续时间】：用来设置当前动画从开始播放到结束需要的时间，也就是设置动画速度。

【延迟】：调整"延迟"时间，可以在设置的时间到达后才开始播放当前动画，相当于需要等待一段时间才能看到当前动画。这对于动画之间的衔接很重要，便于观众看清楚前一个动画的内容。

【对动画重新排序】：动画次序默认按照设置的前后次序排列。设置好动画后，如果发现播放顺序不理想，可以调整前后顺序，方法为：单击【动画窗格】中的某个动画，再单击【计时】组中的【向前移动】按钮或【向后移动】按钮，直到调整到正确的位置。

7.2.2　其他动画效果

1. 插入超链接

通过超链接可以将对象链接到某一页幻灯片，或者链接到某个文件或者应用程序上，具体操作方法为：选中对象→【插入】选项卡→【链接】组→【超链接】按钮，弹出图 7.20 所示的对话框。可以链接到"现有文件或网页""本文档中的位置""新建文档""电子邮件地址"。

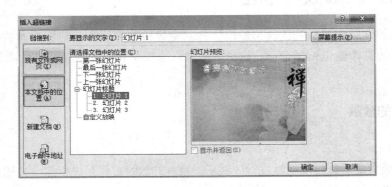

图 7.20　【插入超链接】对话框

2. 利用【动作设置】创建超链接

单击用于创建超链接的对象，将鼠标指针停留在所选对象（文字、图片等）上，切换到【插入】选项卡，单击【链接】组中的【动作】按钮，弹出图 7.21 所示的对话框，切换到【单击鼠标】，选择【超链接到】单选按钮，在打开的下拉列表中根据实际情况进行选择，最后单击【确定】按钮。另外，此对话框还可以设置鼠标移过对象时的相应动作。

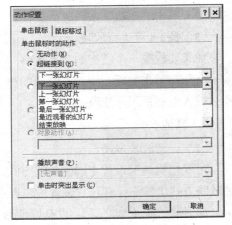

图 7.21　【动作设置】对话框

7.2.3　添加幻灯片切换效果

幻灯片"切换"指幻灯片放映时进入和离开屏幕时的一些特殊效果。在 PowerPoint 中既可以为一组幻灯片设置相同的切换方式，也可以为每一张幻灯片单独设置不同的切换方式。设置幻灯片采用"擦除"切换的方法如下。

（1）切换到幻灯片浏览视图中，将要设置切换方式的幻灯片选中。

（2）在切换选项中选中"擦除"选项，如图 7.22 所示。

图 7.22 【切换】选项卡

（3）如果只是要将设置好的效果应用于当前幻灯片上，只需在列表中单击所希望的切换效果即可；如果要将所做的设置应用于所有幻灯片上，则先在列表中单击所希望的切换效果，然后单击"应用于所有幻灯片"按钮。

7.3 幻灯片的放映与输出

本节内容主要介绍幻灯片的放映与输出，并对常规放映方法和其他放映方式做了详细介绍，此外还对幻灯片的打印输出做了介绍，这样，通过以上的学习，读者就能够做出外观精美、功能详尽的幻灯片了。

7.3.1 幻灯片的放映

1. 常规放映

幻灯片编辑结束之后就可以随时进行放映了，常规的放映过程是先把演示文稿打开，进入普通视图模式，然后再通过下面 3 种方式开始放映。

（1）在"幻灯片放映"选项卡中单击"从头开始"按钮，从第一页幻灯片开始放映。

（2）单击"放映"按钮进行放映。

（3）按 F5 键进行放映。

如果要放映一个已有的演示文稿，只要计算机已经安装了 PowerPoint，将鼠标指针选中要放映的演示文稿，单击鼠标右键，在弹出的快捷键中选择"显示"命令，就可以直接进行放映，而不需要通过进入普通视图再放映。

2. 其他放映

（1）设置放映方式

可以根据情况设置不同的放映方式，切换到【幻灯片放映】选项卡，单击【设置】组中的【设置放映方式】按钮，打开"设置放映方式"对话框，如图 7.23 所示。

演讲者放映（全屏幕）：以全屏幕形式显示，演讲者可以控制放映的进程，可用绘图笔勾画，适合大屏幕投影的会议、讲课。

观众自行浏览（窗口）：以窗口形式显示，可编辑浏览幻灯片，适合人数少的场合。

在展台放映（全屏幕）：以全屏幕形式在展台上作演示用，按事先预定的或排练计时设置的时间和次序放映，不允许现场控制放映的进程。

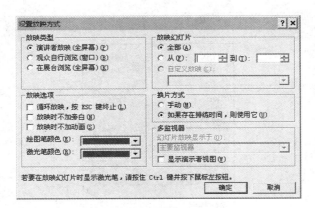

图 7.23　【设置放映方式】对话框

（2）排练计时

为了把握好演讲的时间，在使用演示文稿时可以通过"排练计时"功能事先演练一下，记录讲解每张幻灯片所用时长和总时长。具体操作流程为：【幻灯片放映】选项卡→【设置】组→【排练计时】按钮→进入全屏放映模式→屏幕左上角显示【录制】工具栏→记录演示当前幻灯片时间→演讲完成显示提示对话框，单击【是】按钮保留排练时间→切换到浏览视图可以清晰地看到每张幻灯片使用的时间。

（3）自定义放映

对于同一个 PPT 文件，如果需要根据场合和听众的不同选择不同的幻灯片页面进行放映，可以通过设置"自定义放映"实现。具体操作流程为：【幻灯片放映】选项卡→【开始放映幻灯片】组→【自定义幻灯片放映】按钮→【自定义幻灯片放映】选项→弹出【自定义放映】对话框（见图 7.24）→单击【新建】按钮→弹出【定义自定义放映】对话框（见图 7.25）→输入自定义放映的名称，将需要放映的幻灯片添加到右侧即可。放映时，从上述【自定义幻灯片放映】按钮的下拉列表中选择需要的放映方案即可。

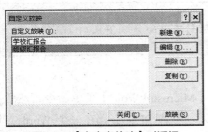

图 7.24　【自定义放映】对话框

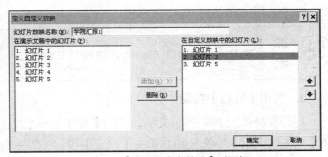

图 7.25　【定义自定义放映】对话框

7.3.2　幻灯片的输出

可以将演示文稿、讲义等进行打印，打印前可对打印机、打印范围、打印内容、打印份数等进行设置或修改。

选择【文件】菜单下的【打印】命令，弹出"打印"选项设置，如图 7.26 所示。同时在右侧默认有打印预览，可根据需要设置各个打印选项。

图 7.26 【打印】选项设置

7.4 PowerPoint 的高级应用

7.4.1 将 PPT 转换成 Word

本节介绍 3 种将 PPT 演示文稿里的文字转换成 Word 文档的方法，以供参考。

1. 利用【大纲】视图

打开 PPT 演示文稿，单击【大纲】，在左侧【幻灯片/大纲】任务窗格的【大纲】选项卡里单击一下鼠标，按 Ctrl+A 组合键全选内容，然后使用 Ctrl+C 组合键或单击鼠标右键在快捷菜单中选择"复制"命令，然后粘贴到 Word 文档里。

提示 这种方法会把原来幻灯片中的行标以及各种符号原封不动地复制下来。

2. 利用【发送】功能

打开要转换的 PPT 演示文稿，单击【文件】→【发送】→【Microsoft Word】菜单命令，然后选择【只使用大纲】单选按钮并单击【确定】按钮，等一会就会发现整篇 PPT 文档在一个 Word 文档里被打开了。

提示 在转换后会发现 Word 里有很多空行。在 Word 里用替换功能全部删除空行可按 Ctrl+F 组合键打开"替换"对话框，在【查找内容】里输入"^p^p"，在【替换为】里输入"^p"，多单击几次【全部替换】按钮即可。（"^"可在英文状态下用 Shift+6 组合键来输入）

3. 利用【另存为】

打开需要转换的 PPT 演示文稿，单击【文件】→【另存为】，然后在【保存类型】列表框里选择存为 rtf 格式。用 Word 打开刚刚保存的 rtf 文件，再进行适当地编辑即可实现转换。

7.4.2　将 Word 转换成 PPT

有时制作的演示文稿中有大量的文本已经在 Word 中输入过了，可以用下面两种方法直接调用进来。

在使用下面两种调用方法之前，都要在 Word 中对文本进行设置：将需要转换的文本设置为标题 1、标题 2、标题 3 等样式，保存返回。

方法一：插入法。在 PowerPoint 中，执行【插入→幻灯片(从大纲)】命令，打开【插入大纲】对话框（见图 7.27），选中需要调用的 Word 文档，单击【插入】按钮即可。

> **注意** 仿照此法操作，可以将文本文件、金山文字等格式的文档插入幻灯片中。

方法二：发送法。在 Word 中，打开相应的文档，执行【文件】→【发送】→【Microsoft Office PowerPoint】命令，系统将自动启动 PowerPoint，并将 Word 中设置好格式的文档转换到演示文稿中。

图 7.27　【插入大纲】对话框

用一张幻灯片就可以实现多张图片的演示，而且单击后能实现自动放大的效果，再次单击后还原，具体的操作方法如下。

新建一个演示文稿，单击【插入】菜单中的【对象】命令，选择【Microsoft PowerPoint 演示文稿】，在插入的演示文稿对象中插入一幅图片，将图片的大小更改为演示文稿的大小，退出该对象的编辑状态，将它缩小到合适的大小，按 F5 键演示。接下来，只需复制这个插入的演示文稿对象，更改其中的图片并排列它们的位置就可以了。

7.5　全国计算机等级考试二级 PowerPoint 真题及讲解

7.5.1　SmartArt 图放映方案

1. 真题

请在【答题】菜单下选择【进入考生文件夹】命令，并按照题目要求完成下面的操作。

为了更好地控制教材编写的内容、质量和流程，小李负责起草了图书策划方案（请参考【图书策划方案.docx】文件）。他需要将图书策划方案 Word 文档中的内容制作为可以向教材编委会进行展示的 PowerPoint 演示文稿。

现在，请你根据图书策划方案（请参考【图书策划方案.docx】文件）中的内容，按照如下要求完成演示文稿的制作。

（1）创建一个新演示文稿，内容需要包含【图书策划方案.docx】文件中所有讲解的要点，包括：

① 演示文稿中的内容编排，需要严格遵循 Word 文档中的内容顺序，并仅需要包含 Word 文档中应用了【标题 1】【标题 2】【标题 3】样式的文字内容。

② Word 文档中应用了【标题 1】样式的文字，需要成为演示文稿中每页幻灯片的标题文字。

③ Word 文档中应用了【标题 2】样式的文字，需要成为演示文稿中每页幻灯片的第一级文本内容。

④ Word 文档中应用了【标题 3】样式的文字，需要成为演示文稿中每页幻灯片的第二级文本内容。

（2）将演示文稿中的第 1 页幻灯片，调整为【标题幻灯片】版式。

（3）为演示文稿应用一个美观的主题样式。

（4）在标题为【2012 年同类图书销量统计】的幻灯片页中，插入一个 6 行、5 列的表格，列标题分别为【图书名称】【出版社】【作者】【定价】【销量】。

（5）在标题为【新版图书创作流程示意】的幻灯片页中，将文本框中包含的流程文字利用 SmartArt 图形展现。

（6）在该演示文稿中创建一个演示方案，该演示方案包含第 1、2、4、7 页幻灯片，并将该演示方案命名为【放映方案 1】。

（7）在该演示文稿中创建一个演示方案，该演示方案包含第 1、2、3、5、6 页幻灯片，并将该演示方案命名为【放映方案 2】。

（8）保存制作完成的演示文稿，并将其命名为【PowerPoint.pptx】。

2. 解题步骤

（1）要求：创建一个新演示文稿，内容需要包含【图书策划方案.docx】文件中所有讲解的要点。

步骤 1：打开 Microsoft PowerPoint 2010，新建一个空白演示文稿。

步骤 2：新建第 1 张幻灯片。按照题意，在【开始】选项卡下的【幻灯片】组中单击【新建幻灯片】下三角按钮，在弹出的下拉列表中选择恰当的版式。此处选择【节标题】幻灯片，然后输入标题【Microsoft Office 图书策划案】。

步骤 3：按照同样的方式新建第二张幻灯片为【比较】。

步骤 4：在标题中输入【推荐作者简介】，在两侧的上下文本区域中分别输入素材文件【推荐作者简介】对应的二级标题和三级标题的段落内容。

步骤 5：按照同样的方式新建第 3 张幻灯片为【标题和内容】。

步骤 6：在标题中输入【Office 2010 的十大优势】，在文本区域中输入素材中【Office 2010 的十大优势】对应的二级标题内容。

步骤 7：新建第 4 张幻灯片为【标题和竖排文字】。

步骤 8：在标题中输入【新版图书读者定位】，在文本区域输入素材中【新版图书读者定位】对应的二级标题内容。

步骤 9：新建第 5 张幻灯片为【垂直排列标题与文本】。

步骤 10：在标题中输入【PowerPoint 2010 创新的功能体验】，在文本区域输入素材中【PowerPoint 2010 创新的功能体验】对应的二级标题内容。

步骤 11：依据素材中对应的内容，新建第 6 张幻灯片为【仅标题】。

步骤 12：在标题中输入【2012 年同类图书销量统计】字样。

步骤 13：新建第 7 张幻灯片为【标题和内容】。输入标题【新版图书创作流程示意】字样，在文本区域中输入素材中【新版图书创作流程示意】对应的内容。

步骤 14：选中文本区域里在素材中是三级标题的内容，单击鼠标右键，在弹出的快捷菜单中选择图 7.28 所示的项目符号以调整内容为三级格式。

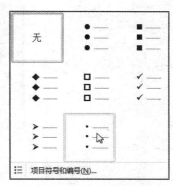

图 7.28　选择项目符号

（2）要求：将演示文稿中的第 1 页幻灯片，调整为【标题幻灯片】版式。

步骤：将演示文稿中的第 1 页幻灯片调整为【标题幻灯片】版式。在【开始】选项卡下的【幻灯片】组中单击【版式】下三角按钮，在弹出的下拉列表中选择【标题幻灯片】命令，即可将【节标题】调整为【标题幻灯片】。

（3）要求：为演示文稿应用一个美观的主题样式。

步骤：为演示文稿应用一个美观的主题样式。在【设计】选项卡下，选择一种合适的主题，此处选择【主题】组中的【平衡】命令，则【平衡】主题应用于所有幻灯片。

（4）要求：在标题为【2012 年同类图书销量统计】的幻灯片页中，插入一个 6 行、5 列的表格，列标题分别为【图书名称】【出版社】【作者】【定价】【销量】。

步骤 1：依据题意选中第 6 张幻灯片，在【插入】选项卡下的【表格】组中单击【表格】下三角按钮，在弹出的下拉列表中选择【插入表格】命令，即可弹出【插入表格】对话框。

步骤 2：在【列数】微调框中输入 5，在【行数】微调框中输入 6，然后单击【确定】按钮即可在幻灯片中插入一个 6 行 5 列的表格。

步骤 3：在表格中依次输入列标题【图书名称】【出版社】【作者】【定价】【销量】。

（5）要求：在标题为【新版图书创作流程示意】的幻灯片页中，将文本框中包含的流程文字利用 SmartArt 图形展现。

步骤 1：依据题意选中第 7 张幻灯片，在【插入】选项卡下的【插图】组中单击【SmartArt】按钮，弹出【选择 SmartArt 图形】对话框。

步骤 2：选择一种与文本内容的格式相对应的图形，此处选择【组织结构图】命令。

步骤 3：单击【确定】按钮后即可插入 SmartArt 图形。依据文本对应的格式，还需要对插入的
图形进行格式的调整。选中图 7.29 所示的矩形，按 Backspace 键将其删除。

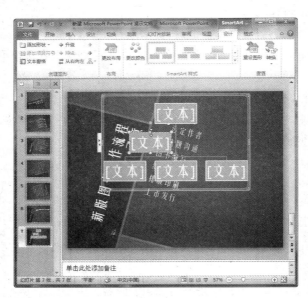

图 7.29 对插入图形进行格式调整

步骤 4：再选中图 7.30 所示的矩形，在【SmartArt 工具】中的【设计】选项卡下，单击【创建
图形】组中的【添加形状】按钮，在弹出的下拉列表中选择【在后面添加形状】。继续选中此矩形，
采取同样的方式再次进行【在后面添加形状】的操作。

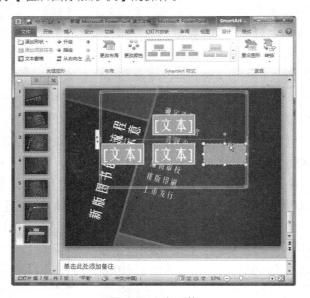

图 7.30 添加形状

步骤 5：依旧选中此矩形，在【创建图形】组中单击【添加形状】按钮，在弹出的下拉列表中进
行两次【在下方添加形状】的操作（注意，每一次添加形状，都需要先选中此矩形）即可得到与幻
灯片文本区域相匹配的框架图。

步骤 6：按照样例中文字的填充方式把幻灯片内容区域中的文字分别剪贴到对应的矩形框中。

（6）要求：在该演示文稿中创建一个演示方案，该演示方案包含第 1、2、4、7 页幻灯片，并将该演示方案命名为【放映方案 1】。

步骤 1：依据题意，首先创建一个包含第 1、2、4、7 页幻灯片的演示方案。在【幻灯片放映】选项卡下的【开始放映幻灯片】组中单击【自定义幻灯片放映】下三角按钮，选择【自定义放映】命令，弹出【自定义放映】对话框。

步骤 2：单击【新建】按钮，弹出【定义自定义放映】对话框。

步骤 3：在【在演示文稿中的幻灯片】列表框中选择【1. Microsoft Office 图书策划案】命令，然后单击【添加】按钮即可将幻灯片 1 添加到【在自定义放映中的幻灯片】列表框中。

步骤 4：按照同样的方式分别将幻灯片 2、幻灯片 4、幻灯片 7 添加到右侧的列表框中。

步骤 5：单击【确定】按钮后返回到【自定义放映】对话框。单击【编辑】按钮，在弹出的【幻灯片放映名称】文本框中输入【放映方案 1】，单击【确定】按钮后即可重新返回到【自定义放映】对话框。单击【关闭】按钮后即可在【幻灯片放映】选项卡【开始放映幻灯片】组中的【自定义幻灯片放映】下三角按钮中看到最新创建的【放映方案 1】演示方案。

（7）要求：在该演示文稿中创建一个演示方案，该演示方案包含第 1、2、3、5、6 页幻灯片，并将该演示方案命名为【放映方案 2】。

步骤：按照步骤 6 同样的方式为第 1、2、3、5、6 页幻灯片创建名为【放映方案 2】的演示方案。创建完毕后可在【幻灯片放映】选项卡下【开始放映幻灯片】组中的【自定义幻灯片放映】下三角按钮中看到最新创建的【放映方案 2】演示方案。

（8）保存制作完成的演示文稿，并将其命名为【PowerPoint.pptx】。

步骤：单击【文件】选项卡下的【另存为】按钮将制作完成的演示文稿保存为【PowerPoint.pptx】文件。

7.5.2　主题幻灯片移动动画超链接背景音乐

1. 真题

打开考生文件夹下的演示文稿 yswg.pptx，按照下列要求完成对此文稿的制作。

（1）使用"暗香扑面"演示文稿设计主题修饰全文。

（2）将第 2 张幻灯片版式设置为【标题和内容】，并将这张幻灯片移为第 3 张幻灯片。

（3）为前 3 张幻灯片设置动画效果。

（4）要有 2 个超链接进行幻灯片之间的跳转。

（5）演示文稿播放的全程需要有背景音乐。

（6）将制作完成的演示文稿以【bx.pptx】为文件名进行保存。

2. 解题步骤

（1）要求：使用"暗香扑面"演示文稿设计主题修饰全文。

步骤：打开考生文件夹下的演示文稿 yswg.pptx，按照题目要求设置幻灯片模板。在【设计】功能区的【主题】分组中，单击【其他】下拉按钮，选择【暗香扑面】。

（2）要求：将第 2 张幻灯片版式设置为【标题和内容】，把这张幻灯片移为第 3 张幻灯片。

227

步骤 1：按照题目要求设置幻灯片版式。选中第 2 张幻灯片，在【开始】功能区的【幻灯片】分组中，单击【版式】按钮，选择【标题和内容】选项。

步骤 2：移动幻灯片，在普通视图下，按住鼠标左键，拖曳第 2 张幻灯片到第 3 张幻灯片即可。

（3）要求：为前 3 张幻灯片设置动画效果。

步骤 1：选中第 1 张幻灯片的文本，在【动画】功能区的【动画】分组中，单击【其他】下拉三角按钮，选择【飞入】效果。在【动画】分组中，单击【效果选项】按钮，选择【自底部】选项。

步骤 2：选中第 2 张幻灯片的文本，在【动画】功能区的【动画】分组中，单击【其他】下拉三角按钮，选择【翻转式由远及近】效果。

步骤 3：选中第 3 张幻灯片的文本，在【动画】功能区的【动画】分组中，单击【其他】下拉三角按钮，选择【随机线条】效果。

（4）要求：要有 2 个超链接进行幻灯片之间的跳转。

步骤 1：根据题意，要有 2 个超链接进行幻灯片之间的跳转。此处对第 2 张幻灯片中的内容设置超链接，由此连接到第 4 张幻灯片对应的内容中去。选中第 2 张幻灯片中的文本【三、沙尘暴】，在【插入】选项卡下的【链接】组中单击【超链接】按钮，弹出【插入超链接】对话框。单击【链接到】组中的【本文档中的位置】按钮，在对应的界面中选择【幻灯片标题】下的【幻灯片 4】选项。单击【确定】按钮。

步骤 2：再对第 1 张幻灯片中的内容设置超链接，由此连接到第 5 张幻灯片中对应的内容中去。选中第 1 张幻灯片中的文本【中国主要生态环境问题】，在【插入】选项卡下的【链接】组中单击【超链接】按钮，弹出【插入超链接】对话框。单击【链接到】组中的【本文档中的位置】按钮，在对应的界面中选择【最后一张幻灯片】。单击【确定】按钮。

（5）要求：演示文稿播放的全程需要有背景音乐。

步骤 1：设置背景音乐。在【插入】选项卡下【媒体】组中单击【音频】按钮，弹出【插入音频】对话框。选择素材中的音频【月光】后单击【插入】即可设置成功。

步骤 2：在【音频工具】中的【播放】选项卡下，单击【音频选项】组中的【开始】右侧的下拉按钮，在其中选择【跨幻灯片播放】，并勾选【放映时隐藏】复选框即可在演示的时候自动播放背景音乐。

（6）要求：将制作完成的演示文稿以【bx.pptx】为文件名进行保存。

步骤：单击【保存】按钮将制作完成的演示文稿以【bx.pptx】为文件名进行保存。

7.5.3　主题超链接放映方案切换

1. 真题

某公司新员工入职，需要对他们进行入职培训。为此，人事部门负责此事的小吴制作了一份入职培训的演示文稿。但人事部经理看过之后，觉得文稿整体做得不够精美，还需要再美化一下。请根据提供的"入职培训.pptx"文件，对制作好的文稿进行美化，具体要求如下所示。

（1）将第 1 张幻灯片设为【节标题】，并在第 1 张幻灯片中插入一幅人物剪贴画。

（2）为整个演示文稿指定一个恰当的设计主题。

（3）为第 2 张幻灯片上面的文字【公司制度意识架构要求】加入超链接，链接到 Word 素材文件

【公司制度意识架构要求.docx】。

（4）在该演示文稿中创建一个演示方案，该演示方案包含第 1、3、4 页幻灯片，将该演示方案命名为【放映方案 1】。

（5）为演示文稿设置不少于 3 种幻灯片切换方式。

（6）将制作完成的演示文稿以【入职培训.pptx】为文件名进行保存。

2.　解题步骤

（1）要求：将第 1 张幻灯片设为【节标题】，并在第 1 张幻灯片中插入一幅人物剪贴画。

步骤 1：选中第 1 张幻灯片，单击【开始】选项卡下的【幻灯片】组中的【版式】按钮，在弹出的下拉列表中选择【节标题】。

步骤 2：单击【插入】选项卡下【图像】组中的【剪贴画】按钮，弹出【剪贴画】任务窗格，在【搜索文字】文本框中输入【人物】，从中选择一幅图片，并调整到适当位置。

（2）要求：为整个演示文稿指定一个恰当的设计主题。

步骤：在【设计】选项卡下，选择一种合适的主题，此处选择【主题】组中的【相邻】，则【相邻】主题应用于所有幻灯片。

（3）要求：为第 2 张幻灯片上面的文字【公司制度意识架构要求】加入超链接，链接到 Word 素材文件【公司制度意识架构要求.docx】。

步骤 1：选中第 2 张幻灯片上面的文字【公司制度意识架构要求】，在【插入】选项卡下的【链接】组中单击【超链接】按钮，弹出【插入超链接】对话框。

步骤 2：选择【现有文件或网页】选项，在右侧的【查找范围】中查找到【公司制度意识架构要求.docx】文件，

步骤 3：单击【确定】按钮后即可为【公司制度意识架构要求】插入超链接。

（4）要求：在该演示文稿中创建一个演示方案，该演示方案包含第 1、3、4 页幻灯片，将该演示方案命名为【放映方案 1】。

步骤 1：单击【幻灯片放映】选项卡下【开始放映幻灯片】组中的【自定义幻灯片放映】下三角按钮，在弹出的下拉列表中选择【自定义放映】命令，弹出【自定义放映】对话框。

步骤 2：单击【新建】按钮，弹出【定义自定义放映】对话框，在【幻灯片放映名称】文本框中输入【演示方案 1】，从左侧的【在演示文稿中的幻灯片】列表框中选择幻灯片 1、3、4，添加到【在自定义放映中的幻灯片】中。

步骤 3：单击【确定】按钮重新返回到【自定义放映】对话框。

步骤 4：单击【放映】按钮即可放映【放映方案 1】。

（5）要求：为演示文稿设置不少于 3 种幻灯片切换方式。

步骤 1：根据题意为演示文稿设置不少于 3 种的幻灯片切换方式。此处选择第 1 张幻灯片，在【切换】选项卡下【切换到此幻灯片】组中选择一种切换效果，此处选择【推进】命令。

步骤 2：再选取 2 张幻灯片，按照同样的方式为其设置切换效果。这里设置第 3 张幻灯片的切换效果为【涡流】，设置第 4 张幻灯片的切换效果为【翻转】。

（6）要求：将制作完成的演示文稿以【入职培训.pptx】为文件名进行保存。

步骤：单击【保存】按钮，演示文稿以【入职培训.pptx】为文件名进行保存。

7.5.4　主题版式表格放映方案背景音乐

1. 真题

请在【答题】菜单下选择【进入考生文件夹】命令，并按照题目要求完成下面的操作。

　注意：以下的文件必须保存在考生文件夹下。

为了更好地控制教材编写的内容、质量和流程，小李负责起草了图书策划方案。他将图书策划方案 Word 文档中的内容制作成了可以向教材编委会进行展示的 PowerPoint 演示文稿。

现在，请你根据已制作好的演示文稿【图书策划方案.pptx】，完成下列要求。

（1）为演示文稿应用一个美观的主题样式。

（2）将演示文稿中的第 1 页幻灯片调整为【仅标题】版式，并调整标题到适当的位置。

（3）在标题为【2012 年同类图书销量统计】的幻灯片页中，插入一个 6 行 6 列的表格，列标题分别为【图书名称】【出版社】【出版日期】【作者】【定价】【销量】。

（4）为演示文稿设置不少于 3 种幻灯片切换方式。

（5）在该演示文稿中创建一个演示方案，该演示方案包含第 1、3、4、6 页幻灯片，并将该演示方案命名为【放映方案 1】。

（6）演示文稿播放的全程需要有背景音乐。

（7）保存制作完成的演示文稿，并将其命名为【PowerPoint.pptx】。

2. 解题步骤

（1）要求：为演示文稿应用一个美观的主题样式。

步骤 1：打开考生文件夹下的【图书策划方案.pptx】。

步骤 2：在【设计】选项卡下的【主题】组中，单击【其他】下拉按钮，在弹出的下拉列表中选择【凤舞九天】。

（2）要求：将演示文稿中的第 1 页幻灯片，调整为【仅标题】版式，并调整标题到适当的位置。

步骤 1：选中第 1 张幻灯片，在【开始】功能区的【幻灯片】分组中，单击【版式】按钮，在弹出的下拉列表中选择【仅标题】选项。

步骤 2：拖动标题到恰当位置。

（3）要求：在标题为【2012 年同类图书销量统计】的幻灯片页中，插入一个 6 行、6 列的表格，列标题分别为【图书名称】【出版社】【出版日期】【作者】【定价】【销量】。

步骤 1：依据题意选中第 7 张幻灯片，单击【单击此处添加文本】占位符中的【插入表格】按钮，弹出【插入表格】对话框。

步骤 2：在【列数】微调框中输入 6，在【行数】微调框中输入 6，然后单击【确定】按钮即可在幻灯片中插入一个 6 行 6 列的表格。

步骤 3：在表格第一行中分别依次输入列标题【图书名称】【出版社】【出版日期】【作者】【定价】【销量】。

（4）要求：为演示文稿设置不少于 3 种幻灯片切换方式。

步骤 1：选中第 2 张幻灯片文本，在【切换】选项卡的【切换到此幻灯片】组中，单击【其他】

下拉三角按钮，在弹出的下拉列表中选择【百叶窗】命令。

步骤 2：选中第 4 张幻灯片文本，在【切换】选项卡的【切换到此幻灯片】组中，单击【其他】下拉三角按钮，在弹出的下拉列表中选择【涟漪】命令。

步骤 3：选中第 6 张幻灯片文本，在【切换】选项卡的【切换到此幻灯片】组中，单击【其他】下拉三角按钮，在弹出的下拉列表中选择【涡流】命令。

（5）要求：在该演示文稿中创建一个演示方案，该演示方案包含第 1、3、4、6 页幻灯片，并将该演示方案命名为【放映方案 1】。

步骤 1：单击【幻灯片放映】选项卡下【开始放映幻灯片】组中的【自定义幻灯片放映】下三角按钮，在弹出的下拉列表中选择【自定义放映】命令，弹出【自定义放映】对话框。

步骤 2：单击【新建】按钮，弹出【定义自定义放映】对话框，在【幻灯片放映名称】文本框中输入【放映方案 1】，从左侧的【在演示文稿中的幻灯片】中选择幻灯片 1、3、4、6，添加到【在自定义放映中的幻灯片】中。

步骤 3：单击【确定】按钮后重新返回到【自定义放映】对话框。

步骤 4：单击【放映】按钮即可放映【放映方案 1】。

（6）要求：演示文稿播放的全程需要有背景音乐。

步骤 1：设置背景音乐。选中第 1 张幻灯片，在【插入】选项卡下【媒体】组中单击【音频】下拉按钮，在弹出的下拉列表中单击【文件中的音频】按钮，弹出【插入音频】对话框。选择素材中的音频【月光】后单击【插入】即可设置成功。

步骤 2：在【音频工具】中的【播放】选项卡下，单击【音频选项】组中【开始】右侧的下拉按钮，在弹出的下拉列表中选择【跨幻灯片播放】，并勾选【放映时隐藏】复选框，即可在演示的时候全程自动播放背景音乐。

（7）要求：保存制作完成的演示文稿，并将其命名为【PowerPoint.pptx】。

步骤：单击【文件】选项卡下的【另存为】按钮，将制作完成的演示文稿保存为【PowerPoint.pptx】文件。

7.5.5　主题母版艺术字组织结构图动画超链接切换

1. 真题

请在【答题】菜单下选择【进入考生文件夹】命令，并按照题目要求完成下面的操作。

 注意　以下的文件必须保存在考生文件夹下。

文君是新世界数码技术有限公司的人事专员，国庆节假期过后，公司招聘了一批新员工，需要对他们进行入职培训。人事助理已经制作了一份演示文稿的素材【新员工入职培训.pptx】，请打开该文档进行美化，要求如下。

（1）将第 2 张幻灯片版式设为【标题和竖排文字】，将第 4 张幻灯片的版式设为【比较】。为整个演示文稿指定一个恰当的设计主题。

（2）通过幻灯片母版为每张幻灯片增加利用艺术字制作的水印效果，水印文字中应包含【新世界数码】字样，并旋转一定的角度。

（3）根据第 5 张幻灯片右侧的文字内容创建一个组织结构图，其中总经理助理为助理级别，结果应类似 Word 样例文件【组织结构图样例.docx】中所示，并为该组织结构图添加任一动画效果。

（4）为第 6 张幻灯片左侧的文字【员工守则】加入超链接，链接到 Word 素材文件【员工守则.docx】，并为该张幻灯片添加适当的动画效果。

（5）为演示文稿设置不少于 3 种的幻灯片切换方式。

2．解题步骤

（1）要求：将第 2 张幻灯片版式设为【标题和竖排文字】，将第 4 张幻灯片的版式设为【比较】。为整个演示文稿指定一个恰当的设计主题。

步骤 1：选中第 2 张幻灯片，单击【开始】选项卡下的【幻灯片】组中的【版式】按钮，在弹出的下拉列表中选择【标题和竖排文字】命令。

步骤 2：采用同样的方式将第 4 张幻灯片设为【比较】。

步骤 3：在【设计】选项卡下，选择一种合适的主题，此处选择【主题】组中的【暗香扑面】，则【暗香扑面】主题应用于所有幻灯片。

（2）要求：通过幻灯片母版为每张幻灯片增加利用艺术字制作的水印效果，水印文字中应包含【新世界数码】字样，并旋转一定的角度。

步骤 1：在【视图】选项卡下的【母版视图】组中，单击【幻灯片母版】按钮，即可将所有幻灯片应用于母版。

步骤 2：单击母版幻灯片中的任意位置，单击【插入】选项卡下【文本】组中的【艺术字】按钮，在弹出的下拉列表中选择一种样式，此处选择【填充-深黄，强调文字颜色 1，塑料棱台，映像】命令，输入【新世界数码】。输入完毕后选中艺术字，在【绘图工具】下的【格式】选项卡中单击【艺术字样式】组中的【设置文本效果格式】按钮，在弹出的【设置文本效果格式】对话框中选中【三维旋转】选项。在【预设】中选择一种合适的旋转效果，此处选择【等轴向下】。

步骤 3：将艺术字存放至剪贴板中。

步骤 4：重新切换至【幻灯片母版】选项卡下，在【背景】组中单击【设置背景格式】按钮，打开【设置背景格式】对话框。

步骤 5：在【填充】组中选择【图片或纹理填充】，在【插入自】中单击【剪贴板】，此时存放于剪贴板中的艺术字就被填充到背景中。若是艺术字颜色较深，还可以在【图片颜色】选项下的【重新着色】中设置【预设】的样式，此处选择【冲蚀】命令。

步骤 6：最后单击【幻灯片母版】选项卡下的【关闭】组中的【关闭母版视图】按钮，即可看到，在所有的幻灯片中都应用了艺术字制作的【新世界数码】水印效果。

（3）要求：根据第 5 张幻灯片右侧的文字内容创建一个组织结构图，其中总经理助理为助理级别，结果应类似 Word 样例文件【组织结构图样例.docx】中所示，并为该组织结构图添加任一动画效果。

步骤 1：选中第 5 张幻灯片，单击内容区，在【插入】选项卡下的【插图】组中单击【SmartArt】按钮，弹出【选择 SmartArt 图形】对话框。

步骤 2：选择一种较为接近素材中【组织结构图样例.docx】的样例文件，此处选择【层次结构】组中的【组织结构图】命令。

步骤 3：单击【确定】按钮后即可在选中的幻灯片内容区域中出现所选的【组织结构图】。选中矩形，然后选择【SmartArt 工具】下的【设计】选项卡，在【创建图形】组中单击【添加形状】按钮，在弹出的下拉列表中选择【在下方添加形状】。采取同样的方式再进行两次【在下方添加形状】命令。

步骤 4：选中矩形，在【创建图形】组中单击【添加形状】按钮，在弹出的下拉列表中选择【在前面添加形状】命令。即可得到与幻灯片右侧区域中的文字相匹配的框架图。

步骤 5：按照样例中文字的填充方式把幻灯片右侧内容区域中的文字分别剪贴到对应的矩形框中。

步骤 6：选中设置好的 SmartArt 图形，在【动画】选项卡下【动画】组中选择一种合适的动画效果，此处选择【飞入】命令。

（4）要求：为第 6 张幻灯片左侧的文字【员工守则】加入超链接，链接到 Word 素材文件【员工守则.docx】，并为该张幻灯片添加适当的动画效果。

步骤 1：选中第 6 张幻灯片左侧的文字【员工守则】，在【插入】选项卡下的【链接】组中单击【超链接】按钮，弹出【插入超链接】对话框。

步骤 2：选择【现有文件或网页】选项，在右侧的【查找范围】中查找到【员工守则.docx】文件。

步骤 3：单击【确定】按钮后即可为【员工守则】插入超链接。

步骤 4：选中第 6 张幻灯片中的某一内容区域，此处选择左侧内容区域。在【动画】选项卡下【动画】组中选择一种合适的动画效果，此处选择【浮入】命令。

（5）要求：为演示文稿设置不少于 3 种的幻灯片切换方式。

步骤 1：根据题意为演示文稿设置不少于 3 种的幻灯片切换方式。此处选择第 1 张幻灯片，在【切换】选项卡下【切换到此幻灯片】组中选择一种切换效果，此处选择【淡出】命令。

步骤 2：再选取 2 张幻灯片，按照同样的方式为其设置切换效果。这里设置第 3 张幻灯片的切换效果为【分割】，再设置第 4 张幻灯片的切换效果为【百叶窗】。

步骤 3：保存幻灯片为【新员工入职培训.pptx】文件。

7.5.6　主题动画

1. 真题

请在【答题】菜单下选择【进入考生文件夹】命令，并按照题目要求完成下面的操作。

 注意 以下的文件必须保存在考生文件夹下。

"福星一号"飞船发射成功，并完成与"银星一号"对接等任务，全国人民为之振奋和鼓舞，作为航天城中国航天博览馆讲解员的小苏，受领了制作【"福星一号"飞船简介】的演示幻灯片的任务。请你根据考生文件夹下的【福星一号素材.docx】的素材，帮助小苏完成制作任务，具体要求如下。

（1）演示文稿中至少包含 7 张幻灯片，要有标题幻灯片和致谢幻灯片。幻灯片必须选择一种主题，要求字体和色彩合理、美观大方，幻灯片的切换要用不同的效果。

（2）标题幻灯片的标题为【"福星一号"飞船简介】，副标题为【中国航天博览馆北京二〇一三年六月】。内容幻灯片选择合理的版式，根据素材中对应标题【概况、飞船参数与飞行计划、飞船任务、航天员乘组】的内容各制作 1 张幻灯片，【精彩时刻】制作 2~3 张幻灯片。

（3）【航天员乘组】和【精彩时刻】的图片文件均存放于考生文件夹下，航天员的简介根据幻灯片的篇幅情况需要进行精简，播放时文字和图片要有动画效果。

（4）演示文稿保存为【福星一号.pptx】。

2. 解题步骤

（1）要求：演示文稿中至少包含 7 张幻灯片，要有标题幻灯片和致谢幻灯片。幻灯片必须选择一种主题，要求字体和色彩合理、美观大方，幻灯片的切换要用不同的效果。

步骤 1：根据题意以及素材文件【福星一号.docx】，首先制作 7 张幻灯片。打开 Microsoft PowerPoint 2010，新建一个空白演示文稿。首先新建第 1 张【标题幻灯片】。在【开始】选项卡下的【幻灯片】组中单击【新建幻灯片】下三角按钮，在弹出的下拉列表中选择【标题幻灯片】即可。

步骤 2：根据题意，按照同样的方式依次建立后续幻灯片。这里为素材中的【概况】对应的段落新建第 2 张为【标题和竖排文字】幻灯片，为【飞船参数与飞行计划】对应的段落新建第 3 张为【垂直排列标题与文本】幻灯片，为【飞船任务】对应的段落新建第 4 张为【标题和内容】幻灯片，为【航天员乘组】新建第 5 张为【空白】幻灯片，为【精彩时刻】对应的段落再新建 3 张幻灯片，分别是第 6 张【比较】幻灯片、第 7 张【两栏内容】幻灯片、第 8 张【比较】幻灯片。最后再新建 1 张为【仅标题】致谢形式的幻灯片

步骤 3：为所有的幻灯片设置一种恰当的主题。在【设计】选项卡下的【主题】组中单击【其他】下三角按钮，在弹出的下拉列表中选择一种恰当的主题。此处选择【波形】。

步骤 4：依照题意为幻灯片设置切换效果。此处为演示文稿设置不少于 3 种的幻灯片切换方式。选择第 1 张幻灯片，在【切换】选项卡下【切换到此幻灯片】组中选择一种恰当的切换效果。此处选择【推进】效果。

步骤 5：再选取 2 张幻灯片，按照同样的方式为其设置切换效果。这里设置第 4 张幻灯片的切换效果为【闪光】，再设置第 7 张幻灯片的切换效果为【百叶窗】。

（2）要求：标题幻灯片的标题为【"福星一号"飞船简介】，副标题为【中国航天博览馆北京二〇一三年六月】。内容幻灯片选择合理的版式，根据素材中对应标题【概况、飞船参数与飞行计划、飞船任务、航天员乘组】的内容各制作 1 张幻灯片，【精彩时刻】制作 2~3 张幻灯片。

步骤 1：选中第 1 张幻灯片，单击【单击此处添加标题】标题占位符，输入【"福星一号"飞船简介】字样，然后在【开始】选项卡下的【字体】组中单击【字体】下三角按钮，在弹出的下拉列表中选择恰当的字体，此处选择【微软雅黑】；单击【字号】下拉三角按钮，在弹出的下拉列表中选择恰当的字号，此处选择 44。在相应的副标题中输入【中国航天博览馆北京二〇一三年六月】字样，按照同样的方式为副标题设置字体为【黑体】，字号为 32。

步骤 2：选中第 2 张幻灯片，输入素材中【概况】对应的段落内容。输入完毕后选中文本内容，在【开始】选项卡下的【字体】组中单击【字体】下三角按钮，在弹出的下拉列表中选择恰当的字体，此处选择【黑体】；单击【字号】下三角按钮，在弹出的下拉列表中选择恰当的字号，此处选择 20。选中标题，按照同样的方式设置字体为【华文彩云】，字号为 36。

步骤 3：选中第 3 张幻灯片，输入素材中【飞船参数与飞行计划】对应的段落。然后选中文本内容，在【开始】选项卡下的【字体】组中单击【字体】下三角按钮，在弹出的下拉列表中选择恰当

的字体，此处选择【华文仿宋】；单击【字号】下三角按钮，在弹出的下拉列表中选择恰当的字号，此处选择【20】。选中标题，按照同样的方式设置字体为【华文楷体】，字号为【40】。

步骤 4：选中第 4 张幻灯片，输入【飞船任务】对应的段落。按照上述同样的方式设置文本内容的字体为【方正姚体】，字号为【20】；设置标题的字体为【方正姚体】，字号为【36】。

（3）要求：【航天员乘组】和【精彩时刻】的图片文件均存放于考生文件夹下，航天员的简介根据幻灯片的篇幅情况需要进行精简，播放时文字和图片要有动画效果。

步骤 1：选中第 5 张【空白】幻灯片，在【开始】选项卡中的【文本】组中单击【文本框】下三角按钮，在弹出的下拉列表中选择【横排文本框】选项，然后在空白处拖动鼠标即可绘制文本框。将光标置于文本框中，然后在【插入】选项卡下的【图像】组中单击【图片】按钮，弹出【插入图片】对话框，选择素材中的【张明涛.jpg】，然后单击【插入】按钮即可在文本框中插入图片。

步骤 2：按照创建【张明涛.jpg】图片的相同方式分别再创建【钱凯.jpg】【尚金妮.jpg】。然后拖动文本框四周的占位符适当缩放图片的大小并移动图片至合适的位置处。

步骤 3：分别为 3 张图片设置恰当的动画效果。选中【张明涛.jpg】图片，在【动画】选项卡下【动画】组中选择一种合适的动画效果，此处选择【浮入】。按照同样的方式为另外两张图片分别设置【劈裂】和【轮子】样式的动画效果。

步骤 4：再按照步骤 1 中创建文本框的方式分别再新建 3 个文本框，并在对应的文本框中分别输入相应的文字介绍，然后设置合适的字体字号。最后将文本框相应移动至 3 幅图片的上方。

步骤 5：按照为图片设置动画效果同样的方式为 3 幅图片的文字介绍设置动画效果，此处从左至右分别设为【淡出】【飞入】及【旋转】。至此，第 5 张幻灯片设置完毕。

步骤 6：选中第 6 张【比较】幻灯片，在左侧的文本区域单击【插入来自文件的图片】按钮，弹出【插入图片】对话框。选择【进入天宫.jpg】后单击【插入】按钮即可插入图片。

步骤 7：按照同样的方式在右侧文本区域插入【太空授课.jpg】图片。然后在【进入天宫.jpg】图片的上方文本区域中输入【航天员进入"福星一号"】字样；在【太空授课.jpg】图片的上方文本区域中输入【航天员太空授课】字样。

步骤 8：分别为两张图片设置动画效果。选中【进入天宫.jpg】图片，在【动画】选项卡下【动画】组中选择一种合适的动画效果，此处选择【弹跳】效果。按照同样的方式为另外一张图片设置【轮子】样式的动画效果。

步骤 9：最后，在主标题处输入【精彩时刻】字样。

步骤 10：选中第 7 张【两栏内容】幻灯片，在左侧的文本区域单击【插入来自文件的图片】按钮，弹出【插入图片】对话框。选择【对接示意.jpg】后单击【插入】按钮即可插入图片。按照同样的方式在右侧文本区域插入【对接过程.jpg】图片。最后在标题处输入【"福星一号"与"银星一号"对接】字样。

步骤 11：选中第 8 张【比较】幻灯片，按照步骤 7 中同样的方式插入图片【发射升空.jpg】和【顺利返回.jpg】，并在每张图片上方对应的文本区域中分别输入【"福星一号"发射升空】和【"福星一号"返回地面】字样。最后在主标题中输入【精彩时刻】字样。

步骤 12：选中最后一张【仅标题】幻灯片，依据题意，在标题中输入致谢形式的语句。此处输入【感谢所有为祖国的航空事业做出伟大贡献的工作者！！！】字样，并设置字体为【华文琥珀】，字号为 54，字体颜色为【黄色】。拖动占位符适当调整文本框的大小，以能容纳文字的容量为宜。

步骤 13：为文字设置恰当的动画效果。此处在【动画】选项卡下【动画】组中选择【波浪形】命令。

（4）要求：演示文稿保存为【福星一号.pptx】。

步骤：单击【文件】选项卡下的【另存为】按钮，保存演示文稿为【福星一号.pptx】文件。

7.5.7　版式主题艺术字动画切换放映方式

1．真题

根据素材文件【百合花.docx】制作演示文稿，具体要求如下。

（1）幻灯片不少于 5 页，选择恰当的版式并且版式要有变化。

（2）第 1 页上要有艺术字形式的【百年好合】字样。有标题页，有演示主题，并且演示文稿中的幻灯片至少要有 2 种以上的主题。

（3）幻灯片中除了有文字外还要有图片。

（4）采用由观众手动自行浏览方式放映演示文稿，动画效果要贴切，幻灯片切换效果要恰当、多样。

（5）在放映时要全程自动播放背景音乐。

（6）将制作完成的演示文稿以【百合花.pptx】为文件名进行保存。

2．解题步骤

（1）要求：幻灯片不少于 5 页，选择恰当的版式并且版式要有变化。

步骤 1：按照题意新建不少于 5 页幻灯片，并选择恰当的并有一定变化的版式。首先打开 Microsoft PowerPoint 2010，新建一个空白文档。

步骤 2：新建第 1 页幻灯片。单击【开始】选项卡下【幻灯片】组中的【新建幻灯片】下拉按钮，在弹出的下拉列表中选择【标题幻灯片】。

步骤 3：新建的第 1 张幻灯片插入文档中。

步骤 4：按照同样的方式新建第 2 张幻灯片。此处选择【标题和内容】命令。

步骤 5：按照同样的方式新建其他 3 张幻灯片，并且在这 3 张中要尽量有不同于【标题幻灯片】及【标题和内容】版式的幻灯片。此处新建第 3 张幻灯片为【标题和内容】，第 4 张为【内容与标题】，第 5 张为【标题和竖排文字】。方案不限一种，考生可根据实际需要设计不同于此方案的版式。在此仅选择其中一种方案。

（2）要求：第 1 页上要有艺术字形式的【百年好合】字样。有标题页，有演示主题，并且演示文稿中的幻灯片至少要有 2 种以上的主题。

步骤 1：幻灯片建立好之后，依次在不同版式的幻灯片中填充素材中相应的内容。此处填充内容的方式不限一种，考生可根据实际需求变动。

步骤 2：根据题意选中第 1 张【标题幻灯片】，在【插入】选项卡下的【文本】组中单击【艺术字】下拉按钮，在弹出的下拉列表中选择一种适合的样式，此处选择【渐变填充-紫色，强调文字颜色 4，映像】。

步骤 3：在出现的【请在此放置您的文字】占位符中清除原有文字，重新输入【百年好合】字样，输入完毕后将艺术字拖动至恰当位置处。

步骤 4：为标题名【百合花】设置恰当的字体字号以及颜色。选中标题，在【开始】选项卡下【字体】组中的【字体】下拉列表中选择【华文行楷】，在【字号】下拉列表中选择 60，在【字体颜色】下拉列表中选择【紫色】。

步骤 5：按照题意，为所有幻灯片设置至少 2 种以上的演示主题。此处先选中第 1、3 及第 4 张幻灯片，在【设计】选项卡下的【主题】组中，单击【其他】下拉按钮，在弹出的下拉列表中选择恰当的主题样式。此处选择【顶峰】。

步骤 6：按照同样的方式为第 2 张以及第 5 张幻灯片设置为【奥斯汀】的主题。

（3）要求：幻灯片中除了有文字外还要有图片。

步骤：按照题意为幻灯片插入图片，此处选中第 4 张幻灯片。在【插入】选项卡下的【图像】组中单击【图片】按钮，打开【插入图片】对话框，选择素材中的图片【百合花.jpg】，单击【插入】按钮即可在文本区域中插入图片。拖动图片至合适位置处释放鼠标。

（4）要求：采用由观众手动自行浏览方式放映演示文稿，动画效果要贴切，幻灯片切换效果要恰当、多样。

步骤 1：按照题意，为幻灯片添加适当的动画效果。此处选择为第 2 张幻灯片中的文本区域设置动画效果。选中文本区域，在【动画】选项卡下的【动画】组中单击【其他】按钮，在弹出的下拉列表中选择恰当的动画效果，此处选择【翻转式由远及近】命令。

步骤 2：按照同样的方式再为第四张幻灯片中的图片设置动画效果为【轮子】。

步骤 3：为幻灯片设置切换效果。选中第 4 张幻灯片，在【切换】选项卡下的【切换到此幻灯片】组中，单击【其他】按钮，在弹出的下拉列表中选择恰当的切换效果，此处选择【随机线条】命令。

步骤 4：按照同样的方式为第 5 张幻灯片设为【百叶窗】切换效果。

步骤 5：采用由观众手动自行浏览方式放映演示文稿。在【幻灯片放映】选项卡下的【设置】组中，单击【设置幻灯片放映】按钮。在弹出的对话框中的【放映类型】组中勾选【观众自行浏览（窗口）】复选框，在【换片方式】组中勾选【手动】复选框。然后单击【确定】按钮。

（5）要求：在放映时要全程自动播放背景音乐。

步骤 1：设置背景音乐。选中第 1 张幻灯片，在【插入】选项卡下【媒体】组中单击【音频】按钮，弹出【插入音频】对话框。选择素材中的音频【春水.jpg】后单击【插入】即可设置成功。

步骤 2：在【音频工具】中的【播放】选项卡下，单击【音频选项】组中的【开始】右侧的下拉按钮，在其中选择【跨幻灯片播放】，并勾选【放映时隐藏】复选框，即可在演示的时候全程自动播放背景音乐。

（6）要求：将制作完成的演示文稿以【百合花.pptx】为文件名进行保存。

步骤：单击【文件】选项卡下的【另存为】按钮，将制作完成的演示文稿以【百合花.pptx】为文件名进行保存。

习题 7

一、选择题

1. 下列不属于幻灯片的视图方式是（　　）。

　　A．普通视图　　　　　B．分页视图　　　　　C．阅读视图　　　　　D．幻灯片浏览视图

2. 在幻灯片浏览视图或【幻灯片/大纲】窗格中，单击要连续选择的第 1 张幻灯片，按住（　　　）键不放，再单击需选择的最后一张幻灯片，可选择多张连续的幻灯片。

  A．Alt   B．Shift   C．Ctrl   D．Home

3. 在幻灯片浏览视图或【幻灯片/大纲】窗格中，单击要选择的第 1 张幻灯片，按住（　　　）键不放，再依次单击选择其他幻灯片，可选择多张不连续的幻灯片。

  A．Alt   B．Shift   C．Ctrl   D．Home

4. 选择幻灯片后，按住（　　　）键的同时将其拖动到目标位置即完成对该幻灯片的复制。

  A．Alt   B．Shift   C．Ctrl   D．Home

5. 将需要删除的幻灯片选中，单击鼠标右键选择【删除幻灯片】命令或按（　　　）键可将幻灯片删除。

  A．Alt   B．Shift   C．Ctrl   D．Del

二、操作题

1. 文慧是新东方学校的人力资源培训讲师，负责对新入职的教师进行入职培训，其 PowerPoint 演示文稿的制作水平广受好评。最近，她应北京节水展馆的邀请，为展馆制作一份宣传水知识及节水工作重要性的演示文稿。

（1）标题页包含演示主题、制作单位（北京节水展馆）和日期（××××年×月×日）。

（2）演示文稿需指定一个主题，幻灯片不少于 5 页，且版式不少于 3 种。

（3）演示文稿中除文字外要有 2 张以上的图片，并有 2 个以上的超链接进行幻灯片之间的跳转。

（4）动画效果要丰富，幻灯片切换效果要多样。

（5）演示文稿播放的全程需要有背景音乐。

（6）将制作完成的演示文稿以【水资源利用与节水.pptx】为文件名进行保存。

2. 根据提供的【沙尘暴简介.docx】文件，制作名为【沙尘暴】的演示文稿，具体要求如下。

（1）幻灯片不少于 6 页，选择恰当的版式并且版式要有一定的变化，6 页中至少要有 3 种版式。

（2）有演示主题，有标题页，在第 1 页上要有艺术字形式的【爱护环境】字样。选择一个主题应用于所有幻灯片。

（3）对第 2 页使用 SmartArt 图形。

（4）要有 2 个以上的超链接进行幻灯片之间的跳转。

（5）采用在展台浏览的方式放映演示文稿，动画效果要贴切、丰富，幻灯片切换效果要恰当。

（6）在演示的时候要全程配有背景音乐自动播放。

（7）将制作完成的演示文稿以【沙尘暴简介.pptx】为文件名进行保存。

3. 某公司新员工入职，需要对他们进行入职培训。为此，人事部门负责此事的小吴制作了一份入职培训的演示文稿。但人事部经理看过之后，觉得文稿整体做得不够精美，还需要再美化一下。请根据提供的【入职培训.pptx】文件，对制作好的文稿进行美化，具体要求如下。

（1）将第 1 张幻灯片设为【垂直排列标题与文本】，将第 2 张幻灯片设为【标题和竖排文字】，将第 4 张幻灯片设为【比较】。

（2）为整个演示文稿指定一个恰当的设计主题。

（3）通过幻灯片母版为每张幻灯片增加利用艺术字制作的水印效果，水印文字中应包含【员工守则】字样，并旋转一定的角度。

（4）为第 3 张幻灯片左侧的文字【必遵制度】加入超链接，链接到 Word 素材文件【必遵制度.docx】。

（5）根据第 5 张幻灯片左侧的文字内容创建一个组织结构图，结果应类似 Word 样例文件【组织结构图样例.docx】中所示，并为该组织结构图添加【轮子】动画效果。

（6）为演示文稿设置不少于 3 种幻灯片切换方式。

（7）将制作完成的演示文稿【入职培训.pptx】进行保存。

4. 校摄影社团在今年的摄影比赛结束后，希望借助 PowerPoint 将优秀作品在社团活动中进行展示。这些优秀的摄影作品保存在考试文件夹中，并以 Photo(1).jpg ~ Photo(12).jpg 命名。

现在，请你按照如下需求，在 PowerPoint 中完成制作工作。

（1）利用 PowerPoint 创建一个相册，并包含 Photo(1).jpg ~ Photo(12).jpg 共 12 幅摄影作品。在每张幻灯片中包含 4 张图片，并将每幅图片设置为"居中矩形阴影"相框形状。

（2）设置相册主题为考试文件夹中的"相册主题.pptx"样式。

（3）为相册中每张幻灯片设置不同的切换效果。

（4）在标题幻灯片后插入一张新的幻灯片，将该幻灯片设置为"标题和内容"版式。在该幻灯片的标题位置输入"摄影社团优秀作品赏析"，并在该幻灯片的内容文本框中输入 3 行文字，分别为"湖光春色""冰消雪融"和"田园风光"。

（5）将"湖光春色""冰消雪融"和"田园风光"3 行文字转换为样式为"蛇形图片题注列表"的 SmartArt 对象，并将 Photo(1).jpg、Photo(6).jpg 和 Photo(9).jP9 定义为该 SmartArt 对象的显示图片。

（6）为 SmartArt 对象添加自左至右的"擦除"进入动画效果，并要求在幻灯片放映时该 SmartArt 对象元素可以逐个显示。

（7）在 SmartArt 对象元素中添加幻灯片跳转链接，使得单击"湖光春色"标注形状可跳转至第 3 张幻灯片，单击"冰消雪融"标注形状可跳转至第 4 张幻灯片，单击"田园风光"标注形状可跳转至第 5 张幻灯片。

（8）将考试文件夹中的"ELPHRG01.wav"声音文件作为该相册的背景音乐，并设置为在幻灯片放映时即开始播放。

（9）将该相册保存为"PowerPoint.pptx"文件。

参考文献

[1] 职宏雷，荆于勤，周桥，等. 大学计算机基础[M]. 西安：西安交通大学出版社，2016.

[2] 吉燕，张彦，苏红旗，等. 全国计算机等级考试二级教程——MS Office 高级应用（2017 年版）[M]. 北京：高等教育出版社，2016.

[3] ExcelHome. Excel 2010 经典教程（微课版）[M]. 北京：人民邮电出版社，2017.

[4] ExcelHome. Excel 2010 数据处理与分析（微课版）[M]. 北京：人民邮电出版社，2017.

[5] 黄冠利，赖利君，李军，等. 办公自动化技术[M]. 北京：人民邮电出版社，2013.

[6] 王丽艳，郑先锋，刘亮. 数据库原理及应用[M]. 北京：机械工业出版社，2013.

[7] 教育部考试中心. 全国计算机等级考试二级教程——公共基础知识（2017 年版）[M]. 北京：高等教育出版社，2016.

[8] 严蔚敏，吴伟民. 数据结构（C 语言版）[M]. 北京：清华大学出版社，2012.